陕西文化资源丛书

编委会

主　任：党怀兴　李西建
顾　问：傅功振　王勇超
委　员：白　凯　陈　楠　程彦颖　高瑞卿　郭　惠
　　　　郭迎春　李泓菲　李乔羽　林　贤　刘铁泉
　　　　刘银昌　刘智英　倪天睿　阙思琪　任肖敏
　　　　王　迪　王　兰　王　娟　王双怀　王耀国
　　　　王　伟　谢佳伟　薛丹阳　薛紫炫　姚　倩
　　　　杨　琳　杨清义　尹　琼　张嘉秀　张锦辉
　　　　张　喆　赵冬浣　翟筱雪　周仕铃　周淑萍
　　　　周雅青

陕西文化资源开发协同创新中心资助

● 陕西文化资源丛书

陕西家训集粹

编委会主任	党怀兴	李西建		
主　　编	周雅青	谢佳伟		
副 主 编	任肖敏	张嘉秀		
编　　者	陈　楠	程彦颖	高瑞卿	李乔羽
	林　贤	倪天睿	阙思琪	王　迪
	王　娟	王耀国	薛丹阳	薛紫炫
	姚　倩	杨　琳	尹　琼	翟筱雪
	赵冬浣	周仕铃		

陕西师范大学出版总社

图书代号　ZZ23N0882

图书在版编目(CIP)数据

陕西家训集粹／周雅青,谢佳伟主编. —西安：陕西师范大学出版总社有限公司,2023.9
 ISBN 978-7-5695-3577-8

Ⅰ.①陕…　Ⅱ.①周…②谢…　Ⅲ.①家庭道德—陕西　Ⅳ.①B823.1

中国国家版本馆 CIP 数据核字(2023)第 057839 号

陕西家训集粹
SHAANXI JIAXUN JICUI

周雅青　谢佳伟　主编

特约编辑	张　曦
责任编辑	王东升
责任校对	杨雪玲
封面设计	金定华
出版发行	陕西师范大学出版总社
	(西安市长安南路 199 号　邮编 710062)
网　　址	http://www.snupg.com
印　　刷	陕西日报印务有限公司
开　　本	720 mm×1020 mm　1/16
印　　张	27.75
字　　数	587 千
版　　次	2023 年 9 月第 1 版
印　　次	2023 年 9 月第 1 次印刷
书　　号	ISBN 978-7-5695-3577-8
定　　价	135.00 元

读者购书、书店添货或发现印装质量问题,请与本社高等教育出版中心联系。
电话:(029)85303622(传真)　85307864

前　言

习近平曾指出,家庭是社会的基本细胞,是人生的第一所学校。父母是孩子的第一任老师。家风是社会风气的重要组成部分。家是中国文化的核心及伦理本位所在。中华民族注重以血缘为纽带的宗族、家庭等伦理道德关系的建设与维护,试图以良好的家风、家教规范家庭成员的言行,扶持后嗣修身处世、持守祖业。这种以"家"为起点的价值取向,不仅恰切个人安身立命的生存需求,也符合"家国同构"的发展需要。互为表里的是,家训以文字的形式记录家风、家教,直观体现抽象的思想理念,成为承续中国优秀传统文化的重要载体之一。这种萌芽于五帝、产生于西周、成形于两汉、成熟于隋唐、鼎盛于明清、发展于当代的家训文化,在陕西具有丰富、独特的文化特征。

陕西北处黄土高原、中含关中平原、南接秦巴山区,历史悠久,文化底蕴深厚,辖域内家训资源遍布,丰富多彩,形式多样,不仅有以格言、诗歌、散文等形式的家规、家训、家诫,也有碑刻、匾额、楹联等形式的家语、家言,亦可见革命前辈、英雄楷模等家书、遗言。其文本内容不仅来自经史子集,亦关注佛、道宗教文本。较早的陕西家训乃清华简《保训》,周文王亦君亦父,训诫其子追念先哲、重视古训。多见的陕西家训,大都产生、存续于历朝统治者及具有较高社会地位或较强经济基础的世家大族之中,如《帝范》《颜氏家训》《柳氏叙训》等。随着历史的发展,文化普世下行,全民"修身""齐家",重祭祀、尊父母、和夫妻、友兄弟、睦乡邻,约束子弟设置家法,家训也最终演绎成家族、乡村的管理模式。陕西家训千年赓续,"仁义礼智信""诗书传家""耕读传家"成为士农工商共同尊奉的信条。陕西家训较为独特的是与红色文化、革命记忆相关的延安家训。在保存至今的延安家书、遗书中,革命先辈无限忠诚、无私奉献,革命先烈视死如归、信念如磐,这段宝贵的红色记忆令人神往且感念不已。

全面建设社会主义现代化国家,必须坚持中国特色社会主义文化发展道路。党的二十大报告指出,"加强家庭家教家风建设,加强和改进未成年人思想道德建设,推动明大德、守公德、严私德,提高人民道德水准和文明素养"。陕西家训是中国优秀传统文化的重要一脉,在今天中国特色社会主义文化事业建设中具有重要的借鉴意义。本书收集陕西传统家训,挖掘精华,剥离糟粕,有效实现传统家风家训的现代转化,以期适应新时代中国特色社会主义核心价值取向,适应新时代社会主义文化建设的要求,给予优秀传统文化新的生命力。

Contents 目录

西安家训

散文类 ·· 2

　手敕太子 ·· 2

　戒子歆书 ·· 3

　帝范 ·· 4

　诫皇属 ·· 21

　诫吴王恪书 ·· 21

　臣轨 ·· 23

　守政帖 ·· 42

　关中书院学程（节选） ······································ 43

　丰川家训 ·· 44

诗歌类 ·· 74

　留别妻 ·· 74

　诫子孙诗 ·· 75

　劝学 ·· 78

　符读书城南 ·· 79

　冬至日寄小侄阿宜诗 ·· 81

留诲曹师等诗 …………………………………… 84
　　勉儿子 ………………………………………… 85
格言语录类 …………………………………………… 87
　　韦世康训语 …………………………………… 87
　　萧瑀训语 ……………………………………… 88
　　魏征训语 ……………………………………… 88
　　崔玄暐母卢氏训语 …………………………… 89
　　西平王李晟训女 ……………………………… 90
　　韩滉训语 ……………………………………… 91
　　吕柟训语 ……………………………………… 92
　　教子语 ………………………………………… 93
　　安家大院牌匾 ………………………………… 94
　　高家大院牌匾 ………………………………… 94
　　朱子家训碑 …………………………………… 95
　　关中民俗艺术博物院 ………………………… 97
对联类 ………………………………………………… 99
　　安家大院 ……………………………………… 99
　　高家大院 ……………………………………… 99
　　关中民俗艺术博物院 ………………………… 101
　　于右任故居 …………………………………… 104

渭南家训

散文类 ………………………………………………… 107
　　命子迁 ………………………………………… 107
　　诫子孙 ………………………………………… 108
　　杨忠介家书 …………………………………… 110
　　王鼎家书 ……………………………………… 135
　　阎敬铭家训 …………………………………… 138

· 2 ·

德星堂·宴席规 …………………………………… 141

　　子弟训 ………………………………………………… 142

　　家谱规条 ……………………………………………… 143

　　训子格言 ……………………………………………… 143

　　荒年碑 ………………………………………………… 144

　　攘夷堡碑记 …………………………………………… 145

　　家范 …………………………………………………… 146

诗歌类 ………………………………………………………… 148

　　赠内 …………………………………………………… 148

　　狂言示诸侄 …………………………………………… 150

　　遇物感兴因示子弟 …………………………………… 151

　　续座右铭并序 ………………………………………… 152

　　寒窗课子图 …………………………………………… 154

　　居家则 ………………………………………………… 155

格言语录类 …………………………………………………… 157

　　王丹诫子 ……………………………………………… 157

　　韩绍宗教子 …………………………………………… 158

　　郭景仪家堂条幅 ……………………………………… 159

　　劝行言 ………………………………………………… 159

　　澄城县尧头村白氏 …………………………………… 160

　　蒲城县东苇村义门王氏 ……………………………… 161

　　韩城市西庄镇党家村 ………………………………… 161

　　六言歌 ………………………………………………… 165

　　口传箴言 ……………………………………………… 166

对联类 ………………………………………………………… 177

　　梁同书联 ……………………………………………… 177

　　王杰联 ………………………………………………… 177

　　王鼎为子王沆手书联 ………………………………… 178

　　高鸿逵联 ……………………………………………… 179

张恩轩联 ································· 179
　　刘华联 ··································· 180
　　郭自修家藏联 ····························· 180
　　温肃庵联 ································· 181
　　兰家联 ··································· 181
　　师承德联 ································· 182
　　冯墨林联 ································· 182
　　唐春荣联 ································· 183
　　张茂森联 ································· 183
　　薛亨联 ··································· 183
　　张重义联 ································· 184
　　张复兴联 ································· 185
　　韩城市西庄镇党家村石刻 ··················· 185
　　韩城市西庄镇郭庄寨三圣庙石牌坊 ··········· 186
　　韩城市西庄镇井溢村木刻 ··················· 187
　　韩城市西庄镇上干谷村砖雕 ················· 187
　　韩城市龙门镇谢村砖雕 ····················· 187
　　韩城市西庄镇井溢村砖雕 ··················· 188
　　韩城市西庄镇沟北村砖雕 ··················· 188
　　韩城市新城区坡底村砖雕 ··················· 188
　　蒲城县窦家巷 ····························· 188
　　蒲城县北关杨家台杨氏四知堂祠堂 ··········· 189

咸阳家训

散文类 ··································· 191
　　诫兄子严敦书 ····························· 191
　　中枢龟镜 ································· 192
　　与中舍二子三监簿四太祝书（节选） ········· 195

告诸子书 ………………………………………………… 196

　　与提点书 ………………………………………………… 197

　　告子弟书 ………………………………………………… 197

　　与朱氏书(六)(节选) …………………………………… 198

　　与朱氏书(七)(节选) …………………………………… 199

　　与朱氏书(九) …………………………………………… 199

　　诫子文 …………………………………………………… 200

　　与兄子伯镕 ……………………………………………… 205

　　示子瑞騄 ………………………………………………… 207

　　给妻子的遗书 …………………………………………… 209

　　武功县崔氏 ……………………………………………… 212

格言语录类 …………………………………………………… 214

　　敕室家 …………………………………………………… 214

　　先令书 …………………………………………………… 215

　　与弟超书(节选) ………………………………………… 216

　　马江诫子 ………………………………………………… 217

　　梁选橡诫子孙 …………………………………………… 218

　　示儿燕(节选) …………………………………………… 219

　　礼泉县赵镇后鼓西村张氏 ……………………………… 219

对联类 ………………………………………………………… 221

　　三原县鲁桥镇孟店村周家大院 ………………………… 221

　　旬邑县太村镇唐家村唐家大院 ………………………… 221

宝鸡家训

散文类 ………………………………………………………… 225

　　保训 ……………………………………………………… 225

　　大开解第二十二(节选) ………………………………… 226

　　文儆解第二十四(节选) ………………………………… 227

文传解第二十五(节选) ······ 229

　　成开解第四十七(节选) ······ 231

　　本典解第五十七(节选) ······ 233

　　小开解第二十三(节选) ······ 234

　　武王践阼第五十九(节选) ······ 236

　　武儆解第四十五(节选) ······ 238

　　五权解第四十六(节选) ······ 239

　　君陈(节选) ······ 240

　　康诰(节选) ······ 242

　　酒诰(节选) ······ 248

　　梓材(节选) ······ 249

　　毋逸(节选) ······ 252

　　大戒解第五十(节选) ······ 253

　　大开武解第二十七(节选) ······ 255

　　小开武解第二十八(节选) ······ 257

　　宝典解第二十九(节选) ······ 258

　　官人解第五十八(节选) ······ 261

　　祭公解第六十(节选) ······ 267

　　横渠语录 ······ 268

诗歌类 ······ 271

　　别妻王韫秀 ······ 271

格言语录类 ······ 272

　　诫伯禽书(节选) ······ 272

　　周公诫康叔(节选) ······ 273

　　鲁公诫成王(节选) ······ 273

　　成王诫子钊(节选) ······ 274

　　陇县边氏 ······ 275

　　麟游县万氏 ······ 276

　　岐山县蒲村镇邢氏 ······ 277

扶风县温家大院	278

对联类 279
凤翔县周家大院	279
岐山县故郡镇郑家桥村	280

商洛家训

散文类 282
丹凤县老君川陈氏	282

格言语录类 284
泉企诫子	284
商南县朱氏	285
百鸡岭何氏	285
李穆姜临终敕诸子	286
侯鸣珂诫子	287
陈士能训子孙	288
任纶训语	288
何性仁伯父训语	289

对联类 290
巩姓宗祠通用联	290

安康家训

散文类 294
旬阳县范氏	294
石泉县、汉阴县冯氏	296
汉阴县沈氏	299

诗歌类 304
万氏派行录（自十二代始）	304

格言语录类 · 305
　　李袭誉诫子孙 · 305
　　白河县桂花村黄家大院 · 305
　　汉滨区袁家台袁氏民居 · 306
　　白河县卡子镇友爱村张家大院 · 307
对联类 · 308
　　白河县卡子镇友爱村张家大院 · 308

汉中家训

散文类 · 310
　　刘泰瑛敕二珍 · 310
　　杜泰姬教子及妇 · 311
　　南郑青山沟袁氏 · 312
　　洋县东韩刘氏《堂训》 · 318
　　洋县东韩刘氏《箴言》 · 319
　　洋县东韩刘氏《志戒》 · 346
　　洋县东韩刘氏《嘱子》 · 353
　　城固县龚氏 · 358
　　西乡县程氏 · 366
诗歌类 · 367
　　洋县东韩刘氏《劝孝歌》 · 367
　　洋县东韩刘氏家训题辞 · 369
格言语录类 · 371
　　礼珪敕二妇 · 371
　　郑子真教后人 · 371
　　穆姜临终敕诸子 · 372
对联类 · 374
　　汉台区武乡镇小寨村 · 374

铜川家训

散文类 ································· 376
    千金翼方序（节选）················ 376
    柳氏家训 ·························· 377
诗歌类 ································· 381
    孝经诗二章 ························ 381
格言语录类 ····························· 382
    令狐楚诫子薄葬 ···················· 382
    胡耀庭诫子 ························ 383

延安家训

散文类 ································· 385
    甘泉县下寺湾镇程家纸房村程氏 ······ 385
    吴起县吴起镇李洼子村李氏 ·········· 386
诗歌类 ································· 393
    甘泉县下寺湾镇程家纸房村程氏 ······ 393
    吴起县吴起镇李洼子村李氏 ·········· 393
    十劝族人 ·························· 394
格言语录类 ····························· 396
    甘泉县下寺湾镇程家纸房村程氏 ······ 396

榆林家训

散文类 ································· 398
    佳县通秦寨郭氏 ···················· 398

诗歌类 ········· 400
  佳县通秦寨郭氏 ········· 400
  米脂县杜氏 ········· 401
  米脂县升平里三甲张氏 ········· 403
  吴堡县张家墕村张氏 ········· 404
  吴堡县张家山镇高家山村王氏 ········· 407
  吴堡县辛家沟镇李常家山村霍氏 ········· 408
  清涧县惠氏 ········· 409
  清涧县白氏 ········· 411

格言语录类 ········· 412
  横山区石湾白狼城李氏 ········· 412
  佳县木头峪乡木头峪村苗氏 ········· 413
  子洲县吴氏 ········· 414
  子洲县卧虎湾刘氏 ········· 415
  子洲县马家沟张允中后裔 ········· 417
  绥德县韩世忠 ········· 417
  绥德县马如龙后裔 ········· 418
  榆阳区李氏 ········· 422
  府谷县折家将 ········· 423
  清涧县师氏 ········· 424

对联类 ········· 426
  横山区响水古堡曹家大院 ········· 426

后记 ········· 427

西安家训

散 文 类

手敕[1]太子①

[西汉]刘　邦

简介

刘邦(前256—前195),字季,沛县丰邑(今江苏省徐州市丰县)人。中国历史上杰出的政治家、战略家和军事家,西汉开国皇帝,庙号"太祖"。

《手敕太子》是汉高祖刘邦在病危之际训诫长子刘盈的敕书。据《汉书·艺文志》,此文出于《高祖传》十三篇,是高祖与臣子述古语及诏策之文,原文已佚,《古文苑》卷十载有汉高祖手敕太子五事,此其一。刘邦通过这封敕书,对自身曾经不重视读书学习进行反省,借此劝诫刘盈应当勤于读书、勤于学习,从而懂礼仪,知文法。同时,刘邦在这封敕书中,确立刘盈为皇位继承人。

原文

吾遭乱世,当秦禁学。自喜谓读书无益。洎践祚[2]以来,时方省[3]书,乃使人知作者之意,追思昔所行,多不是。

尧舜不以天子与子而与他人,此非为不惜天下,但子不中立耳。人有好牛马尚惜,况天下耶?吾以尔是元子,早有立意。群臣咸称汝友四皓[4],吾所不能致[5],而为汝来,为可任大事也。今定汝为嗣。

吾生不学书,但读书问字而遂知耳。以此故不大工[6],然亦足自辞解。今视汝书,犹不如吾。汝可勤学习。每上疏宜自书,勿使人也。

---

① 严可均.全上古三代秦汉三国六朝文·全汉文卷·高帝[M].北京:中华书局,1958:260-261.

汝见萧、曹、张、陈[7]诸公侯，吾同时人，倍年于汝者，皆拜，并语于汝诸弟。吾得疾遂困，以如意母子相累，其余诸儿皆自足立，哀此儿犹小也。

注释

[1] 敕：教诫，告谕。
[2] 洎践祚：等到登基。洎：到，及。践祚：天子即位、登基。
[3] 省：省悟，明白。
[4] 四皓：史称"商山四皓"，是秦末汉初时隐居秦岭商山的四位贤良的隐士。
[5] 致：招致，吸引。
[6] 工：文辞工整。
[7] 萧、曹、张、陈：萧何、曹参、张良、陈平，均为西汉初期的贤臣。

戒子歆书①

[西汉] 刘 向

简介

刘向（前77—前6），原名刘更生，字子政，沛郡（今江苏省徐州市沛县）人，汉高帝刘邦异母弟刘交的玄孙。西汉著名的经学家、文学家，中国目录学鼻祖。是经学家刘歆之父。刘向奉成帝命整理图书，撰成《别录》，另有《新序》《说苑》等著作传世。

《戒子歆书》是刘向于刘歆初登仕途、任黄门侍郎时所作。此文引用董仲舒名言"吊者在门，贺者在闾""贺者在门，吊者在闾"，并举出齐顷公的例子来说明福因祸生、祸藏于福的道理。刘向此文旨在告诫刘歆牢记古训，一定要保持谦虚谨慎，才能免除祸患。

原文

告歆无忽[1]：若[2]未有异德，蒙恩甚厚，将何以报？董生[3]有云："吊者在

---

① 喻岳衡. 历代名人家训[M]. 长沙：岳麓书社，2003：15-16.

门,贺者在闾。[4]"言有忧则恐惧敬事,敬事则必有善功,而福至也。又曰:"贺者在门,吊者在闾。"言受福则骄奢,骄奢则祸至,故吊随而来。齐顷公[5]之始,藉霸者之余威,轻侮诸侯,亏跂蹇之容,故被鞍之祸,[6]遁服[7]而亡,所谓"贺者在门,吊者在闾"也。兵败师破,人皆吊之;恐惧自新,百姓爱之,诸侯皆归其所夺邑,所谓"吊者在门,贺者在闾"也。今若年少,得黄门侍郎[8],要显处也。新拜皆谢,贵人叩头,谨战战栗栗,乃可必免。

注释

[1]歆:刘歆,刘向之少子。少时通《诗》《书》,汉成帝时为黄门郎。后随父进入天禄阁,整理校订国家收藏的书籍。历任中垒校尉、大司马等职。无忽:不要忽视。

[2]若:你。

[3]董生:董仲舒,汉武帝时儒学大师,主张"罢黜百家,独尊儒术",著有《天人三策》《春秋繁露》等作品。

[4]吊者在门,贺者在闾:吊丧的人到了家门,贺喜的人就要到巷门了。吊:慰问,祭奠死者。闾:原指里巷的大门,后指人聚居处。

[5]齐顷公:春秋时齐国君主。公元前589年,顷公在鞍之战被晋军打败。

[6]跂(qí)蹇(jiǎn):跛足,行走困难。被:遭遇,遭受。

[7]遁服:改换衣服。

[8]黄门侍郎:官名,是皇帝近侍之臣,可传达诏令,负责协助皇帝处理朝廷事务。

帝 范①

[唐]李世民

简介

李世民(599—649),祖籍陇西成纪(今甘肃省天水市秦安县)。中国历史上著

---

① 王双怀,梁克敏,田乙.帝范臣轨校释[M].西安:陕西人民出版社,2016:3-123.

名的政治家、军事家、诗人。唐朝第二位皇帝,庙号"太宗"。

《帝范》是李世民传给子孙的一部论述帝王执政经验的文献。出于对子孙执掌政权的担忧,唐太宗结合历史前鉴与自身实际的执政经验,将一国之君应注意的各种事项娓娓道来,希望能为子孙留下一些有益的政治经验。全文除前后序言外,核心部分有十二章,分别从君体、建亲、求贤、审官、纳谏、去谗、诫盈、崇俭、赏罚、务农、阅武、崇文等角度论述一代明君应遵守的法度。文本语言优美而深刻,具有一定的文学性与思辨性。

原文

序

序曰:朕闻大德曰生,大宝曰位。辨其上下,树之君臣,所以抚育黎元,钧陶[1]庶类。自非克明[2]克哲,允武允文[3],皇天眷命,历数在躬[4],安可以滥握灵图,叨临神器![5]是以翠妫[6]荐唐尧之德,元圭锡夏禹之功。丹字呈祥,周开八百之祚;素灵[7]表瑞,汉启重世之基。由此观之,帝王之业,非可以力争者矣。

昔隋季版荡[8],海内分崩。先皇以神武之姿,当经纶之会,斩灵蛇而定王业,启金镜而握天枢[9]。然犹五岳含气,三光戢曜,豺狼尚梗,[10]风尘未宁。朕以弱冠之年,怀慷慨之志,思靖大难,以济苍生。躬擐[11]甲胄,亲当矢石。夕对鱼鳞之阵,朝临鹤翼之围。[12]敌无大而不摧,兵何坚而不碎。剪长鲸而清四海,扫欃枪而廓八纮。[13]乘庆天潢,登晖璇极。[14]袭重光之永业,继大宝[15]之隆基。战战兢兢,若临深而御朽[16];日慎一日,思善始而令终。

汝以幼年,偏钟慈爱,义方多阙,庭训[17]有乖。擢自维城之居,属以少阳之任,[18]未辨君臣之礼节,不知稼穑之艰难。朕每思此为忧,未尝不废寝忘食。自轩昊[19]已降,迄至周隋,以经天纬地之君,纂业承基之主,兴亡治乱,其道焕焉。所以披镜前踪,博采史籍,聚其要言,以为近诫云耳。

注释

[1]钧陶:制作陶器所用的转轮,后比喻造就人才。

[2]克:能够。明:聪慧。

[3]允武允文:文武兼备。允:公平,适当。

[4]历数在躬:语出《论语·尧曰》:"尧曰:'咨!尔舜,天之历数在尔躬。'"历

数:日月星辰及四时的变化之数,古人将之与王朝、皇位的继承顺序相附会,故亦指帝王的继承次序。这里指太子即将承袭帝位。

[5]灵图:王者受命之瑞,借指君权。神器:比喻帝位。

[6]翠妫(guī):古水名,传说黄帝于此接受图箓。《艺文类聚》卷十一引《河图挺佐辅》:"黄帝乃祓斋七日,至于翠妫之川。大鲈鱼折溜而至,乃与天老迎之。五色毕具。鱼泛白图,兰叶朱文,以授黄帝,名曰录图。"

[7]素灵:白色的灵蛇,即白帝之子,相传被汉高祖刘邦斩杀。

[8]版荡:国家动荡,政局混乱。版:通"板"。

[9]启金镜而握天枢:唐高祖李渊秉持正道,建立了唐朝政权。金镜:比喻光明、正道。天枢:北斗七星第一星,比喻政权。

[10]三光戢曜,豺狼尚梗:政权建立初期,地方割据势力仍然猖獗,社会动荡不安。三光:日、月、星。戢曜:光芒暗淡。梗:祸患。

[11]躬擐(huàn):亲自穿上。擐:穿。

[12]鱼鳞、鹤翼:均为古代阵法名。"鱼鳞"也作"鱼丽"。

[13]剪长鲸而清四海,扫欃(chán)枪而廓八纮(hóng):比喻扫除奸凶,使天下太平。长鲸:比喻强敌。欃枪:彗星,古代占星家认为彗星是凶星,此处指强敌。八纮:极远之地。

[14]乘庆天潢,登晖璇极:不久就顺承天意,登临帝位。乘:一作"承"。天潢:天河,亦可指星名。璇极:帝位。

[15]大宝:皇帝之位。

[16]御朽:用腐朽的绳索来驭马,比喻危险。

[17]庭训:父亲的教诲。语出《论语·季氏》:"(孔子)尝独立,鲤趋而过庭,曰:'学诗乎?'对曰:'未也。''不学诗,无以言。'鲤退而学诗。他日又独立,鲤趋而过庭,曰:'学礼乎?'对曰:'未也。''不学礼,无以立。'鲤退而学礼。闻斯二者。"

[18]维城、少阳:此处均指皇子。维城:宗子维城,宗法社会里王子地位重要,像国家的长城。少阳:也作"少海",本指东方,后指太子。

[19]轩昊:黄帝轩辕氏与其子少昊。

原文

君体第一

夫人者国之先,国者君之本。人主之体[1],如山岳焉,高峻而不动;如日月焉,贞明而普照。兆庶[2]之所瞻仰,天下之所归往。宽大其志,足以兼包;平正其心,足以制断。[3]非威德无以致远,非慈厚无以怀人。抚九族[4]以仁,接大臣以礼。奉先[5]思孝,处位思恭。倾己[6]勤劳,以行德义,此乃君之体也。

注释

[1]人主之体:皇帝的地位。

[2]兆庶:泛指众多百姓。

[3]平正其心,足以制断:君主若能使内心平静端正,那么就足以明辨是非。

[4]九族:亲属。

[5]奉先:侍奉长辈或供奉先祖。

[6]倾己:虚己待下,形容态度真诚恭敬。

原文

建亲第二

夫六合旷道,大宝重任。[1]旷道不可偏制,故与人共理之;重任不可独居,故与人共守之。是以封建亲戚,以为藩卫。[2]安危同力,盛衰一心。远近相持,亲疏两用。并兼路塞,逆节不生。

昔周之兴也,割裂山河,分王宗族。内有晋郑之辅,外有鲁卫之虞。故卜祚灵长[3],历年数百。秦之季也,弃淳于之策,纳李斯之谋。不亲其亲,独智其智,颠覆莫恃,二世而亡。斯岂非枝叶不疏则根柢难拔,股肱既殒则心腹无依者哉!汉初定关中,诚亡秦之失策,广封懿亲,过于古制。[4]大则专都偶国[5],小则跨郡连州。末大则危,尾大难掉。[6]六王怀叛逆之志,七国受铁钺之诛[7],此皆地广兵强积势之所致也。魏武创业,暗于远图。子弟无封户之人,宗室无立锥之地。外无维城以自固,内无盘石以为基。遂乃大器保于他人,社稷亡于异姓。语曰:"流尽其源竭,条落则根枯。"此之谓也。夫封之太强,则为噬脐之患[8];致之太弱，则无固本之基。由此而言，莫若众建宗亲而少力[9]。使轻重相镇，忧乐是同。[10]则上无猜忌之心，下无侵冤之虑，此封建之鉴也。

斯二者，安国之基。君德之宏，唯资博达。设分悬教[11]，以术化人。应务适时，以道制物。术以神隐[12]为妙，道以光大为功。括苍旻[13]以体心，则人仰之而不测；包厚地以为量，则人循之而无端[14]。荡荡难名，宜其宏远。且敦穆九族，放勋流美于前；克谐烝义，重华垂誉于后。[15]无以奸破义，无以疏间亲。察之以德，则邦家俱泰，骨肉无虞，良为美矣。

注释

[1]六合旷道，大宝重任：天下有宽阔的道路，皇位是重大的责任。六合：上下四方，比喻天下。旷道：宽广的大路。大宝：皇位。

[2]封建亲戚，以为藩卫：帝王分封亲属为诸侯，用来拱卫中央朝廷。

[3]卜祚灵长：用占卜来预测国运，结果是国运绵长。

[4]广封懿亲，过于古制：广泛地分封亲属面积很大的土地，超过了古代制度的规定。

[5]大则专都偶国：大的封国势力可以与朝廷相抗衡。

[6]末大则危，尾大难掉：比喻属下的势力很大，难以领导、指挥。

[7]七国受鈇(fū)钺之诛：七国之乱。西汉景帝三年(前154)吴王刘濞联合楚王刘戊、赵王刘遂、济南王刘辟光、淄川王刘贤、胶西王刘卬、胶东王刘雄渠等刘姓宗室诸侯王发动叛乱，景帝以周亚夫为大将军平定叛乱，七王尽皆诛灭。鈇钺：斫刀和大斧，后喻指刑戮。

[8]噬脐之患：自啮腹脐，比喻追悔莫及。

[9]众建宗亲而少力：多分封皇室宗亲并且削弱他们的势力。

[10]轻重相镇，忧乐是同：大诸侯与小诸侯的势力相平衡，互相牵制，使他们喜忧一致，荣辱与共。

[11]悬教：悬挂法令，向百姓宣告。

[12]神隐：含蓄，微妙。

[13]苍旻：苍天。

[14]无端：无涯，无边无际。

[15]敦穆：和睦。放勋：尧之名。烝义：淳厚的样子。重华：舜之名。

原文

求贤第三

夫国之匡辅[1],必待忠良。任使得人,天下自治。故尧命四岳,舜举八元,[2]以成恭己[3]之隆,用赞钦明[4]之道。士之居世,贤之立身,莫不戢翼隐鳞,待风云之会;怀奇蕴异,思会遇之秋。是明君旁求俊乂[5],博访英贤,搜扬侧陋[6]。不以卑而不用,不以辱而不尊。

昔伊尹有莘之媵臣[7],吕望渭滨之贱老,夷吾困于缧绁[8],韩信弊于逃亡。商汤不以鼎俎[9]为羞,姬文不以屠钓为耻,终能献规景亳[10],光启殷朝;执旄牧野[11],会昌周室。齐成一匡之业,实资仲父[12]之谋;汉以六合为家,是赖淮阴之策[13]。

故舟航之绝海也,必假桡楫之功;鸿鹄之凌云也,必因羽翮[14]之用;帝王之为国也,必藉匡辅之资。故求之斯劳,任之斯逸。照车十二,黄金累千,岂如多士之隆,一贤之重。此乃求贤之贵也。

注释

[1]匡辅:正直的辅助。匡:纠正。

[2]尧命四岳,舜举八元:尧任命四岳为大臣,舜举荐八元以治国。四岳:羲仲、羲叔、和仲、和叔,均为中国上古传说人物,相传为唐尧时期的四大臣,分居四方,制定各项制度。八元:伯奋、仲堪、叔献、季仲、伯虎、仲熊、叔豹、季狸,高辛氏时八位有才德的人,均为中国上古传说人物,他们具有忠、肃、共、懿、宣、慈、惠、和八种美德,舜任命他们为官。

[3]恭己:态度恭谨以律己。

[4]钦明:敬肃明察。

[5]旁求俊乂(yì):遍求杰出贤能的人才。俊乂:贤能的人才。古人以贤能超过千人的人叫作"俊",超过百人的人叫作"乂"。

[6]搜扬侧陋:搜寻地位低下而有才能的人。

[7]媵臣:古代随嫁的侍臣、仆人。

[8]夷吾困于缧(léi)绁(xiè):管仲曾被囚禁。夷吾:管仲,春秋初期的政治

家,曾帮助公子纠与公子小白争夺王位,公子小白即位后,是为齐桓公。桓公将管仲囚禁,后由于鲍叔牙的引荐,得以辅佐桓公,继而使齐国国力大为增强,桓公因之成为"春秋五霸"之首。缧绁:拘禁囚犯的绳索,引申为囚禁。

[9]鼎俎:烹饪用的锅和割肉用的砧板,这里借指伊尹出身于侍臣,地位低下。

[10]景亳:相传为商汤始居之地。传说商汤于景亳召开盟会,准备顺应天命,讨伐夏桀。

[11]执旌牧野:指挥牧野之战。执旌:执掌军旗。牧野:周武王讨伐殷纣王时,两军相遇之处。

[12]仲父:管仲。

[13]是赖淮阴之策:确实依赖韩信的计谋。淮阴:韩信。韩信曾封楚王,后被降为淮阴侯。

[14]羽翮(hé):鸟的翅膀。翮:羽毛中间的空心硬管。

原文

审官第四

夫设官分职,所以阐化宣风[1]。故明主之任人,如巧匠之制木,直者以为辕[2],曲者以为轮;长者以为栋梁,短者以为栱角[3]。无曲直长短,各有所施。明主之任人,亦由是也。智者取其谋,愚者取其力,勇者取其威,怯者取其慎,无智、愚、勇、怯,兼而用之。故良匠无弃材,明主无弃士。不以一恶忘其善,勿以小瑕掩其功。

割政分机,尽其所有。[4]然则函牛之鼎[5],不可处以烹鸡;捕鼠之狸,不可使以搏兽;一钧[6]之器,不能容以江汉之流;百石之车,不可满以斗筲[7]之粟。何则?大非小之量,轻非重之宜。今人智有短长,能有巨细。或蕴百而尚少,或统一而为多。有轻才者,不可委以重任;有小力者,不可赖以成职。委任责成,不劳而化。此设官之当也。

斯二者治乱之源。立国制人,资股肱[8]以合德;宣风道俗,俟明贤而寄心。列宿腾天,助阴光之夕照;百川决地,添溟渤之深源。海月之深朗,犹假物而为大。君人御下,统极理时,独运方寸之心,以括九区之内,不资众力何以成功。必须明职审贤,择材分禄。得其人则风行化洽[9],失其用则亏教伤人。故云:则哲惟难[10]，良可慎也！

注释

[1]阐化宣风：阐发教化，宣扬德风。

[2]辕：车前驾牲畜的两根直木。

[3]栱：古代建筑中立柱和横梁之间成弓形的承重结构。桷：同"桷"，方形的椽子。

[4]割政分机，尽其所有：将机要的政事分割给不同的人，使他们发挥所有的才能。机：机要，关键。

[5]函牛之鼎：烹煮牛肉用的大鼎。函：容纳。

[6]钧：古代重量单位。三十斤为一钧。

[7]斗筲(shāo)：形容重量轻微，这里比喻人学识浅薄。筲：古代一种用竹子做的盛器。

[8]股肱：腿和胳膊，比喻辅佐大臣。

[9]风行化洽：好的风俗流行，并且广泛地教化百姓。

[10]则哲惟难：形容得遇贤才不易。语出《尚书·皋陶谟》："惟帝其难之。知人则哲，能官人。安民则惠，黎民怀之。"

原文

纳谏第五

夫王者，高居深视，亏听阻明[1]。恐有过而不闻，惧有阙[2]而莫补。所以设鞀[3]树木，思献替之谋；倾耳虚心，佇[4]忠正之说。言之而是，虽在仆隶刍荛[5]，犹不可弃也；言之而非，虽在王侯卿相，未必可容。其义可观，不责其辩；其理可用，不责其文[6]。至若折槛怀疏[7]，标之以作戒；引裾却坐[8]，显之以自非。故云：忠者沥[9]其心，智者尽其策。臣无隔情于上，君能遍照于下。

昏主则不然，说者拒之以威，劝者穷之以罪。大臣惜禄而莫谏，小臣畏诛而不言。恣暴虐之心，极荒淫之志。其为雍塞，无由自知。以为德超三皇，材过五帝。至于身亡国灭，岂不悲哉！此拒谏之恶也。

注释

[1]高居深视,亏听阻明:形容帝王居住深宫远离民间,很多言论都会被阻塞。亏:损害。

[2]阙:错误。

[3]鞉(táo):"鼗"的异体字。两旁缀灵活小耳的小鼓,执柄摇动时,两耳双面击鼓作响,俗称"拨浪鼓"。

[4]伫:等待。

[5]仆隶刍(chú)荛(ráo):形容地位微贱的人。仆隶:奴仆。刍荛:割草打柴的人。

[6]文:文章的文采修饰。

[7]折槛怀疏:比喻直言进谏。折槛:典出《汉书·朱云传》。汉槐里令朱云朝见成帝时,请赐剑以斩佞臣安昌侯张禹。成帝大怒,命将朱云拉下斩首。朱云攀着宫殿的门槛,抗声不止,槛为之折。经大臣劝解,朱云始得免。后修槛时,成帝命保留折槛原貌,以表彰直谏之臣。怀疏:典出《说苑·君道》。师经为魏文侯演奏古琴,文侯随音乐而舞蹈,并唱道:"谁都不能违背我的话。"师经认为魏文侯的话非常狂妄,于是拿琴撞文侯,没撞到文侯,却撞到了窗户,帽子破了。文侯要将师经处死,师经说:"过去尧舜当国王的时候,唯恐自己的话别人不反对;桀纣当国王的时候,唯恐自己的话别人违抗。我撞的是桀纣,不是撞我的君王。"文侯醒悟,于是放了师经,将琴悬挂在城门上,也不再修补窗户,来作为对自己的警示。怀:当为"坏"之讹。

[8]引裾(jū)却坐:比喻直言进谏。引裾:典出《三国志·辛毗传》。辛毗为了劝阻魏文帝徙冀州十万户以充实河南的政策,当面进谏。魏文帝不受,欲离开,辛毗拉住了魏文帝的衣襟。裾:衣襟。却坐:使座位后撤,典出《史记·袁盎晁错列传》。慎夫人很受文帝宠幸,在内宫常和文帝、窦皇后同席而坐。一次,文帝到上林苑游玩,窦皇后、慎夫人跟从。等到布置座席的时候,袁盎就把慎夫人的坐席向后拉退了一些。慎夫人生气,不肯就座,文帝也很生气,就起身回宫了。事后,袁盎劝谏文帝:"臣听说尊卑有别,内宫上下才能和睦。如今陛下已立皇后,慎夫人只不过是个宠妾,妾怎么能和主同席而坐呢,这是失却尊卑啊!且陛下宠爱慎夫人,就应该厚加赏赐。如果尊卑不分,名为宠爱,实则害了她,陛下难道不知道戚夫人被吕后做成'人彘'的事吗?"文帝把袁盎的话告诉了慎夫人,慎夫人就赐给袁盎金五

十斤。

[9]沥:穷尽。

原文

去谗第六

　　夫谗佞之徒,国之蟊贼[1]也。争荣华于旦夕,竞势利于市朝。以其谄谀之姿,恶忠贤之在己上;奸邪之志,恐富贵之不我先。朋党相持,无深而不入;比周[2]相习,无高而不升。令色巧言,以亲于上;先意承旨,以悦于君。朝有千臣,昭公去国而不悟;[3]弓无九石,宁一终身而不知。[4]以疏间亲,宋有伊戾之祸;[5]以邪败正,楚有郤宛之诛。[6]斯乃暗主庸君之所迷惑,忠臣孝子之可泣冤。故丛兰欲茂,秋风败之;王者欲明,谗人蔽之。此奸佞之危也。

　　斯二者,危国之本。砥躬砺行,莫尚于忠言;败德败正,莫逾于谗佞。今人颜貌同于目际,犹不自瞻,况是非在于无形,奚能自睹?[7]何则饰其容者,皆解窥于明镜,修其德者,不知访于哲人。讵自庸愚,何迷之甚!良[8]由逆耳之辞难受,顺心之说易从。彼难受者,药石之苦喉也;此易从者,鸩毒[9]之甘口也!明王纳谏,病就苦而能消;暗主从谀,命因甘而致殒。可不诫哉!可不诫哉!

注释

　　[1]蟊(máo)贼:吃禾苗的两种害虫,此处比喻朝廷中危害国家的奸佞之臣。

　　[2]比周:结党营私。

　　[3]朝有千臣,昭公去国而不悟:典出西汉刘向《新序》。宋昭公逃亡到边境,他激动地说:"我知道我为什么逃亡了。我千千万万的大臣中,没有一个不说:'我们的君主是明智的!'进出宫殿的人都没有听说过我的过错。这就是我逃亡到这里的原因!"一个国君之所以离开他的国家而失去它,是因为有太多谄谀之人。宋昭公在逃亡后醒悟过来,并最终返回国家。

　　[4]弓无九石,宁一终身而不知:典出《吕氏春秋》。据该书记载,齐宣王好射,喜欢别人称赞他能拉得动强弓,其实他的弓只需三石的力气就能拉得动。他将弓给周围的侍臣看,大家试着拉弓,拉到一半就装作拉不动的样子,都说:"这把弓没有九石的力气根本拉不动,这把弓除了大王您,还有谁可以使用呢?"齐宣王非常高

兴,其实他到死都还以为自己的弓要有九石的力气才能拉得动。

[5]以疏间亲,宋有伊戾之祸:典出《左传》。宋平公的太子痤不喜欢伊戾,伊戾于是向宋平公诬告太子痤欲勾结楚国谋乱,挑拨国君与太子的关系。平公便将太子痤囚禁,而后缢死。

[6]以邪败正,楚有郤(xì)宛之诛:典出《左传》。郤宛是楚国的大夫,为人正直,颇受爱戴。遭到奸臣费无极陷害,最后被迫自杀。

[7]今人颜貌同于目际,犹不自瞻,况是非在于无形,奚能自睹:人的脸和眼睛长在一起,眼睛尚且都看不到自己的脸,更何况是非是无形的,又怎么能轻易辨别呢?

[8]良:确实。

[9]鸩毒:毒酒。

原文

诫盈第七

夫君者,俭以养性,静以修身。俭则人不劳,静则下不扰。人劳则怨起,下扰则政乖[1]。人主好奇技淫声、鸷鸟猛兽,游幸无度,田猎不时。如此则徭役烦,徭役烦则人力竭,人力竭则农桑废焉。人主好高台深池,雕琢刻镂,珠玉珍玩,黼黻絺绤[2]。如此则赋敛重,赋敛重则人才遗,人才遗则饥寒之患生焉。乱世之君,极其骄奢,恣其嗜欲。土木衣缇绣[3],而人裋褐[4]不全;犬马厌刍豢[5],而人糟糠不足。故人神怨愤,上下乖离。佚乐[6]未终,倾危已至。此骄奢之忌也。

注释

[1]乖:违背,背离。

[2]黼(fǔ)黻(fú)絺(chī)绤(xì):精美的华服。黼黻:原指礼服上所绣的华美花纹,引申指绣有华美花纹的礼服。黼:古代礼服上绣的半黑半白的花纹。黻:古代礼服上青黑相间的花纹。絺绤:葛布的统称。絺:细葛布。绤:粗葛布。

[3]衣(yì)缇(tí)绣:穿着最奢侈的衣物。衣:穿。缇绣:高级的丝织品。缇:丹黄色或橘红色的丝织品。绣:彩色的丝织品。

[4]裋(shù)褐:用粗布做成的短衣,古代多为贫者的服饰。

[5]刍(chú)豢(huàn):牛羊猪狗等牲畜,此处指肉类食品。

[6]佚乐:悠闲安乐。

原文

崇俭第八

夫圣世之君,存乎节俭。富贵广大,守之以约;睿智聪明,守之以愚[1]。不以身尊而骄人,不以德厚而矜物[2]。茅茨不剪,采椽不斫,[3]舟车不饰,衣服无文,土阶不崇,大羹不和。[4]非憎荣而恶味,乃处薄而行俭。故风淳俗朴,比屋可封[5]。

斯二者,荣辱之端。奢俭由人,安危在己。五关近闭[6],则嘉命远盈;千欲内攻,则凶源外发。是以丹桂抱蠹,终摧荣耀之芳;朱火含烟,遂郁凌云之焰。[7]以是知骄出于志,不节则志倾;欲生于心,不遏则身丧。故桀、纣肆情而祸结,尧、舜约己而福延,可不务[8]乎?

注释

[1]守之以愚:安于守拙,不投机取巧。

[2]矜物:恃才傲物。

[3]茅茨(cí)不剪,采椽(chuán)不斫(zhuó):形容房屋简朴,不做过多的装饰。茅茨:茅草做的屋顶。采:通"棌",柞树。椽:装于屋顶以支持屋顶盖材料的木杆。斫:砍。

[4]舟车不饰,衣服无文,土阶不崇,大羹不和:车马和衣物朴素,没有装饰,房屋台阶不高,饮食简单,没有调和。

[5]比屋可封:形容贤人众多,家家皆可受到封赏。比屋:屋与屋相邻。

[6]五关近闭:使身体器官闭塞,从而节制情欲。北齐刘昼《刘子·防欲》:"将收情欲,先敛五关。"五关:眼、耳、鼻、舌、身。

[7]丹桂抱蠹(dù),终摧荣耀之芳;朱火含烟,遂郁凌云之焰:丹桂中的小蛀虫可以败坏桂花的芳华;冲天的焰火也会被烟雾所遮蔽。

[8]务:从事,做。

原文

赏罚第九

夫天之育物,犹君之御众。天以寒暑为德,君以仁爱为心。寒暑既调[1],则时无疾疫;风雨不节[2],则岁有饥寒。仁爱下施,则人不凋弊;教令失度,则政有乖违。防其害源,开其利本,显罚以威之,明赏以化之。[3]威立则恶者惧,化行则善者劝。适己而妨于道,不加禄焉;逆己而便于国,不施刑焉。[4]故赏者不德君,功之所致也;罚者不怨上,罪之所当也。[5]故《书》曰:"无偏无党,王道荡荡。"此赏罚之权也。

注释

[1]寒暑既调:寒暑均匀适当。

[2]风雨不节:风雨失度,不合时令。

[3]开其利本,显罚以威之,明赏以化之:使百姓有各自的事业,当众施行惩罚来威服众人,当众行使赏赐以教化众人。

[4]适己而妨于道,不加禄焉;逆己而便于国,不施刑焉:对于虽然有利于君王但是违背了道义的人,不能给予赏赐;对于虽然违逆了君王但是有利于国家的人,不能施加刑罚。

[5]故赏者不德君,功之所致也;罚者不怨上,罪之所当也:因此得到赏赐的人不必感激君王,因为这是他们的功劳值得奖励;受到处罚的人也不会怨恨君王,因为他们罪有应得。

原文

务农第十

夫食为人天,农为政本[1]。仓廪实则知礼节,衣食足则志廉耻。故躬耕东郊,敬授人时[2]。国无九岁之储,不足备水旱;家无一年之服,不足御寒暑。然而莫不带犊佩牛[3],弃坚就伪[4]。求什一之利,废农桑之基。以一人耕而百人食,其为害也,甚于秋螟[5]。莫若禁绝浮华,劝课耕织,使人还其本,俗反其真,则竞怀仁义之心,永绝贪残之路,此务农之本也。

斯二者,制俗之机。子育黎黔[6],惟资威惠。惠可怀也,则殊俗归风,若披霜而照春日;威可惧也,则中华慴軏[7],如履刃而戴雷霆。必须威惠并驰,刚柔两用,画刑不犯[8],移木无欺[9]。赏罚既明,则善恶斯别;仁信普著,则遐迩宅心[10]。劝稼务农,则饥寒之患塞;遏奢禁丽,则丰厚之利兴。且君之化下,如风偃草[11]。上不节心,则下多逸志;君不约己,而禁人为非,是犹恶火之燃,添薪望其止焰;忿池之浊,挠浪欲止其流,不可得也。[12]莫若先正其身,则人不言而化矣。

注释

[1] 农为政本:农业是国政的根本。

[2] 敬授人时:将历法颁授给百姓,使他们根据时令变化安排农业生产活动。

[3] 带犊佩牛:比喻百姓放弃刀剑,改业归农。

[4] 弃坚就伪:比喻弃农经商。古代重视农业,轻视工商业。

[5] 秋螟:秋天的螟虫。螟:一种吃粮食的害虫。

[6] 黎黔:百姓。

[7] 慴(shè)軏(yuè):形容像害怕钉子一样的恐惧。慴:即"慑",恐惧,害怕。軏:古代车上置于辕前端与车横木衔接处的销钉。

[8] 画刑不犯:形容刑律要适当放宽。《史记·五帝本纪》记载,相传在尧时,对犯罪之人只在衣服上画出标记,并不施行真正的刑罚。

[9] 移木无欺:形容令行禁止,执行政策言出必行。《史记·商君列传》记载,商鞅为了提升政策的公信力,于是在都城的南门立了一根木头,声称有能把木头搬到北门的赏十金。老百姓起初不相信,后来商鞅把奖励加到了五十金,有一个人试着搬木头到了北门,果然获得了五十金的赏赐。

[10] 遐迩宅心:无论远近的人们都来归附。遐迩:远近。宅心:归心,心悦诚服而归附。

[11] 如风偃草:像风吹倒了草一样,比喻教化广泛而有成效。

[12] 忿池之浊,挠浪欲止其流,不可得也:讨厌污浊的粪池,于是搅动它欲使其澄清,这是不可能的。忿:恼怒。挠:搅动。

原文

阅武第十一

夫兵甲者,国之凶器也。土地虽广,好战则人雕[1];邦国虽安,亟战则人殆。雕非保全之术,殆非拟寇之方。不可以全除,不可以常用,故农隙讲武[2],习威仪也。是以勾践轼蛙,卒成霸业;[3]徐偃弃武,遂以丧邦。[4]何则? 越习其威,徐忘其备。孔子曰:不教人战,是谓弃之。故知弧矢[5]之威,以利天下。此用兵之机也。

注释

[1]人:民。雕:通"凋",凋敝。

[2]农隙讲武:在农闲时讲习军事。

[3]勾践轼蛙,卒成霸业:典出《吴越春秋》。越王勾践欲伐吴,他感叹身边没有同仇敌忾的将士们。他看到路边的青蛙鼓起肚子怒目而视,颇有愤怒的样子,于是勾践便下令停车,对青蛙行"轼礼"表示敬重。有人疑惑不解,勾践说他非常赞赏青蛙这种面对敌人而满怀怒气的样子。于是将士们听了之后,士气高涨,甘于卖命。

[4]徐偃弃武,遂以丧邦:徐国国君徐偃王施行仁义,不修武备,最终被周穆王所灭。

[5]弧矢:弓箭。此处比喻军事实力。

原文

崇文第十二

夫功成设乐,治定制礼。[1]礼乐之兴,以儒为本。宏风导俗,莫尚于文;敷教训人,莫善于学。[2]因文而隆道,假学以光身。不临深溪,不知地之厚;不游文翰[3],不识智之源。然则质蕴吴竿,非笴羽不美;[4]性怀辨慧,非积学不成。是以建明堂,立辟雍。[5]博览百家,精研六艺,端拱[6]而知天下,无为而鉴古今。飞英声,腾茂实,光于不朽者,其唯学乎? 此文术也。

斯二者,递为国用。至若长气亘地,成败定于锋端;巨浪滔天,兴亡决乎一阵。[7]当此之际,则贵干戈而贱庠序。及乎海岳既晏,波尘已清,偃七德之余威,敷九功之大化。[8]当此之际,则轻甲胄而重诗书。是知文武二途,舍一不可,与时优劣,各有其宜。武士儒人,焉可废也。

注释

[1]功成设乐:军队凯旋要演奏乐曲。治定制礼:天下安定之时要制定礼法。

[2]敷教训人,莫善于学:广泛地教化规训人民,没有比兴办教育更好的了。

[3]文翰:文章。

[4]质蕴吴竿,非筈(kuò)羽不美:吴地的竹子虽然适合做箭,但是如果没有机栝和羽翎,那也不能成为精良的箭。吴竿:吴地的竹子,品貌端直,是造箭的良材。筈:射箭时,箭尾搭在弓弦上的部分。

[5]建明堂,立辟雍:修筑礼仪与讲学场所。明堂:古代帝王所建的最隆重的礼制建筑物,用作朝会诸侯、发布政令、大享祭天,并配祀祖宗。辟雍:西周天子为教育贵族子弟设立的学宫。

[6]端拱:端直身体而拱手,比喻无为而治。

[7]长气亘地,成败定于锋端;巨浪滔天,兴亡决乎一阵:形容战争年代时局动荡,战场上气氛高度紧张。长气:战争的紧张气氛。亘:遍。

[8]偃七德之余威,敷九功之大化:形容在和平年代,君王应该主修文治而暂息武备。偃:息。七德:武功。《左传·宣公十二年》载:"禁暴、戢兵、保大、定功、安民、和众、丰财者也。……武有七德。"九功:指代文治。《尚书》载:"火、水、金、木、土、谷,惟修;正德、利用、厚生,惟和;九功惟叙,九叙惟歌。"火、水、金、木、土、谷为"六府",正德、利用、厚生为"三事","六府""三事"为"九功"。

原文

跋

此十二条者[1],帝王之大纲也。安危兴废,咸在兹焉。古人有云,非知之难,惟行之不易;行之可勉,惟终实难。[2]是以暴乱之君,非独明于恶路;圣哲之主,非独见于善途。[3]良由大道远而难遵,邪径近而易践。

小人俯从其易,不得力行其难,故祸败及之;君子劳处其难,不能力居其易,故福庆流之。故知祸福无门,惟人所召。欲悔非于既往,惟慎祸于将来。当择哲主为师,毋以吾为前鉴。

取法于上,仅得为中;取法于中,故为其下。自非上德,不可效焉。吾在位以来,所制多矣。奇丽服玩,锦绣珠玉,不绝于前,此非防欲也;雕楹刻桷[4],高台深池,每兴其役,此非俭志也;犬马鹰鹘,无远必致,此非节心也;数有行幸,以亟劳人,此非屈己也。[5]斯事者,吾之深过,勿以兹为是而后法焉。但我济育苍生,其益多;平定寰宇,其功大;益多损少,人不怨;功大过微,德未亏。然犹之尽美之踪,于焉多愧;尽善之道,顾此怀惭。[6]况汝无纤毫之功,直缘基而履庆?[7]若崇善以广德,则业泰身安;若肆情以从非,则业倾身丧。且成迟败速者,国基也;失易得难者,天位也。[8]可不惜哉?

注释

[1]此十二条者:上述的十二篇。

[2]非知之难,惟行之不易;行之可勉,惟终实难:知道道理并不困难,难的是去实行;实行需要付出努力,而更难的是坚持下去。

[3]暴乱之君,非独明于恶路;圣哲之主,非独见于善途:残暴的君主并不是只会去作恶的人;圣明的君主也并不是只有善的方面。

[4]雕楹刻桷(jué):雕饰精美的梁柱。楹:堂前的两根大柱。桷:方形的椽子。

[5]犬马鹰鹘(hú),无远必致,此非节心也;数有行幸,以亟劳人,此非屈己也:无论多远都要寻求珍禽猛兽,这不是节制欲望的做法;多次出游,极度劳民,这不是约束自己的做法。鹘:隼,一种白天活动的猛禽。

[6]然犹尽美之踪,于焉多愧;尽善之道,顾此怀惭:然而我并没有做到尽善尽美的境界,因此我仍然感到惭愧。

[7]况汝无纤毫之功,直缘基而履庆:况且你没有立下任何的功劳,因为出生在皇家而继承了祖宗的基业。

[8]且成迟败速者,国基也;失易得难者,天位也:国家与皇位得到很难,失去却很容易。

诫皇属①

[唐]李世民

简介

《诫皇属》出自《旧唐书》卷七十六,是唐太宗李世民对子女们的训导之文。他以自身为例,劝诫子女虽然生于富贵,但仍要躬行节俭、谦虚为人,遇事要晓理明辨,不要恣意喜怒。文章短小却意蕴丰厚,引人深思,实为古代帝王训诫子女的典范之作。

原文

太宗尝谓皇属曰:"朕即位十三年矣,外绝游观之乐,内却[1]声色之娱。汝等生于富贵,长自深宫。夫帝子亲王,先须克己。每著一衣,则悯蚕妇;每餐一食,则念耕夫。至于听断之间,勿先恣[2]其喜怒。朕每亲临庶政,岂敢惮于焦劳。汝等勿鄙人短,勿恃己长,乃可永久富贵,以保贞吉。先贤有言:'逆吾者是吾师,顺吾者是吾贼。'不可不察也。"

注释

[1]却:拒绝。
[2]恣(zì):放纵。

诫吴王恪书②

[唐]李世民

简介

《诫吴王恪书》出自《旧唐书》卷七十六,是唐太宗李世民对第三子吴王李恪的

---

① 翟博.中国人的教育智慧:经典家训版[M].北京:教育科学出版社,2007:411-412.
② 吴云,冀宇.唐太宗全集校注[M].天津:天津古籍出版社,2004:149.

训诫信。他希望李恪能在平时的生活中心存礼义,秉承忠孝,励志日新。李恪常年在地方上任职,父子远隔千里,太宗此文既是勉励的训语,又是谆谆的家书。

原文

吾以君临兆庶,表正万邦。汝地居茂亲,寄惟藩屏,[1]勉思桥梓[2]之道,善侔间平之德[3]。以义制事,以礼制心,三风十愆[4],不可不慎。如此,则克[5]固盘石,永保维城,外为君臣之忠,内有父子之孝。宜自励志,以勖[6]日新。汝方违膝下[7],凄恋何已,欲遗汝珍玩,恐益骄奢。故诫此一言,以为庭训。

注释

[1]汝地居茂亲,寄惟藩屏:你作为有才能的皇室宗亲管理地方,是我们国家的卫国重臣。茂亲:有贤能的亲属。藩屏:屏障,引申为戍卫边疆的重臣,元稹《论教本书》:"选用贤良,树为藩屏。"

[2]桥梓:比喻父子关系。

[3]善侔(móu)间平之德:要向刘德、刘苍等有贤能的宗室藩王看齐。侔:相等,齐等。间平:汉代河间献王刘德、东平宪王刘苍的合称,此二人学识渊博,品行高尚,后多以"间平"指代宗室藩王中之贤者。

[4]三风十愆(qiān):出自《尚书·伊训篇》,指三种不好的风气滋生出的十种错误的行为。具体指巫风二:舞、歌;淫风四:货、色、游、畋;乱风四:侮圣言、逆忠直、远耆德、比顽童,合为三风与十愆。泛指官场上的各种歪风和罪行。

[5]克:能。

[6]勖(xù):勉励。

[7]膝下:比喻子女在父母的近旁,没有远离。

臣 轨[①]

[唐]武则天

简介

武则天(624—705),并州文水(今山西省吕梁市文水县)人。唐朝至武周时期政治家,中国历史上唯一的正统女皇帝。

《臣轨》是武则天以传统儒家政治伦理观念为思想基础,编纂而成的一部政治性文献,旨在规训臣属,恪守忠君爱国、公正诚信、廉洁谨慎的为臣之道。全文除序言外,分为同体、至忠、守道、公正、匡谏、诚信、慎密、廉洁、良将、利人十章。《臣轨》是我国古代帝王规诫臣属的经典文本,对巩固古代封建统治具有深远的影响。

原文

序

盖闻惟天著象,庶品[1]同于照临;惟地含章,群生等于亭育[2]。朕以庸昧,忝位坤元。思齐厚载之仁,式罄普覃[3]之惠。乃中乃外,思养之志靡殊;惟子惟臣,慈诱之情无隔。常愿甫殚微悃,上翊紫机[4],爰须众僚,聿匡玄化。伏以天皇[5],明逾则哲,志切旁求。簪裾总川岳之灵;珩佩聚星辰之秀[6]。群英莅职,众彦[7]分司。足以广扇淳风,长隆宝祚。但母之于子,慈爱特深。虽复已积忠良,犹且思垂劝励。昔文伯既达,仍加喻轴之言;孟轲已贤,更益断机之诲。良以情隆抚字,心欲助成。比者,太子及王已撰修身之训,群公列辟未敷忠告之规。近以暇辰,游心策府,聊因炜管[8],用写虚襟。故缀叙所闻,以为《臣轨》一部。想周朝之十乱[9],爰[10]著十章;思殷室之两臣[11],分为两卷。所以发挥言行,镕范身心。为事上之轨范,作臣下之准绳。

若乃遐想绵载,眇鉴前修;莫不元首居尊,股肱宣力。资栋梁而成大厦,凭舟楫而济巨川。唱和相依,同功共体。然则君亲既立,忠孝形焉。奉国奉家,率

---

① 王双怀,梁克敏,田乙.帝范臣轨校释[M].西安:陕西人民出版社,2016:135-277.

由之道宁二;事君事父,资敬之途斯一。臣主之义,其至矣乎!休戚[12]是均,可不深鉴。夫丽容虽丽,犹待镜以端形;明德虽明,终假言而荣行。今故以兹所撰,普锡具僚,诚非笔削之工,贵申裨导之益。[13]何则？正言斯重,玄珠比而尚轻;巽语[14]为珍,苍璧喻而非宝。是知赠人以财者,唯申即目之欢;赠人以言者,能致终身之福。若使佩兹箴戒,同彼韦弦,[15]修已必顾其规,立行每观其则,自然荣随岁积,庆与时新,家将国而共安,下与上而俱泰。察微之士,所宜三思。庶照鄙诚,敬终高德。凡诸章目列于后云。

《臣轨》序终。

注 释

[1]庶品:万物。

[2]亭育:养育。

[3]普覃(tán):普遍。

[4]翊:辅佐。紫机:朝廷机要部门。

[5]天皇:唐高宗李治。

[6]簪裾总川岳之灵;珩(héng)佩聚星辰之秀:显贵管理地方,英贤荟萃朝堂。簪裾:古代显贵所穿的衣服,借指显贵。珩佩:佩上部的横玉,借指贤才。

[7]彦:有才能和德行的人。

[8]炜管:笔。

[9]十乱:周武王时代十位具有治国平乱能力的贤臣,即周公旦、召公奭、太公望、毕公、荣公、太颠、闳夭、散宜生、南宫适、文母。

[10]奚:于是。

[11]殷室之两臣:伊尹和傅说(yuè)。伊尹是商朝开国元勋,对于商朝的兴盛贡献很大。傅说辅佐殷商高宗武丁安邦治国,形成历史上有名的"武丁中兴",是商代有名的贤臣。

[12]休戚:福祸。

[13]今故以兹所撰,普锡具僚,诚非笔削之工,贵申裨导之益:现在将我所撰写的这部《臣轨》,赐给所有的官员,目的并不是要你们学习文章的写法,而是要申明训导的好处。锡:通"赐",赏赐。笔削:敬辞,请人修改文章。

[14]巽(xùn)语:谦逊的话语。巽:即"逊",谦逊。

[15]佩兹箴戒,同彼韦弦:经常想着《臣轨》中的诫语,就像佩戴韦弦一样时刻

警示自己。韦：皮革，性柔韧。弦：弓弦，紧而直。《韩非子》："西门豹之性急，故佩韦以缓己；董安于之心缓，故佩弦以自急。"

原文

同体章第一

夫人臣之于君也，犹四肢之载元首，耳目之为心使也。相须而后成体，相得而后成用。[1]故臣之事君，犹子之事父。父子虽至亲，犹未若君臣之同体也。故《虞书》曰："臣作朕股肱耳目，余欲左右有人，汝翼；余欲宣力四方，汝为。[2]"故知臣以君为心，君以臣为体。心安则体安，君泰则臣泰。未有心瘁[3]于中，而体悦于外，君忧于上，而臣乐于下。古人所谓"共其安危，同其休戚"者，岂不信欤！

夫欲构大厦者，必藉众材。虽楹柱栋梁、栱栌榱桷[4]，长短方圆，所用各异，自非众材同体，则不能成其构。为国者亦犹是焉。虽人之材能天性殊禀，或仁或智、或武或文，然非群臣同体，则不能兴其业。故《周书》称：殷纣有亿兆夷人[5]，离心离德，此其所以亡也；周武有乱臣[6]十人，同心同德，此其所以兴也。

《尚书》曰："明四目，达四聪。"谓舜求贤，使代己[7]视听于四方也。昔屠蒯[8]亦云："汝为君目，将司明也。汝为君耳，将司听也。"轩辕氏有四臣，以察四方，故《尸子》云："黄帝四目。"是知君位尊高，九重[9]奥绝，万方之事，不可独临，故置群官，以备爪牙耳目[10]，各尽其能，则天下自化。故冕旒[11]垂拱无为于上者，人君之任也；忧国恤人竭力于下者，人臣之职也。

《汉名臣奏》曰："夫体有痛者，手不能无存；心有惧者，口不能勿言。"忠臣之献直于君者，非愿触鳞[12]犯上也，良由与君同体，忧患者深，志欲君之安也。

陆景[13]《典语》曰："国之所以有臣，臣之所以事上，非但欲备员而已。天下至广，庶事至繁，非一人之身所能周也。故分官列职，各守其位，处其任者，必荷其忧。"臣之与主，同体合用。主之任臣，既如身之信手；臣之事主，亦如手之系身。上下协心，以理国事。不俟命而自勤，不求容而自亲，则君臣之道著也。

注释

[1]相须而后成体，相得而后成用：相互依附才能成为一个整体，相互配合才

能各自发挥作用。

[2]余欲左右有人,汝翼;余欲宣力四方,汝为:朕希望身边有人辅佐,你们就是朕的羽翼;朕希望治理天下,你们就为朕效力。

[3]瘁:劳累。

[4]栱(gǒng)栌(lú)榱(cuī)桷(jué):形容建筑房屋的构件各不相同。栱:立柱和横梁之间成弓形的承重结构。栌:大柱柱头顶端的方木。榱:椽子。桷:方形的椽子。

[5]夷人:平凡的人。

[6]乱臣:为政的能臣。乱:治。

[7]巳:丛书集成初编本、东方学会丛书本作"己"。

[8]屠蒯(kuǎi):春秋时期晋国的屠宰手。

[9]九重:比喻宫闱深远。

[10]爪牙耳目:比喻辅佐事业的得力助手,此处为褒义色彩。

[11]冕旒:指代皇帝。

[12]触鳞:触怒皇帝。

[13]陆景:字士仁,吴郡吴县(今江苏省苏州市)人,东吴丞相陆逊之孙,大司马陆抗次子。陆机、陆云之仲兄。为人好学,著书数十篇,有《陆景集》一卷,已亡佚。

原文

至忠章第二

盖闻古之忠臣事其君也,尽心焉,尽力焉。称材居位,称能受禄。不面誉以求亲。不愉悦以苟合[1]。公家之利,知无不为。上足以尊主安国,下足以丰财阜人。内匡君之过,外扬君之美。不以邪损正,不为私害公。见善行之如不及,见贤举之如不逮。竭力尽劳而不望其报,程功积事[2]而不求其赏。务有益于国,务有济于人。

夫事君者以忠正为基,忠正者以慈惠为本。故为臣不能慈惠于百姓而曰忠正于其君者,斯非至忠也。所以大臣必怀养人之德,而有恤下之心。利不可并,忠不可兼。不去小利,则大利不得;不去小忠,则大忠不至。故小利,大利之残也;小忠,大忠之贼[3]也。昔孔子曰:"为人下者,其犹土乎!种之则五谷生焉,掘之则甘泉出焉。草木殖焉,禽兽育焉。多其功而不言。"此忠臣之道也。

《尚书》曰:成王谓君陈曰:"尔有嘉谋嘉猷[4],则入告尔后[5]于内,尔乃顺之于外。曰:'斯谋斯猷,惟我后之德。'臣人咸若时,惟良显哉。"

《礼记》曰:"善则称君,过则称己,则人作忠";"善则称亲,过则称己,则人作孝。"

《昌言》[6]曰:"人之事亲也,不去乎父母之侧,不倦乎劳辱之事。见父母体之不安,则不能寝;见父母食之不饱,则不能食。见父母之有善,则欣喜而戴之;见父母之有过,则泣涕而谏之。孜孜为此以事其亲,焉有为人父母而憎之者也。人之事君也,使无难易,无所惮也;事无劳逸,无所避也。其见委任也,则不恃恩宠而加敬;其见遗忘也,则不敢怨恨而加勤。险易不革其心,安危不变其志。见君之一善,则竭力以显誉,唯恐四海之不闻;见君之微过,则尽心而潜谏,唯虑一德之有失。孜孜为此以事其君,焉有为人君主而憎之者也。故事亲而不为亲所知,是孝未至也;事君而不为君所知,是忠未至也。"

古语云:"欲求忠臣,出于孝子之门。"苟非纯孝者,则不能立大忠。夫纯孝者,则能以大义修身,知立行之本。欲尊其亲,必先尊于君;欲安其家,必先安于国。故古之忠臣,先其君而后其亲,先其国而后其家。何则?君者,亲之本也,亲非君而不存;国者,家之基也,家非国而不立。

昔楚恭王召令尹[7]而谓之曰:"常侍管苏,与我处,常劝我以道,正我以义。吾与处不安也,不见不思也。虽然,吾有得也,其功不细,必厚禄之。"乃拜管苏为上卿。若管苏者,可谓至忠至正,能以道济其君者也。

注释

[1]苟合:无原则地附和,随意。
[2]程功积事:形容不断地累积功劳。程:计量。
[3]贼:伤害。
[4]猷:计谋。
[5]后:君主。
[6]《昌言》:东汉仲长统撰,原书已佚。
[7]令尹:官名,楚国在春秋战国时代的最高官衔,是掌握政治事务,发号施令的最高官,其执掌一国之国柄,身处上位,以率下民,对内主持国事,对外主持战争,总揽军政大权于一身。

原文

守道章第三

夫道者，覆天载地，高不可际，深不可测。包裹万物，禀[1]道无形。舒之覆于六合[2]，卷之不盈一握。小而能大，昧而能明，弱而能强，柔而能刚。夫知道者，必达于理；达于理者，必明于权；明于权者，不以物害己。言察于安危，宁于祸福，谨于去就，莫之能害也。以此退居而闲游，江海山林之士服；以此佐时而匡主，忠立名显而身荣。退则巢、许之流[3]，进则伊、望之伦[4]也。故道之所在，圣人尊之。

《老子》曰："道常无为而无不为。侯王若能守之，万物将自化。人主以道自任者不以兵强于天下。夫佳兵者，不祥之器，故有道者不处。"又曰："上士闻道，勤而行之；中士闻道，若存若亡；下士闻道，大笑之。不笑不足以为道。"

《庄子》曰："夫体道者，无天怨，无人非，无物累，无鬼责。一心定而万事得。"

《文子》[5]曰："夫道者，无为无形，内以修身，外以理人。故君臣有道即忠惠；父子有道即慈孝，士庶有道即相亲。故有道即和同，无道即离贰。由是观之，无道不宜也。"

《管子》曰："道者，一人用之不闻有余，天下行之不闻不足。所谓道者，小取焉则小得福，大取焉则大得福。道者，所以正其身，而清其心者也。故道在身则言自顺，行自正，事君自忠，事父自孝。"

《淮南子》曰："大道之行，犹日月，江南河北不能易其所，驰骛千里不能移其处。其趋舍礼俗，无所不通。是以容成得之而为轩辅[6]，傅说得之而为殷相。故欲致鱼者先通水，欲致鸟者先树木，欲立忠者先知道。"又曰："古之立德者，乐道而忘贱，故名不动心；乐道而忘贫，故利不动志。职繁而身逾逸，官大而事逾少。静而无欲，澹而能闲。以此修身，乃可谓知道矣。不知道者，释其所有，求其所未得。神劳于谋，知烦于事。福至则喜，祸至则忧。祸福萌生，终身不悟，此由于不知道也。"

《说苑》曰："山致其高而云雨起焉，水致其深而蛟龙生焉，君子致其道而福禄归矣。万物得其本则生焉，百事得其道则成焉。"

注释

[1]禀:赋予。

[2]六合:上下和四方,泛指天地或宇宙。

[3]巢、许之流:巢父和许由。相传他们是尧时的隐士,曾拒绝了尧让位的请求。

[4]伊、望之伦:伊尹和吕望。伊尹,名挚,尹是官名,有莘国(今河南省杞县)人,史籍记载生于洛阳市伊川县,商朝开国元勋,杰出的政治家、思想家。吕望(?—约前1015),姜姓,吕氏,名尚,字子牙,号飞熊,周朝开国元勋,杰出的政治家、军事家、韬略家。伦:辈,类。

[5]《文子》:书名,文子著。文子:生卒年不详,辛氏,号计然。春秋战国时期的思想家、哲学家、文学家、教育家,相传为老子的学生。

[6]容成得之而为轩辅:容成得道而成为辅佐黄帝的得力之臣。容成:相传为黄帝大臣,发明历法。轩辅:轩辕黄帝的辅佐之臣。

原文

公正章第四

天无私覆,地无私载。日月无私烛,四时无私为。去所私而行大义,可谓公矣。智而用私,不若愚而用公。人臣之公者,理官事则不营私家,在公门则不言货利,秉公法则不阿[1]亲戚,奉公举贤则不避仇雠[2]。忠于事君,仁于利下。推之以恕道,行之以不党,伊、吕是也。故显名存于今,是之谓公也。理人之道万端,所以行之在一。一者何?公而已矣。唯公心可以奉国,唯公心可以理家。公道行,则神明不劳而邪自息;私道行,则刑罚繁而邪不禁。故公之为道也,言甚少而用甚溥[3]。

夫心者,神明之主,万里之统也。动不失正,天地可感,而况于人乎!故古之君子,先正其心。夫不正于昧金而照于莹镜[4]者,以莹能明也;不鉴于流波而鉴于静水者,以静能清也。镜、水以明清之性,故能形物之形,见其善恶。而物无怨者,以镜水至公而无私也。镜水至公,可免于怨,而况于人乎!孔子曰:"苟正其身,于从政乎何有?不能正其身,如正人何?"又曰:"其身正,不令而行;其身不正,虽令不从。"

《说苑》曰:"人臣之行有六正六邪,行六正则荣,犯六邪则辱。夫荣辱者,祸福之门也。何谓六正六邪?六正:一曰萌芽未动,形兆未见,照然独见存亡之机,得失之要,预禁乎未然之前,使主超然立乎显荣之处,天下称孝焉。如此者,圣臣也。二曰虚心白意,进善通道,勉主以礼义,喻主以长策,[5]将顺其美,匡救其恶。功成事立,归善于君,不敢独伐其劳。如此者,大臣也。三曰卑身贱体,夙兴夜寐,进贤不懈,数称于往古行事,以励主意,庶几有益,以安国家。如此者,忠臣也。四曰察见成败,早防而救之,引而复之,塞其间,绝其源,转祸以为福,令君终以无忧。如此者,智臣也。五曰守文奉法,任官职事,辞禄让赐,不受赠遗,衣服端齐,食饮节素。如此者,贞臣也。六曰国家昏乱,所为不谀[6],然而敢犯主之严颜,面言主之过失,不辞其诛,身死国安,不悔所行。如此者,直臣也。是谓六正也。六邪:一曰安官贪禄,营于私家,不务公事,怀其智,职其能,主饥于论渴于策,犹不肯尽节,容容[7]乎与代沉浮上下,左右观望。如此者,具臣[8]也。二曰主所言皆曰善,主所为皆曰可,隐而求主之所好,而进之以快主之耳目,偷合苟容,与主为乐,不顾其后害。如此者,谀臣也。三曰中实诐[9]险,外貌小谨,巧言令色,又心疾贤,所欲进,则明其美而隐其恶;所欲退则明其过而匿其美,使主妄行过任,赏罚不当,号令不行。如此者,奸臣也。四曰智足以饬非,辩足以强是,反言易辞而成文章,内离骨肉之亲,外妒乱朝廷。如此者,谗臣也。五曰专权擅威,操持国事,以为轻重,于私门成党,以富其家,又复增加威权,矫擅主命,以自贵显。如此者,贼臣也。六曰谄主以邪,陷主不义,朋党比周,以蔽主明。入则辩言好辞,出则更复异其言语,使白黑无别,是非无间。候伺可不[10]推因而附然,使主恶布于境内,闻于四邻。如此者,亡国之臣也。是谓六邪。贤臣处六正之道,不行六邪之术,故上安而下理,生则见乐,死则见思,此人臣之术也。"

注释

[1] 阿(ē):迎合,偏袒。

[2] 仇雠(chóu):仇人。

[3] 溥:也作"博",广大。

[4] 莹镜:玉镜。

[5]勉主以礼义,喻主以长策:用礼义来劝勉君主,用长远的策略来晓喻君主。

[6]谀:奉承,谄媚。

[7]容容:本指烟云浮动的样子,此处指随众附和的样子。

[8]具臣:备位充数之臣。

[9]诐(bì):偏颇,邪辟。

[10]候伺可不(fǒu):观察君主的态度。候伺:观察,窥探。可不:即"可否"。

原文

匡谏章第五

夫谏者,所以匡君于正也。《易》曰:"王臣蹇蹇,匪躬之故。[1]"人臣之所以蹇蹇为难,而谏其君者,非为身也,将欲以除君之过,矫君之失也。君有过失而不谏者,忠臣不忍为也。

《春秋》传曰:齐景公坐于遄台[2],梁邱据驰而造焉[3]。公曰:"唯据与我和夫!"晏子曰:"据亦同也,焉得为和?"公曰:"和与同异乎?"对曰:"异。和如羹焉,水、火、醯、醢[4]、盐、梅,以烹鱼肉,宰夫和之,齐之以味,济其不及。"君臣亦然。君所谓可而有否焉,臣献其否以成其可;君所谓否而有可焉,臣献其可以去其否,是以政平而人无争心。故《诗》曰:'亦有和羹,既戒既平。'[5]今据不然。君所谓可,据亦曰可;君所谓否,据亦曰否。若以水济水,谁能食之? 同之不可也如是。"

《家语》曰:"哀公问于孔子曰:'子从父命,孝乎? 臣从君命,忠乎?'孔子不对。又问三,皆不对。趋而出,告于子贡曰:'公问如此,尔以为何如?'子贡曰:'子从父命,孝矣;臣从君命,忠矣。夫子奚疑焉。'孔子曰:'鄙哉! 尔不知也。昔万乘之主,有诤臣七人,则主无过举;千乘之国,有诤臣五人,则社稷不危;百乘之家,有诤臣三人,则禄位不替。父有诤子,不陷无礼;士有诤友,不行不义。子从父命,奚遽为孝[6]! 臣从君命,奚遽为忠!'"

《新序》曰:"主暴不谏,非忠臣也;畏死不言,非勇士也。见过则谏,不用即死,忠之至也。晋平公问叔向[7]曰:'国家之患孰为大?'对曰:'大臣重禄而不极谏;近臣畏罪而不敢言;下情不得上通。此患之大者也。'公曰:'善。'乃令曰:'臣有欲进善言,而谒者不通,罪至死。'"

《说苑》曰:"从命利君谓之顺;从命病君谓之谀。逆命利君谓之忠;逆命病君谓之乱。君有过失而不谏诤,将危国家殒社稷也;有能尽言于君,用则留,不用则去,谓之谏;用则可,不用则死,谓之诤;有能率群下以谏君,君不能不听,遂解国之大患,除国之大害,竟能尊主安国者,谓之辅;有能抗君之命,反君之事,以安国之危,除主之辱,而成国之大利者,谓之弼。故谏诤辅弼者,所谓社稷之臣,明君之所贵也。"又曰:"夫登高栋临危簷而目不眴[8]、心不惧者,此工匠之勇也;入深泉刺蛟龙,抱鼋鼍[9]而出者,此渔父之勇也;入深山刺猛兽抱熊黑[10]而出者,此猎夫之勇也;临战先登暴骨流血而不辞者,此武士之勇也;居于广廷作色端辩以犯君之严颜,前虽有乘轩之党[11]未为之动,后虽有斧锧之诛[12]未为之惧者,此忠臣之勇也。君子于此五者,以忠臣之勇为贵也。"

《代要论》[13]曰:"夫谏诤者,所以纳君于道,矫枉正非,救上之谬也。上苟有谬而无救焉,则害于事,害于事,则危。故《论语》曰:'危而不持,颠而不扶,则将焉用彼相矣?'然则,扶危之道,莫过于谏,是以国之将兴,贵在谏臣;家之将兴,贵在谏子。若君父有非,臣子不谏,欲求国泰家荣,不可得也。"

注释

[1]王臣謇謇,匪躬之故:臣子为国君直言进谏,并不是为了自己。謇:通"蹇",平直貌。謇謇:直谏不已也。

[2]遄(chuán)台:位于今山东省淄博市临淄区齐都镇小王庄南约五百米处,亦名"歇马台""戏马台"。

[3]梁邱据驰而造焉:梁邱据骑马造访齐景公。梁邱据:生卒年不详,春秋时齐国的大夫。造:拜访。

[4]醯(xī):醋。醢(hǎi):肉酱。

[5]亦有和羹,既戒既平:也有调和美味的肉羹,味道齐全又很可口。

[6]奚遽(jù)为孝:(子女盲目地遵从父命)难道这是孝吗!奚遽:岂,难道。

[7]晋平公(?—前532):姬姓,名彪,晋悼公之子,春秋时期晋国国君。叔向:生卒年不详,姬姓,羊舌氏,名肸(xī),字叔向,又称"叔肸",因食邑在杨(今山西省洪洞县东南),又称杨肸。春秋时期晋国大夫、政治家,与郑国的子产、齐国的晏婴齐名。

[8]登高栋临危簷(yán)而目不眴(xuàn):登上高高的楼房,凭着高处的栏杆,眼睛却不晕眩。眴:眼睛昏花。

[9]鼋(yuán)鼍(tuó):大鳖鼍龙。鼋:大鳖。鼍:一种爬行动物,吻短,体长二

米多,背部、尾部均有鳞甲。

[10] 熊罴(pí):熊。罴:体型较大的熊。

[11] 乘轩之赏:封官加爵。乘轩:本指大夫乘坐的轩车,后喻指做官。

[12] 斧锧(zhì)之诛:处以刑罚。锧:斧,古代斩人的刑具。

[13] 《代要论》:又名《世要论》,十二卷,魏大司农桓范撰,现已亡佚。

原文

诚信章第六

凡人之情,莫不爱于诚信。诚信者,即其心易知。故孔子曰:"为上易事,为下易知。"非诚信无以取爱于其君,非诚信无以取亲于百姓。故上下通诚者,则暗相信而不疑;其诚不通者,则近怀疑而不信。[1]孔子曰:"人而无信,不知其可也。大车无輗,小车无軏,其何以行之哉?[2]"

《吕氏春秋》曰:"信之为功大矣。天行不信则不能成岁;地行不信则草木不大。春之德风,风不信则其花不成;夏之德暑,暑不信则其物不长;秋之德雨,雨不信则其谷不坚;冬之德寒,寒不信则其地不刚。夫以天地之大,四时之化,犹不能以不信成物,况于人乎!故君臣不信,则国政不安;父子不信,则家道不睦;兄弟不信,则其情不亲;朋友不信,则其交易绝。夫可与为始、可与为终者,其唯信乎!信而又信,重袭于身,则可以畅于神明,通于天地矣。"

昔鲁哀公问于孔子曰:"请问取人之道。"孔子对曰:"弓调而后求劲焉;马服而后求良焉。士必悫[3]信而后求智焉。若士不悫信而有智能,譬之豺狼不可近也。"昔子贡问政。子曰:"足食,足兵,民信之矣。"子贡曰:"必不得已而去,于斯三者何先?"曰:"去兵。"子贡曰:"必不得已而去,于斯二者何先?"曰:"去食。自古皆有死,民无信不立。"

《体论》[4]曰:"君子修身,莫善于诚信。夫诚信者,君子所以事君上,怀下人也。天不言而人推高焉,地不言而人推厚焉,四时不言而人与期焉,此以诚信为本者也。故诚信者,天地之所守而君子之所贵也。"

《傅子》[5]曰:"言出于口,结于心。守以不移,以立其身。此君子之信也。"故为臣不信不足以奉君;为子不信不足以事父。故臣以信忠其君,则君臣之道益睦;子以信孝其父,则父子之情更隆。夫仁者不妄为,知者不妄动。择是而为之,计义而行之。故事立而功足恃也,身没而名足称也。虽有仁智,必以诚信为本。盖以诚信为本者,谓之君子;以诈伪为本者,谓之小人。君子虽殒,善名不减;小人虽贵,恶名不除。

注释

[1]故上下通诚者,则暗相信而不疑;其诚不通者,则近怀疑而不信:如果君臣上下之间能够以诚相待,那么彼此之间就会完全信任;如果双方不能以诚相待,那么即使表面亲近,也不会很信任对方。

[2]人而无信,不知其可也。大车无輗(ní),小车无軏(yuè),其何以行之哉:人如果不讲信用,不知道他还可以做什么。就像大车没有连接车辕与轭的木销子,小车没有衔接辕端与横木的销钉,它怎么能行走呢?輗:古代大车车辕和横木衔接的活销。軏:古代车上置于辕前端与车横木衔接处的销钉。

[3]悫(què):诚实,厚道。

[4]《体论》:魏幽州刺史杜恕撰。杜恕(197—252):字务伯,京兆杜陵(今陕西省西安市)人。三国时期魏国大臣,尚书仆射杜畿的儿子,著名学者、大将军杜预的父亲。

[5]《傅子》:晋傅玄撰。傅玄(217—278):字休奕,北地郡泥阳县(今陕西省铜川市耀州区东南)人。魏晋时期名臣及文学家、思想家。

原文

慎密[1]章第七

夫修身正行,不可以不慎;谋虑机权,不可以不密。忧患生于所忽,祸害兴于细微。人臣不慎密者,多有终身之悔。故言易泄者,召祸之媒也;事不慎者,取败之道也。明者视于无形,聪者听于无声,谋者谋于未兆,慎者慎于未成。不困在于早虑,不穷在于早豫。非所言勿言,以避其患;非所为勿为,以避其危。孔子曰:"终日言,不遗己之忧;终日行,不遗己之患,唯智者能之。故恐惧战兢所以避患也,恭敬静密所以远难也。终身为善,一言败之,可不慎乎!"

夫口者关也;舌者机也。出言不当,驷马不能追也。口者关也;舌者兵也。出言不当,反自伤也。言出于己,不可止于人;行发于迩[2],不可止于远。夫言行者,君子之枢机[3],枢机之发,荣辱之主。

夫君子戒慎乎其所不睹,恐惧乎其所不闻,莫见乎隐,莫显乎微,是故君子慎其独。在独犹慎,况于事君乎!况于处众乎!昔关尹谓列子[4]曰:"言美则响美,言恶则响恶。身长则影长,身短则影短。"言者所以召响也,身者所以致影也。是故慎而言,将有和之;慎而身,将有随之。

昔贤臣之事君也,入则造膝而言[5],出则易词而对。其进人[6]也,唯畏人之知,不欲思从己出;其图事也,必推明于君,不欲谋自己造。畏权而恶宠,晦智而韬名。不觉辱之在身,不觉荣之在己。人闭其口,我闭其心;人密其外,我密其里。不慎而慎,不恭而恭,斯大慎之人也。故大慎者,心知不欲口知;其次慎者,口知不欲人知。故大慎者闭心;次慎者闭口;下慎者闭门。昔孔光[7]禀性周密,凡典枢机十有余年,时有所言,辄削草稿[8]。沐日[9]归休,兄弟妻子宴语,终不及朝廷政事。或问光:"温室省中树,皆何木也?[10]"光默而不应,更答以他语。若孔光者,可谓至慎矣,故能终身无过,享其荣禄。

注释

[1]慎密:谨慎,保密。

[2]迩(ěr):近。

[3]枢机:关键、机要之处。

[4]关尹:生卒年不详,字公度,名喜,春秋时期道家思想的重要代表人物之一。曾为函谷关令,与老子同时代。老子《道德经》五千言,为应关尹邀请而著。列子(约前450—前375):名御寇,又名寇。郑国圃田(今河南省郑州市)人。思想家、哲学家,战国前期道家代表人物。列子是介于老子与庄子之间道家学派承前启后的重要传承人物。

[5]造膝而言:密谈。造膝:促膝,形容密切交谈的样子。

[6]进人:推荐人才。

[7]孔光(前65—5):字子夏,曲阜(今山东省曲阜市)人,西汉后期大臣,孔子的第十四世孙,太师孔霸之子。官至大将军、丞相、太傅、太师。

[8]辄削草稿:立刻毁削草稿。

[9]沐日:假日。

[10]温室省中树,皆何木也:温室殿外种的什么品种的树?温室:温室殿,汉代宫殿名,是皇帝冬天居住的暖殿。

原文

廉洁章第八

清静无为,则天与之时;恭廉守节,则地与之财。君子虽富贵,不以养伤身;虽贫贱,不以利毁廉。知为吏者,奉法以利人;不知为吏者,枉法以侵人。理官莫如平,临财莫如廉。廉平之德,吏之宝也。非其路而行之,虽劳不至;非其有而求之,虽强不得。知者不为非其事,廉者不求非其有,是以远害而名彰也。故君子行廉以全其真,守清以保其身。富财不如义多,高位不如德尊。

季文子[1]相鲁,妾不衣帛,马不食粟。仲孙它[2]谏曰:"子为鲁上卿,妾不衣帛,马不食粟,人其以子为悋,且不显国也。"文子曰:"然吾观国人[3]之父母,衣粗食蔬,吾是以不敢。且吾闻君子以德显国,不闻以妾与马者。夫德者得之于我,又得于彼,故可行也。若独贪于奢侈,好于文章[4],是不德也。何以相国?"仲孙惭而退。

韩宣子[5]忧贫,叔向贺之。宣子问其故。对曰:"昔栾武子贵而能贫[6],故能垂德于后。今吾子之贫,是武子之德,能守廉静者,致福之道也。吾所以贺。"宣子再拜,受其言。

宋人或得玉,献诸司城子罕[7]。子罕不受。献玉者曰:"以示玉人,玉人以为宝,故敢献之。"子罕曰:"我以不贪为宝,尔以玉为宝。若以与我,皆丧宝也,不若人有其宝。"

公仪休[8]为鲁相,使食公禄者,不得与下人争利,受大者不得取小。客有遗相鱼者,相不受。客曰:"闻君嗜鱼,故遗君鱼。何故不受?"公仪休曰:"以嗜鱼,故不受也。今为相,能自给鱼。今受鱼而免相,谁复给我鱼者?吾故不受也。"

注释

[1]季文子(? —前568):姬姓,季氏,谥文,史称"季文子"。春秋时期鲁国的正卿,历宣公、成公、襄公三代君主。

[2]仲孙它:生卒年不详,春秋时期鲁国大夫孟献子之子。

[3]国人:住在国都的人。

[4]文章:纹饰华美的衣服。

[5]韩宣子(?—前497):姬姓,韩氏,名起,谥号宣,史称"韩宣子",韩献子韩厥之子,春秋时期晋国卿大夫。

[6]昔栾武子贵而能贫:过去栾武子地位尊贵而能甘于贫困。栾武子(?—前573):姬姓,栾氏,冀州栾邑(今河北省石家庄市栾城区)人,春秋时期大臣,晋景公、晋厉公时期执政大臣、统帅,谥号为武,人称"栾武子"。贵:地位尊贵。

[7]司城子罕:担任司空的子罕。司城:官职,即司空。子罕:子姓,乐氏,名喜,字子罕,春秋时期宋国商丘(今河南省商丘市)人,宋国贤臣。

[8]公仪休:春秋时期鲁国人,官至鲁国宰相,为官清正廉洁。

原文

良将章第九

夫将者,君之所恃也;兵者,将之所恃也。故君欲立功者,必推心于将;将之求胜者,先致爱于兵。夫爱兵之道,务逸乐之,务丰厚之,不役力以为己,不贪财以徇私。内守廉平,外存忧恤。昔窦婴[1]为将,置金于廊下,任士卒取之。私金且犹散施,岂有侵之者乎!吴起[2]为将,卒有病瘫[3]者,吴起亲自吮之。其爱人也如此,岂有苦之者乎!

夫将者,心也;兵者,体也。心不专一,则体不安;将不诚信,则卒不勇。古之善将者,必以其身先之。暑不张盖[4],寒不被裘。军井未达,将不言渴;军幕未辨[5],将不言倦。当其合战[6],必立矢石之间,所以齐劳逸、共安危也。

夫人之所乐者,生也;所恶者,死也。然而矢石若雨,白刃交挥,而士卒争先者,非轻死而乐伤也。盖将视兵如子,则兵事将如父;将视兵如弟,则兵事将如兄。故语曰:"父子兄弟之军,不可与斗。"由其一心而相亲也。是以古之将者,贵得众心。以情亲之,则木石知感,况以爱率下,有不得其死力乎!

《孙子兵法》曰:"兵形象水。水之行,避高而就下;兵之形,避实而击虚。故水因地而制形,兵因敌而制胜。兵无常道,水无常形。"将能随敌变化而取胜者,谓之良将也。所谓虚者,上下有隙,将吏相疑者也;所谓实者,上下同心,意气俱奋者也。善将者,能实兵之气以待人之虚;不善将者,乃虚兵之气以待人之实。虚实之气,不可不察。

昔魏武侯[7]问吴起曰:"兵以何为胜?"吴子曰:"兵以整为胜。"武侯曰:"不在众乎?"对曰:"若法令不明,赏罚不信。金之不止,鼓之不进,虽有百万之师,何益于用。所谓整者,居则有礼,动则有威;进不可当,退不可追;前却如节,左右应麾。与之安,与之危,其众可合而不可离,可用而不可疲。"是之谓礼将也。

吴起临战,左右进剑。吴子曰:"夫提鼓挥枹[8],临难决疑,此将军也。一剑之任,非将事也。"夫将有五才四义。知不可乱,明不可蔽,信不可欺,廉不可货,直不可曲,此五才也。受命之日忘家,出门之日忘亲,张军鼓宿忘主,援枹合战忘身,此四义也。将有五才四义,百胜之术也。夫攻守之法,无恃其不来,恃吾有以待之;无恃其不攻,恃吾之不可攻也。夫将若能先事虑事,先防求防,如此者,守则不可攻,攻则不可守。若骄贪而轻于敌者,必为人所擒。

昔子发[9]为楚将攻秦,军绝馈饷。使人请于王,因归问其母。其母问使者曰:"士卒得无恙乎?"使者曰:"士卒升分菽[10]粒而食之。"又问:"将军得无恙乎?"对曰:"将军朝夕刍豢黍粱。"后子发破秦而归,母闭门而不纳。使人数之曰:"子不闻越王勾践之伐吴耶?客有献醇酒一器者,王使人注江上流,使士卒饮其下流。味不足加美,而士卒如有醉容,怀其德也,战自五焉[11]。异日又有献一囊糗糒[12]者,王又以赐军士,军士分而食之。甘不足逾嗌[13],士卒如有饫容[14],怀其恩也,战自十焉。今子为将,士卒升分菽粒而食之,子独朝夕刍豢黍粱,何也?夫使人入于死地而康乐于其上,虽复得胜,非其术也。子非吾子,无入吾门!"子发谢[15],然后得入。及后为将,乃与士卒同其甘苦,人怀恩德,争先矢石,遂功名日远。若子发之母者,可谓知为将之道矣。

昔赵孝成王[16]时,秦攻赵,赵王使赵括代廉颇为将,括母上书曰:"括不可使将也。始妾事其父,父时为将,身所奉饭而进食者以十数,所交者以百数。大王所赐之金币,尽以与军吏士大夫共之,受命之日,不问家事。今括一旦为将,东向而朝,军吏无敢仰视之者,王所赐金帛,归悉藏之,乃曰:'视便利田宅可买者。'父子不同,立心各异,愿王勿遣。"王曰:"吾计已决矣。"括母曰:"王终遣之,设有不称,妾得无随坐乎?"王曰:"不也。"括遂行,代廉颇为将四十余日,赵兵果败,括死军覆。王以括母先言,不加诛也。若赵括母者,可谓豫识[17]成败之机也。

注释

[1]窦婴(?—前131):字王孙,清河观津(今河北省衡水市东)人,西汉大臣,

是汉文帝皇后窦氏侄。吴、楚七国之乱时,被景帝任为大将军,武帝初年封为丞相,又封魏其(jī)侯。

[2]吴起(约前440—前381):姜姓,吴氏,名起,卫国左氏(今山东省菏泽市定陶区)人。战国初期军事家、政治家、改革家,兵家代表人物之一。

[3]痈(yōng):毒疮。

[4]盖:用来遮阳避雨的车盖。

[5]军幕未辨:行军的帐篷尚未准备好。军幕:行军休息时用的帐篷。辨:具备。

[6]合战:双方交战。

[7]魏武侯(?—前371):姬姓,魏氏,名击,魏文侯之子,战国初期魏国国君。

[8]提鼓挥枹(fú):形容将军在阵前亲自击鼓以鼓舞士气。枹:鼓槌。

[9]子发:战国时楚宣王的将军,名舍,字子发。

[10]菽(shū):豆类的总称。

[11]战自五焉:士兵可以以一敌五。

[12]糗(qiǔ)糒(bèi):干粮。

[13]嗌(yì):咽喉。

[14]饫(yù)容:吃饱的样子。越王赐给将士们的干粮虽然难以下咽,但是士兵们却表现出吃得很饱的样子。

[15]谢:谢罪。

[16]赵孝成王(?—前245):嬴姓,赵氏,名丹。赵惠文王之子,战国时期赵国第八代君主。公元前265年即位,史称"赵孝成王",在位二十一年。著名的秦赵长平之战即发生在其在位期间。

[17]豫识:预先认识到。豫:通"预",预先。

原文

利人章第十

夫黔首[1]苍生,天之所甚爱也。为其不能自理,故立君以理之。为君不能独化,故立臣以佐之。夫臣者,受君之重位,牧天之甚爱。焉可不安而利之,养而济之哉!是以君子任职则思利人,事主则思安俗。故居上而下不重,处前而后不怨。

夫衣食者，人之本也。人者，国之本。人恃衣食，犹鱼之待水；国之恃人，如人之倚足，鱼无水则不可以生，人无足则不可以步。故夏禹称："人无食则我不能使也。功成而不利于人，则我不能劝也。"是以为臣之忠者，先利于人。

《管子》曰："佐国之道，必先富人。人富则易化。是以七十九代之君，法制不一。然俱王天下者，必国富而粟多。粟生于农，故先王贵之。劝农之急，必先禁末作；末作禁，则人无游食；人无游食，则务农；务农则田垦；田垦则粟多；粟多则人富。是以古之禁末作者，所以利农事也。"至如绮绣纂组[2]，雕文刻镂，或破金为碎，或以易就难，皆非久固之资，徒艳凡庸之目。如此之类，为害实深。故好农功者，虽利迟而后富；好末作者，虽利速而后贫。但常人之情，罕能远计，弃本逐末，十室而九。才逢水旱，储蓄皆虚，良为此也。故善为臣者，必先为君除害兴利。所谓除害者，末作也；所谓兴利者，农功也。

夫足寒伤心，人劳伤国，自然之理也。养心者不寒其足，为国者不劳其人。臣之与主，共养黎元[3]，必当省徭轻赋，以广人财；不夺人时，以足民用。

夫人之于君，犹子于父母，未有子贫而父母富，子富而父母贫。故民足者，非独民之足，国之足也；民匮者，非独民之匮，国之匮也。是以《论语》云："百姓不足，君孰与足？"故助君而恤人者，至忠之远谋也；损下而益上者，人臣之浅虑也。

《贾子》[4]曰："上古之代，务在劝农，故三年耕而余一年之蓄，九年耕而余三年之蓄，三十年耕而人余十年之蓄。故尧水九年，汤旱七载，野无青草而人无饥色者，诚有此备也。"故建国之本，必在于农。忠臣之思利人者，务在劝导，家给人足，则国自安焉。

注释

[1]黔首：战国时期和秦时对平民的称呼。

[2]纂(zuǎn)组：精美的丝织物。纂：古代指红色或彩色丝带。组：系玉的丝带。

[3]黎元：百姓，民众。

[4]《贾子》：亦称《新书》，是西汉贾谊所撰的政论，十卷，原本五十八篇，今佚三篇。

原文

跋

论曰:夫君臣之道,上下相资,喻涉水之舟航,比翔空之羽翼。故至神攸契,则星象降于穹苍;妙感潜通,则风云彰于寤寐。其同体也,则股肱耳目不足以匹其同;其益政也,则麹糵盐梅[1]未可以方其益。谅直之操由此而兴,节义之风因斯以著。是知家与国而不异,君与亲而一归。显己扬名,惟忠惟孝。

每以宫闱暇景[2],博览琼编[3],观往哲之弼谐[4],睹前言之龟镜[5],未尝不临文嗟赏[6],抚卷思维[7]。庶令匡翊[8]之贤,更越夔、龙[9]之美,爰申翰墨[10],载列缥缃[11]以鉴。荣辱无门,惟人所召。若使心归大道,情切至忠,务守公平,贵敦诚信,抱廉洁而为行,怀慎密以修身,奉上崇匡谏之规,恤下思利人之术,自然名实兼懋,禄位俱延,荣不召而自来,辱不遣而斯去。然则忠正者致福之本,戒慎者集庆之源,若影随形,犹声逐响。凡百群彦[12],可不勖[13]欤!

垂拱元年撰

注释

[1]麹(qū)糵(niè)盐梅:酒曲、咸盐和酸梅,比喻辅佐君主的能臣。麹糵:酿酒用的酒曲。

[2]宫闱暇景:宫廷里闲暇的时光。宫闱:一般指帝王、后妃的住所。暇:闲暇,空闲。

[3]琼编:美好的诗文。

[4]弼谐:辅佐协调。

[5]龟镜:龟可以用来占卜吉凶,铜镜可以反映美丑,比喻供人借鉴的榜样或引以为戒的教训。

[6]嗟赏:赞叹。

[7]思维:一作"循环",此处指思考。

[8]匡翊:辅佐。

[9]夔、龙:传说为舜的两位重臣,夔是乐官,龙是谏官。后喻指辅佐君王的重臣。

[10]爰申翰墨:于是写下来。爰:于是。翰墨:笔墨。翰:原指长而硬的羽毛,后借指毛笔。

[11]缣(jiān)缃(xiāng):供书写用的浅黄色细绢。

[12]彦:有才能的人。

[13]勖(xù):勉励。

守 政 帖①

[唐]颜真卿

简介

颜真卿(709—784),字清臣,出生于京兆万年(今陕西省西安市)。唐朝名臣,官至吏部尚书、太子太师,封鲁郡公,人称"颜鲁公",为人忠义、有气节。同时也是我国著名的书法家,其楷书方正雄健、庄严浑厚,称作"颜体",和柳公权并称"颜柳",有"颜筋柳骨"之说。

大历元年,颜真卿因言获罪,被贬吉州(今江西省吉安市)。次年二月,于吉州任上,颜真卿创作《守政帖》(又名《与绪汝书》),告诫绪汝等人,自己虽然被贬谪远方,但并不以之为耻,他依然坚守本心,为国为民。一代名臣的赤子之心在字里行间展现出来。

原文

政[1]可守,不可不守。吾去岁中言事得罪,又不能逆道徇时[2],为千古罪人也。虽贬居远方,终身不耻。绪汝等当须会吾之志[3],不可不守也。

注释

[1]政:通"正",正直的品行。

[2]逆道徇时:违背立身处世的原则,与世俗同流合污。徇:一作"苟"。

[3]会吾之志:理解我的志向。《忠义堂帖》作"谓吾之寸心"。

---

① 陆林.中华家训[M].合肥:安徽人民出版社,2000:108.

关中书院学程(节选)[1]

[清] 李 颙

简介

李颙(1627—1705),字中孚,号二曲。陕西盩厔(今陕西省西安市周至县)人。清初著名哲学家、思想家。取"山曲曰盩,水曲曰厔"二语,学者称其为"二曲先生"。曾讲学江南,门徒甚众,后以理学名士闻名关中。与孙奇逢、黄宗羲并称三大儒。

《关中书院会约》是由书院主讲李颙为书院的日常行为制定的诸多规定的合集。其中又包括《儒行》《会约》《学程》三个部分。《学程》是书院学者每日学习、修身等方面的准则。

原文

每日须黎明即起,整襟危坐少顷,以定夜气。屏缘息虑,以心观心,令昭昭灵灵[1]之体,湛寂清明,了无一物,养未发之中,作应事之本。

坐而起也,有事则治事,无事则读经数章。注取其明白正大,简易直截;其支离缠绕,穿空凿巧者,断勿寓目。

饭后,看《四书》数章,须看白文,勿先观注;白文不契,然后阅注及大全。凡阅一章,即思此一章与自己身心有无交涉,务要体之于心,验之于行。苟一言一行不规诸此,是谓侮圣言,空自弃。

中午,焚香默坐,屏缘息虑,以续夜气。饭后,读《大学衍义》及《衍义补》,此穷理致知之要也,深研细玩,务令精熟,则道德、经济胥[2]此焉出。夫是之谓"大人之学"。

申酉之交,遇精神懒散,择诗文之痛快醒发者,如汉魏古风、《出师表》《归去来辞》《正气歌》《却聘书》,从容朗诵,以鼓昏惰。

---

[1] 李颙.二曲集[M].北京:中华书局,1996:116-117.

每晚初更,灯下阅《资治通鉴纲目》,或濂、洛、关、闽及河、会、姚、泾语录。阅讫[3],仍静坐,默检此日意念之邪正,言行之得失。苟一念稍差,一言一行之稍失,即焚香长跽[4],痛自责罚。如是,日消月汰[5],久自成德。

注释

[1]昭昭灵灵:清明了然,清楚明白。

[2]胥:皆,都。

[3]讫:终止,完毕。

[4]跽:长跪。

[5]日消月汰:每日都改正自身一些缺点。

丰川家训①

[清]王心敬

简介

王心敬(1658—1738),字尔缉,号丰川,陕西鄠县(今陕西省西安市鄠邑区)人。清代经学家、理学家,著有《丰川全集》二十八卷,《丰川续集》三十四卷,《丰川诗说》二十卷,《尚书质疑》八卷,《礼记汇篇》八卷,《春秋原经》二卷,《关学编》五卷,及《丰川易说》十卷。

《丰川家训》分为自序、卷上、卷中、卷下四部分。"自叙"是作者对于家庭环境、家训写作缘由与家训意义的叙述,卷上、卷中和卷下是《丰川家训》的主体部分,分别对应"立身""治家""莅仕"三个主题,这种行文顺序符合儒家"修身、齐家、治国"的基本逻辑。《丰川家训》行文风格明白晓畅、循循善诱,道理通俗而端正大方,反映了明清传统文人士大夫的思想追求与精神境界。其中由于受时代观念的限制,不可避免地会有一些轻视妇女的思想,这是我们在发扬家训文化时需要予以警惕和辨别的。

---

① 王心敬.丰川全集.清康熙五十五年额伦特刻本.

自　序

　　我生不辰[1]，十龄丧父。始逾七年，我伯父亦复见背[2]。当我伯父见背之年，适滇黔告警之始。当是时，余以从未更事之孱躯，上应供军百需，下有饥寒债负，内外之逼。两弟幼弱，一仆愚痴。亲族关心者，咸为我惴惴惧于覆坠。赖昊天弘仁，祖宗余庆，老母明晰大体，主持家政，余遂得有日里三分之暇，可乘之诵书课艺。每午夜擎灯，伯母、老母东西对绩[3]，余于其前就灯亲书，往往鸡鸣未已。次年，余补邑庠弟子。又次年，食饩[4]。农事渐理，仲弟亦长，七八年间，遂得立脚不倾，稍成人家。

　　暨余二十五岁，老母又感孟母三迁之义、濂溪希贤之论[5]，闻我二曲[6]夫子风，断然教之离家从学。继又以兼习制举有妨正务，二十九岁乃令谢去诸生，一意稽古[7]。岁届大荒[8]，乃听归侍。屈指岁月，居二曲者将及十年。呜呼！昔子孟子七年居鲁，学遂大成。余居二曲者，如此其久。至于中间饮食衣服之资，半典衣物；书籍灯火之需，多出纺绩。老母辛苦拮据之况，恐仉母未必至于此极[9]。而余以□□靡有成就，辜负母心，循省时恨。今老母年且逾七望八，余亦年五十而往。两弟、四子、三侄、三孙，以及子妇、孙女、仆婢、孕息者，五十多人，且幸枭獍未生，长舌弗作[10]。老母家教整严，每以张、陈、陆、郑十世同居为训，终余之身当无荡析之虞[11]。顾惟是念治家之道与国无异，非法严政肃，无由齐一；非前创后继，无由绵长。今余于两弟再从同居，吾孙、弟孙且属缌麻[12]。非有经久之法，何从得守法之人？非有守法之人，又何从得经久之家哉？爰是略仿古训，参以时宜，示训于家，令其诵守。冀仍邀昊天垂慈，鉴我祖宗忠厚，以及老母六七十年积累，精诚阴相。我子孙中，代生恪遵斯训之良士，庶张、陈、陆、郑之家或可徼倖[13]万一也夫！呜呼！余言至此，余心滋惧矣。凡我子孙，可不念哉？

　　戊子腊月，心敬自识。

注　释

　　[1]我生不辰：我出生得不是时候。
　　[2]见背：婉辞，指家中长辈过世。

［3］东西对绩：伯母和祖母坐在两旁纺织。

［4］食饩(xì)：明清时期，经考试取得廪生资格的生员享受廪膳补贴。

［5］濂溪希贤之论：周敦颐关于士子应该效仿先贤的言论。濂溪：周敦颐(1017—1073)，北宋理学家，其晚年移居江西庐山莲花峰下，峰前有溪，因取旧居濂溪以为水名，并自以为号，世称"濂溪先生"。希贤之论：周敦颐《通书·志学第十》："圣希天，贤希圣，士希贤。"这句话的意思是说圣人希望替天行道，贤人希望学习圣人的行为，士子希望学习圣贤的品格。

［6］二曲：李颙(1627—1705)，字中孚，清初理学家，陕西盩厔(今陕西省西安市周至县)人，因山曲曰盩，水曲曰厔，故学者称其为二曲先生。李颙也是本文作者王心敬的老师。

［7］一意稽古：一心一意地学习古代的知识。稽古：考察古代的事迹，进而明辨道理是非，总结知识经验，从而于今有益、为今所用。

［8］岁届大荒：到了蛇年。大荒：大荒落，是古代岁星纪年法的术语，指太岁运行到地支"巳"的方位，后亦指干支纪年法中的"巳"，即俗称的"蛇年"。此处应指康熙二十八年(1689)。

［9］恐仉(zhǎng)母未必至于此极：恐怕连孟母也未必会到这般的境况。仉母：孟母。仉：姓氏，相传孟子之母姓仉。

［10］且幸枭獍(jìng)未生，长舌弗作：所幸(家里)没有凶戾忘恩和爱搬弄是非的人。枭獍：原指生而食母的猛禽和生而食父的猛兽，此处比喻凶狠残暴、忘恩负义之人。长舌：长长的舌头，比喻爱搬弄是非的人。

［11］无荡析之虞：没有颠沛流离、家庭离析的危险，形容生活安稳。

［12］缌麻：五服之内的亲戚。

［13］徼倖：由于偶然的原因获得成功，同"侥幸"。

原文

卷上　立身

百祥根于为善，而善由身作；百殃起于不善，而不善亦由身作。身之立不立，不特终身人品之关，亦终身休咎[1]之关也。立身之道，可不讲欤？训立身。

《记》曰："天地之性，人为贵。"[2]《书》曰："惟人万物之灵。"人性何以贵？贵以具道义耳。人何以灵于万物？灵以能知道义耳。故道义为生人安身立命根本。

《孟子》曰："古之人,得志则泽加于民;不得志,则修身见于世。穷则独善其身,达则兼善天下。"人生立身之道,无分穷达,原有当尽之准绳。不如此,则人量未满。

做人之道,上一等,达便宜为天地立心,生民立命;穷便宜为往圣继绝学,来世开太平。有如气质不高,才识有限,亦必安分守礼,无作非为。纵无益于世道人心,亦尚不悖生人正理。

《学记》曰："人不学,不知道。"古语云:"人不学,不知义。"人生立身之道,道义乃其根柢,而学问实为要务。

孔孟既远,师传失真。生乎后世而务学,要须知大宗正脉何在。随其资之高下而力学之,庶几路途弗差,不至作索隐行怪之流,蹈虚浮无实之弊。

学如种树,有培养生发,有种子根本。非耑精[3]不得充实,非充实不能光辉。充实光辉,学中培养生发之候也。然推其根源,则皆由此一点亹亹勃勃、不甘自已[4]之志,为之贯注,为之鼓舞,则是"立志"二字,乃进学真种子、真根本也。种真本立,但能滋养不息,自然生机畅茂,富有日新,成得宇宙间一个巍巍堂堂之身矣。世未有有志而不大成者,即未有无志而能大成者,故务学又以立志为急。

注释

[1]休咎:吉与凶。

[2]《记》:《礼记》,成书于汉代,相传为西汉礼学家戴圣所编。《礼记》是中国古代一部重要的典章制度选集,位列"三礼",是"五经""十三经"之一。天地之性,人为贵:天地万物之中,以人类最为尊贵。此句出自《孝经》,并非出自《礼记》,疑为作者误记。

[3]耑(zhuān)精:专精。

[4]亹(wěi)亹勃勃、不甘自已:勤勉勃发、不甘于主动停止。亹亹:形容勤勉不知疲倦的样子。已:停止。

原文

蓬生麻中,不扶自直;人生士林,相观而善。[1]此言观感者,易为兴也。生乎圣远言湮之日,长乎荒僻固陋之乡,家无深知道义之父兄,塾无真明学术之师友,耳所闻者,流俗言行,目所见者,流俗人物,何能便解向上,何能便解正宗?却须审择明师,不惜屈下,以开吾正知正见。如或近无真儒,不足师承,却须转求海内,广询名贤。即百里千里之远,亦当负笈就正。纵势不能如孟夫子之居鲁七年,邴原[2]之游学数载,亦不可不有三二回晋谒、五七月亲炙[3],切莫以"贫窘"二字藉口推诿。如谓贫难具资,平日衣食间俭用,一半年亦可以办此行装。且难道无一二亩可贸之田乎?办终身学业,此何如事,胡可惜小而误大?又莫以那不出身子藉口推诿。如谓那不出身子,平日闲游虚度的时日不知多少,即奈何偏惜此数月寻师的时日。又最忌以方事举业[4],恐妨本务,藉口推诿。如谓方事举业,出门妨务。不知闭门诵读时,堆堆闷闷。即与二三知己聚首讲贯,亦未必有高识远见,振刷激发得我真正精神。一旦得高明大贤一番开发,一番鼓舞,便当茅塞重开,固蔽顿启。昔人所谓"共君一夜话,胜读十年书"者,即在于此。以此之益,较之闭户埋头与二三无识无学者,穷年累月辩讲章、谈机柚[5],其益岂徒十倍、百倍乎?且即吾所遇者,口不谈制艺,得他大识见、高议论开发我一番胸襟,亦自资益我志趣不浅。况一出门则必广历山川,亦自足扩我眼界,壮我文机,其有益我举业者,正自无穷。又学者从事举业而不得精进者,实由于无坚志,因而无定力,故半途而止,苟安小就耳。若际遇高明,激发得正志卓然,即大德大业,将来尚欲奋迅做去,目前所事区区八股头业,肯甘心下人耶?则是暗中益我举业,正胜与俗辈聚处者千倍、万倍,又不独十倍、百倍而遂已也。有大识见者,正须高视远观,自求出头,切莫以鄙吝浅小之见,因循苟且,遗误终身。

注释

[1]蓬生麻中,不扶自直;人生士林,相观而善:形容人生在好的环境里,就会被周围影响变得品行良善。蓬:蓬草。麻:麻丛。

[2]邴原:生卒年不详,字根矩,东汉末年名士、大臣,其人少而好学。

[3]亲炙:亲身得到老师的教诲。

[4]方事举业:正在准备科举考试。方:正,正在。事:从事。举业:为科举考试而准备的学业。

[5]机柚:当作"机轴",比喻事物的关键之处。

原文

余资最驽钝,以老母之教,居二曲者十年,遂亦略见学术眉目。继董宪副[1]三楚之邀,虽为日仅仅越六月,而自己觉得遇此一番经历,遂若平日所读之书、所拟之议,较从前顿然确切的实得几分。以此见从师访友与游历地方,益人者不浅。更若我子弟赋质清明,能虚心寻师访友,广历山川,其所收益当自于我倍蓰[2]。

学者不肯求师受益,只是耻于折节下人耳。不知我若得明师开发煅[3]炼,将来成得个大人物,光宗耀祖,显亲扬名,俯仰自得,屋漏无惭[4]。这是何等尊荣!何等高贵!却因一时不能屈下贤哲,自甘卑污,岂不是大愚大痴?况天子必有师,诸侯必有傅。文武师鬻子[5]、尚父[6]、周公所执贽而事者十余人。即孔子亦且问礼问官、学琴学乐,交平仲而友伯玉[7]。以帝王卿相之贵、大圣大贤之德,而尚且不惜降节求师、虚心问道,何况中材下士耶?又况尊师重道,适足见心量之虚公,盛德之含弘。不以为荣而反以为耻也,不亦惑钦!且独不见自暴自弃者一事无成,终身为人鄙贱厌恶。即自己亦消沮闭藏,抱惭毕世乎?独奈何一惭之不忍,而忍终身惭耶?有识者定须脱却陋见,自办前途。

注释

[1]宪副:清代都察院副长官,左副都御史的别称。

[2]倍蓰(xǐ):数倍。

[3]煅:当为"煅"之讹。

[4]屋漏无惭:比喻即使在暗中也不做坏事,不起坏念头。屋漏:古代特指房屋的西北角,后指代人看不见的地方。

[5]鬻(yù)子:芈姓,名熊,又称"鬻熊子"。周文王的臣子,楚国的先祖,楚国开国君主熊绎之曾祖父。

[6]尚父:即姜子牙。因其名尚,后世尊称他为"尚父"。父:通"甫",古代对男子的美称。

[7]交平仲而友伯玉:孔子与晏子、蘧伯玉等贤者交往。平仲:晏子,字仲,谥平,春秋时期齐国著名政治家。伯玉:姓蘧(qú),名瑗,字伯玉,春秋时期卫国的上

大夫。

原文

大伦有五[1]，朋友居一。盖师道尊尊[2]，则止以传道授业；朋友亲亲，则便于切砥琢磨。且人生从师之日少，亲友之日多，故朋友之为益不少。即高明上智，亦不可无良友劝德规失也。

正士难亲，便辟易狎[3]，世人之通情，虽贤者亦所不免。然难亲者却是益友，易狎者却是损友。求友须求难亲之友以益我，无求易狎之友以损我。若急不得益我之友，宁绝交寡与。虽无益至，亦无损来。

要辨朋友之损益，只以劝德规过为衡。看其能劝德规过者友之，视其不能劝德规过者即勿友，其于择友思过半矣。

《易·系》[4]有言曰："君子出其言善，则千里之外应之；出其言不善，则千里之外违之。言行之发，荣辱之主也。可不慎欤！"然吾以为，问在人之应违尚远。言而不善，一言或且沾[5]生平之祸，或且折终身之福；行而不善，一事或且伤天地之和，或且累毕世之品，其于吾身正甚切也。然吾又以谓，问之生平终身，问之天地，亦尚远耳。言行不当，反之此心。莫见莫显之昭著，不啻[6]十目十手之指视。这些处如何可堪？

当理而言，言必由衷；当理而行，行尽根心。这才是表里粹白之士。

鄙俗时行语，切不可出口。久之，易于顺口道出，贻玷招尤[7]。

注释

[1]大伦有五：五伦，古人所谓君臣、父子、兄弟、夫妇、朋友五种人伦关系。

[2]尊尊：尊重处于尊位的人，此处指尊重师长。下文的"亲亲"指亲近亲属。

[3]便辟易狎：一些谄媚的朋友会很容易过度地亲近你。便辟：逢迎谄媚的朋友，是孔子所说的"损者三友"中的一类。《论语·季氏》："孔子曰：'益者三友，损者三友。友直，友谅，友多闻，益矣。友便辟，友善柔，友便佞，损矣。'"狎：亲近而态度不庄重。

[4]《易·系》：《周易》的《系辞传》。《系辞传》是讲述《周易》经文及其原理与思想的通论，分为上、下两篇。

[5]沾:得到。

[6]不啻(chì):无异于,如同。

[7]贻玷招尤:留下人格的瑕疵,招来过错。玷:白玉上面的斑点,也比喻人的缺点、过失。

原文

学业功课,少时止宜依孔子论弟子章条目次第学之。及其长也,只依《尚书》契敷五教之目[1]、子夏论学"贤亲君友,各尽其诚"、孟子论"学问之道,求放心"大义学之。存心之道,只依孔子论君子九思[2]条目学之。谨修威仪之道,只依《礼记》九容[3]、曾子三贵[4]学之。言行之道,只依《论语》敏事慎言、言忠信行笃敬之道学之。[5]待人接物之道,只依《大学》絜矩之道[6]学之。出处之道,只依孔子所言"邦有道则仕,邦无道则隐[7]""隐居求志,行义达道[8]"之义学之。而统会以《五经》《四书》大旨,参观夫《性理》《通鉴》《大学衍义》《会典》《律例》《武经》等书意趣,以博考圣贤之成法,精识事理之当然。气质佳者自可大成,即中人者亦可望于不越规矩,所谓学术之金科玉律也。此外无论虚浮泛滥之学不可学,即希高望远,无裨[9]实用之学亦不可学。

学问务虚习浮,如捕风捉影,纵博极群书,立就万言,何裨立身实际?学问希高望远,如画饼充饥,纵高谈九天,深穷九地,何裨日用经常?从古圣贤,只依乎《中庸》,学明体达用[10]实学,故可出可处,可贵可贱,可暂可常。

注释

[1]契敷五教之目:《尚书·尧典》记载,舜曾对契说,现在百姓不能相亲友好,父子、君臣、夫妇、长幼、朋友之间不能和睦相处,因此命契担任司徒,对人民进行上述五伦的教育,使人民宽厚仁爱。契:相传为帝喾与简狄之子,帝尧异母弟,是商部落的始祖、商朝建立者商汤的先祖。

[2]君子九思:语出《论语·季氏》:"子曰:'君子有九思:视思明,听思聪,色思温,貌思恭,言思忠,事思敬,疑思问,忿思难,见得思义。'"

[3]《礼记》九容:语出《礼记·玉藻》:"足容重,手容恭,目容端,口容止,声容静,头容直,气容肃,立容德,色容庄。"

[4]曾子三贵:语出《论语·泰伯》:"鸟之将死,其鸣也哀;人之将死,其言也善。君子所贵乎道者三:动容貌,远暴慢矣;正颜色,斯近信矣;出辞气,斯远鄙倍矣。"

[5]敏事慎言:办事勤勉,说话谨慎。语出《论语·学而》:"子曰:'君子食无求饱,居无求安,敏于事而慎于言。'"言忠信、行笃敬:言行举止忠信诚实,值得信赖。语出《论语·卫灵公》:"子曰:'言忠信,行笃敬,虽蛮貊之邦,行矣。言不忠信,行不笃敬,虽州里,行乎哉?'"

[6]絜(xié)矩之道:语出《礼记·大学》:"所谓平天下在治其国者,上老老而民兴孝,上长长而民兴弟,上恤孤而民不倍,是以君子有絜矩之道也。"絜:度量。矩:画方形的用具,引申为法度。儒家以絜矩来象征道德上的规范。

[7]邦有道则仕,邦无道则隐:身逢治世则出仕,乱世则归隐。语出《论语·泰伯》:"子曰:'笃信好学,守死善道,危邦不入,乱邦不居。天下有道则见,无道则隐。邦有道,贫且贱焉,耻也;邦无道,富且贵焉,耻也。'"

[8]隐居求志,行义达道:隐居不仕,实现自己的抱负,依照义实现自己的主张。语出《论语·季氏》:"孔子曰:'见善如不及,见不善如探汤。吾见其人矣,吾闻其语矣。隐居以求其志,行义以达其道。吾闻其语矣,未见其人也。'"

[9]裨:补。

[10]明体达用:北宋理学家胡瑗提出的教育主张。儒家的纲常名教就是万世不变的"体",儒家的诗书典籍就是垂法后世的"文"。将"文"和"体"在实践中应用,就可以皇恩浩荡,泽被天下百姓,达到治国安民的目的。

原文

子弟如气质驽下[1],不能博涉五经、全史。经如《书经》《礼记》,却须精习一部。《小学》《性理》《纲目》《大学衍义》数书,亦须教之常行观玩,使知性命源流、圣学宗旨、古今治乱、历代人物梗概,断不可令习天文、谶纬、星相、术数。至于字,乃日用必不可废之事,却须教之学习晋唐名帖。但习之有常,纵不大佳,亦自不至于粗恶刺目。至于图画,虽属清事,却不可学,无论精到为难,即学成家数,费如许心力,徒为他人供扇头纸上之戏玩,亦何为乎!且子弟高识者,少将画作适情事尚可,有如视为美技良术,更不事事,则败家丧品皆由于此。故断然禁戒,不可令习也。

所读之书,读时期于反上身来,贴切理会。遇事遇境,期于将所读者依傍行习。久之,则书与我浃洽[2]。读时既津津有味,行时亦非格格不合。能读一部胜十部,读一句胜十句也。若徒入耳出口,虽多奚益?

学或可以不博,必不可以不正不实;纵有不诵读讲贯之时,必不可忘身体力行之意。

凡经世理物之事,须于伏处[3]之日逐一讲过。将来登第后,庶不至全无知觉,触处茫然。

注释

[1]驽下:资质驽钝,才能低下。

[2]浃(jiā)洽:和谐融洽。

[3]伏处:安居,不四处活动。

原文

国家以科目取士,子弟必不能不从事于此。顾看得太重者,视举业之外更无学问。纵得一第,开门瓦置,必不能有实学实用裨益国家,这样人固不知朝廷家设科取士之本意。至于视举业易者,谓时文末技,涉猎有得,即可兼收。不知八股业虽词章之末,却非得真切传授,亦不得脉法贴合,非笃志研习,亦不得机神融液。脉法不合,机神不练,而安希售时,是无异却行而求前,适燕而南辕也。这也不知时文底里[1],须是即学习举业之中,既不失正谊明道[2]本旨,而仍于举业,则询访老成,细加揣摩,务使法脉词调精切融练,毫不失当行程度,乃为正道时宜,一以贯之也。

文章,经国之具,明道之资,岂可不工?但不可使人以词章之士目我,即我亦不可甘心仅作词章之士。至于制义[3]一道,深言之,与六经、史传相表里;浅言之,乃士子进身之筌蹄[4],尤不可忘其本原,仅从得鱼得兔处着眼,又不可以已得鱼兔而辄自满足也。

注释

[1]时文底里:八股文写作的底细。时文:八股文,明清科举考试制度所规定

的一种文体。底里：真实情况，底细。

[2]正谊明道：端正自己的道义，弘明自己的大道。《汉书·董仲舒传》："夫仁人者，正其谊不谋其利，明其道不计其功。"

[3]制义：八股文的别称。

[4]筌蹄：比喻达到目的的手段或工具。《庄子·外物》："筌者所以在鱼，得鱼而忘筌；蹄者所以在兔，得兔而忘蹄。"筌：捕鱼的竹器。蹄：拦兔的器具。

原文

日用间若遇事，不得朝夕讲贯，或乘暇看书一二段，或看鉴二三叶。即日间无暇时，夜间亦须擎灯，依此行持。庶几[1]心有管束，不至事过后收拾不来。

《小学》一书，虽老不可废。若厌为迂阔[2]难行，其人必至入于肆无忌惮之域。许文正公[3]云："《小学》一书，当敬之如神明，奉之如师长。"吾于此书亦然。然吾非以文正公崇信而学，依样葫芦也。吾心实实见得是一日不可离者。

兵事亦不可不知，仕则有地方之责，即不仕，亦须知之以教子弟。纵不能身历行阵，目见亲习，亦须从书传中设身处地体勘一番，从经历名将前请教印证一番。

农田水利，不惟中材[4]以下所宜讲究，即高才上智，亦正不可不知。盖老农、老圃固非士君子所可甘，奈何学为人上而通不知稼穑之艰，小民之依。

学不知性，则见解种种不实；学不尽性，则脚跟步步皆虚。吴草庐[5]所谓虽大智高行，亦终不免于行。不著而习，不察也。故读孔、曾、思、孟及汉、魏以来诸先正书，正须于语言之中味其心理融液之机，潜心体认，久之自成自道，知性尽性。或动或静，即无非性天之流行；一言一行，即无非中和之发育。而孔子所谓"成性存存，道义之门"[6]者在是矣。处且为真儒硕士，出且为循良名臣。立身而身立，永不负上天生人之意，不亦美哉！

注释

[1]庶几：表示希望的语气词，或许可以。

[2]迂阔：不切合实际。

[3]许文正公：许衡（1209—1281），字仲平，谥"文正"，号鲁斋，世称"鲁斋先

生"。怀州河内(今河南省沁阳市)人。金末元初理学家、教育家、政治家。

[4]中材:中等才能。亦指中等才能的人。

[5]吴草庐:吴澄(1249—1333),字幼清,晚字伯清,临川郡崇仁县(今江西省乐安县)人。元朝大儒,杰出的理学家、经学家、教育家。自幼聪慧,勤奋好学。南宋末年,考中乡试。南宋灭亡后,隐居家乡,潜心著述,人称"草庐先生"。

[6]成性存存,道义之门:成就仁善的德性,并且不断地涵养蕴存这种德性,就是找到了进入天地之道和义理真谛的门户。语出《周易·系辞传》。

原文

卷中　治家

近者不谐,何暇[1]言远?亲者不治[2],何敢问疏?家之中,吾父母、吾兄弟妻子以及仆婢之所日接[3]也。身之所历,莫切[4]于此;学之所施,莫要于此,可漫易[5]哉?训居家。

昔之言治家者,曰忍,曰和,曰公,吾谓公为要焉。家之不和,每起于不公。既不和矣,即忍岂可长乎?且恐忍小而久之害大也,可奈何?故三者以公为要。

教家以忠厚为元气,以严整为格式[6]。盖一家之中能使忠厚之意贯浃[7]于内外男女心髓之间而不自知,则善气所迎,即隐消多少乖戾之气。然非严整素定[8],使家中一切人知我家法有确不可移易之意,则忠厚流为姑息,但遇顽冥必且有败类之衅。故宽猛共济,非特治国治天下之道宜尔,治家更为要紧。

《易》曰:"家人有严君,父母之谓也。"故治家者必以治国之道治之,庶赏罚是非井井不紊,而上下之间恩明义美,无意外乖忤之隙。

《易》曰:"闲有家,悔亡。"盖言治家之法,严则无悔也。又曰:"家人嗃嗃[9],悔厉吉;妇子嘻嘻,终吝。"是则言治家而过严,虽家人或凛惕局蹐[10],似乎不堪。然不致有犯分乖逆之嫌,自是吉事。若但宽弛纵逸,嘻嘻自如,当时虽若安于无事,而久之必有冒犯尊长、肆意专行之弊生焉。即人心未离,不致败家,而悔吝之咎终不免矣。故家中恩胜之地,必以义济之,乃可不乱。昔者子产之治郑,武侯之治蜀,皆是此意。有治家之责者,正须知也。

注释

[1]暇:空闲。

[2]治:管理。

[3]日接:每天接触。

[4]切:密切。

[5]漫易:随意轻视。

[6]格式:规格法度。

[7]浃(jiā):深入。

[8]素定:向来不变。

[9]嗃(hè)嗃:严酷的样子。

[10]局蹐(jí):局促。

原文

生我家者,父母,覆载我家者,天地,至于覆庇[1]我家、安养教卫我家者,大君,故教家以忠君为第一义。身厕[2]仕籍者,须教之国尔忘私,公尔忘身。方事进取者,须教之矢志致主,立心报国。即畎亩耕稼之人,无君可事,亦须教之急公尚义,安分守法。如此则永不犯公法,长得乐生,理即家道,成一康宁顺泰之家,而父母、兄弟、妻子群享其荫息矣。故忠君一事又所以安父母、安兄弟、安妻子之原本也。凡我子孙,虽农夫单寒,亦正不得视此二字乃百尔卿士职分,而无与于居家之通义。

豺獭尚知报本,父母生我,鞠育[3]顾复,欲报之德,真是昊天罔极[4]。人而不孝,物类不如。故入门而尽孝,终身不替。然生我者父母,生我父母者又我祖妣[5],又我高曾[6]。昔者先王推报本追远之意,分所可及,崇报靡替[7]。盖水源木本,生人不可一日而忘也。况今属在士庶,俱得有高曾祖考之祭,故我们家中家庙即不得立,亦须有神龛栖主、大节奠献、随时荐新[8]、朔望拜谒之定节。

注释

[1]覆庇:覆盖荫庇。

[2]膺:接受。

[3]鞠育:养育。《诗经·小雅·蓼莪》:"父兮生我,母兮鞠我,拊我畜我,长我育我,顾我复我,出入腹我。"毛传:"鞠,养也。"顾复:郑玄笺:"顾,旋视;复,反复也。"指父母养育之恩。

[4]昊天罔极:苍天无穷,比喻父母养育之恩深广。

[5]祖妣:已逝的祖母。

[6]高曾:高祖和曾祖。

[7]靡:无。替:停止。

[8]荐新:以时鲜的食品祭献。荐:进献。

原文

凡居家必须量置祭器,藏之洁处,为四时荐献之具。祖考有遗下手泽[1]书籍,切莫轻易狼藉损失,视为闲物。

遇祖先贻留,即当思手泽口泽之存。遇四时八节,即当尽拜献荐奠之礼,行之日久,积成家范,子孙视以为常,自然敬祖尊先之意缠绵固结于其心而不可解。即庸劣不肖,亦或能厪[2]如在之诚。所以培养子孙孝敬之意者,当且无穷。

古礼载子妇于父母鸡鸣盥漱适寝之礼,今亦势不能行。至于昏定晨省[3]、问饥视寒、以及先意承志[4]、视听于无形无声之先等义,则却须平日立为程范,与之讲明。积久则自成家法,子孙逊顺忤逆当少。

古云:"孝子谕亲于道,不陷亲于恶。"然须人子真明于道,则可言不陷乎亲。又须既明于道,有委曲几谏[5]之意,乃中谕亲于道之节。呜呼!微矣!

为人子者,须时时有显亲扬名、立身行道之意。

惟送死可以当大事。亲丧必恪遵礼制为宜,切不可苟且粗略,自贻终身悔恨。

古云:"思贻[6]父母令名,必果;思贻父母羞辱,必不果。"此是人子终身莫解之大义,所谓死而后已者。

要知得孝为德本,要知得仁由孝生。一行未善,孝道有亏;一物未仁,孝量未全。

我为孝子,则我子必孝。此视效之定理,亦天道之好还。这件公案,为人子者正须知之。

《蓼莪》[7]之诗，为人子者宜时为展诵。

兄弟同胞，是曰天显。其人贤智，固为我切近师友。即中材下愚，亦我同气连枝，当倍加轸怜[8]。况父母鞠子之哀，此义亦须深念。岂可不兄友弟恭，义厚恩深？

每见世俗厚妻子而薄兄弟，甚者亲他人而忌骨肉。其人多后福不长，其家每门庭日衰。以其伤父母之心，即此伤天地之和，天理不佑故也。凡我子孙，宁死不愿为之也。

《棠棣》之诗，有兄弟者宜时一展诵。

家道离，多起于妇人；兄弟不和，亦多由于妇人。然皆是男子无识见、无主张，故妇人得作祟耳。若男子见理分明，中心有主，遇妇人言善则听，稍涉乖戾即正色拒之。何至有牝鸡晨鸣、骨肉间离之祸？

注释

[1]手泽：先人所遗留下来的器物或手迹。《礼记·玉藻》："父没而不能读父之书，手泽存焉耳。"

[2]厪："廑"的异体字，通"勤"。

[3]昏定晨省：晚间服侍父母就寝，早晨省视请安。

[4]先意承志：父母尚未表明意愿，就事先顺应他的心意去做。出自《礼记·祭义》："君子之所为孝者，先意承志，谕父母于道。"

[5]委屈几谏：对长辈委婉劝解。

[6]贻：留下，遗留。

[7]《蓼(lù)莪(é)》：《诗经·小雅》的一篇，表达了子女追念父母养育之恩的深厚情思。

[8]轸怜：深切爱惜。

原文

夫妇敌体[1]，必须相敬如宾。苟非为生子起见，不可多置婢妾，以滋反目。如以子嗣之故，必不得已而为此，却须大小有伦，名分秩然，无宠爱失正之过，乃可。每见富贵之家宠妾失正,以致夫妇之情不终,生出无限怪异情节。及身殁之后,妻妾为仇,佥人[2]指唆,构讼连年,甚至体面扫地,家道荡尽而后已。凡此皆为丈夫者偏溺爱宠贻之祸也。

本朝满洲旗下,妻妾之分截然。甚有古意,是所宜守。

《谷风》之诗,有夫妇者宜时一展诵。

不幸而有继弦之伤,处女为贵,如年在不能娶处子之列,宁妾无妻。不惟于先产子女有益,亦且为自己有匹耦失节之嫌,于门庭身分有损。

注释

[1]敌体:平等,无上下尊卑之分。
[2]佥(qiān)人:众人。

原文

人家欲家道之绵长,教子乃其首务。须以严正为贵,正则子不至于越礼犯分,严则子不至于纵欲败度。积习久之,自然习惯成性。但得中材,当能守分循矩,不失为世上善人。但得善人,即家世所益,当非浅鲜[1]。

南人无论贫富贵贱,无生子不教读书者,此意甚好。盖人性本善,一经读书,无论气质,好者可望成就,即中材,能识得三二分义理,亦是保身保家之藉资。我北人见识鄙吝浅俗,但一贫穷便不令子孙读书从师,甚且阖乡百十家无一蒙师,至使富足之家男丁数十口,并无识丁之人。此风最是可笑可惜也。日后子孙但非痴聋瘖哑,当七八岁后,必须令之从师读书,以下些义理种子。

人家有英发[2]子弟,自是振起家声之基,自宜倍加怜爱。然爱之深者,以其气质可以造就,将来能振起家势耳。近见一二士大夫家,父兄遇清灵[3]子弟过于溺爱者,曾不严加裁成,至使可造之器莫到大成之地。是不以爱之者误之乎?又且有因其禀赋灵敏,早得科名,纵之任性妄行,不加禁惩,久之恃其科名,习以成性,竟至堕名检[4]而败身家。此又是以爱之者害之也。目前殷鉴昭照可戒,有子弟者安可不深加意?

子弟但气质清明者,须教之就正人,学正学,勿爱惜小费,勿希图近功。盖不惜费,则延师置书,自然有熏陶长养之益;勿希近功,自然成就出来有高明远大之效。每见今人为子弟延师买书,则吝惜如拔头毛,至使好气质子弟亦汩没[5]于俗师寡陋之下。噫,愚甚矣!独不思成一个子弟所值孰多,败一个子弟所失孰多。且惜钱省费者为子孙留也,与其留之不能成材之子孙,使之荡于无用,何如即将此财用之延师置书,为其成就之资之为得乎?此等人岂非至愚极痴,见眉睫不见天地者欤?又见遇子弟清灵,则汲汲[6]然图其早得科名,宜读之书一部不教之读,宜习之业一事不教之习,八股头业外毫无知觉。虽得科名,辄败官场。欲速利,反得害;欲速成,反致败。是皆急图近功贻之祸也。且即中间有清明气质,发后经历明通,然生平目未见大人物,耳未闻大道理,先入者为之主,亦只可成就得熟滑便佞、随世浮沉之人,岂能得其岳岳[7]自立、振大家声?盖下的是近小种子,如何得远大结果?有识者一通盘计之,真堪痛哭流涕,岂独宜长叹而已?

注释

[1] 浅鲜:浅薄。
[2] 英发:英气焕发。
[3] 清灵:清明的灵气。
[4] 名检:名声和品行。检:品行,节操。
[5] 汩没:沉没,沉溺。
[6] 汲汲:形容急切的样子。
[7] 岳岳:挺立貌,比喻人刚直不阿。

原文

教子弟者,最上教之读书出身,行志达道;如不能取科第,则教之耕读相资为上。必不得已而有事以资农耕之不足,则使之教学作幕[1]亦无不可。但作幕非大有主见人,易于失其所守,尚不如教学之无弊。如更不能教学作幕,则医药、种树、畜牧亦尚切实可为。但医非明理,易至杀人,终不如畜牧、种树,不至无实欺世。至若居市贸易,则最易丧人诚悫[2]之心。古人虽四民并列,然终非传家教子良法,切不可教之使为。

为生虽难,然能守一二件确实本分事,则亦可以赡生不困。

教子弟就其材识,大以成大,小以成小,然总以孝悌、谨信、忠厚、朴实为主本。气质高者,可贤可俊;即庸下者,亦不至荡闲逾检、狡心诡行,损伤真元之气。

教子弟,第一戒其虚浮,禁其奢侈。盖虚浮不戒,习以成性,将来必至丧却人品,坏忠厚家风;奢侈不禁,缘为固然,将来必至荡业败产,困顿流离。

子弟清灵而虚华不实,此是妖孽,切勿欣喜纵放,急须教之朴实。

家间储畜,第一,几部要紧书籍、要紧法帖不可不畜;第二,纵不能耕九余三,亦须有一年二年畜积,以防意外事故、年岁灾荒。其余器皿取具而足,无论力难办全,即力在有余,亦宁朴无华,宁俭无奢。

饮食无求奢,衣服无求美,器具但取坚,房屋但求固,田产无太多,亦只期于足用而止。不特物忌太盈,天地之福,当为爱惜,亦恐使子孙视为固然,志骄心盈,益求华好,不知爱惜,则倾覆由之也。

注释

[1]幕:幕僚。

[2]诚悫(què):诚实。

原文

子弟中视其材识,能管农耕畜牧者,须择一个委之单管此事。然即聪明堪上进之人,亦须人人教之,使知其中情形。

疏子曰:"贤而多财,则损其志;愚而多财,则益其愚。"此言虽近,意味深长。治家者切不可视为迂阔。

古者后亲蚕,卿大夫夫人采蘩采藻[1],靡不克[2]勤妇职。盖妇管内政,自合有当尽之职分。兼人心劳则善心生,佚[3]则忘善,故公父文伯世禄之家,其母年且既老,犹绩纺不替也。近时仕宦优裕之家,妇人每每骄佚成习,全不事事,甚至衣服饮食切近之事,亦不身亲,至使娶妇生女,败己之家,败人之家。前后相踵[4],全不知戒。噫! 亦迷而不觉矣。吾家寒士,且老母教训素严,目前幸无此习,然亦须准此为程,定为他日功课。

注释

[1]采蘋采藻:采集浮萍、水藻。

[2]克:能。

[3]佚:骄逸。佚:通"逸"。

[4]相踵:相随。

原文

男当教,女亦须教。然男子读诗书,亲师友,其知礼义也尚易。女则所与朝夕浸渍者,无识妇人而已,其知礼义也难,故教之宜倍勤于男子。且女一不知礼义,则不惟败人之家,亦且失教之罪,必及于自己,兼使难堪之苦,实被于女身,是又不可不深教也。故女子在家时,须与男子一体督教,纵不能使之通文义,娴书史,至于织纴饮食职分,必宜与子妇辈一体督责,使之学习。坊间所卖《烈女传出像》一书,并《女孝经》一书,亦不可不家备一部。但遇父兄在家,暇时或初夜擎灯为之讲明一二段,使知妇人分内大道理。久之,先入为主,苟非至顽至愚之人,亦必不至于拙惰骄悍,败人家道,自累门风也。近见时贤教子者尚有几家,教女之法全不讲究,是所宜戒也。

娶妇、嫁女,以择令族[1]德门佳子女为贵,不可但贪图目前贵盛,而尤以择女、择婿为第一义。

今世亦多知择婿,而不知择女,是亦惑也。不知妇人吾门,将来家道之成败兴衰,一半由之,奈何可以苟且?即云择女较难然,但是不远贪贵盛、邻迩贤良之家,指顾多亲朋之知,亦安在无可问讯者。要之视德门良士之家而求之,亦自不至大差。

注释

[1]令族:名门望族。

原文

仆婢纵不能视如子女,亦须知其饥寒、劳逸、疾痛、嗜欲所在,所欲与聚,所恶勿施,盖不特欲其亲上效忠,不致离畔[1],亦士君子养育仁心之一道。

使仆婢不惟教他无至饥寒,即其所私用必不可废之端,亦须为之设处。不然此费总须出自主人之家,而不感主人之惠,甚者且与外人合手而谋主人之财,隐弊可胜言哉!则何如主人为之备虑之之为恩义两得也。

勿使俊仆,勿置美婢,此亦治家者宜留心之处。

士大夫治家以内外有别为贵,即庶人之家亦须关防严谨,深避嫌疑。

口腹细事,然于人最切。余每宴客,或赴人宴会,见水陆两品并进终日,而仆童从旁侍立,则余头不忍为之旁视。凡我子孙,宜体此意,遇款客时,肉炙鱼羹亦须于仆隶略一分惠。又余每见一二缙绅[2]之家,多不留心亲友侍从之人,此皆不知人情粗略残忍之端,所宜深戒。

注释

[1] 离畔:背叛。畔:通"叛"。

[2] 缙绅:原指古代朝会时官宦所执的手板,其上所书重要之事,以备遗忘。代指官宦。

原文

与乡党须相亲睦,至于吉凶节目[1],尤以往来报称为要。

交亲戚朋友,不可轻易假贷,不得已而假贷,当立为功课,乘早交还,不可令致衅隙。

处亲戚朋友,忍小忿,吃大亏,是久交无衅之道。

朋友不可深交财,交财则便须明白,至于贪黩[2]刻薄之人,则尤切戒交手。

居乡放债,切不可为,万不可听子弟及小人营利之言,自失素守[3]。

总之,居家以忠厚为本,忠厚则天必佑之;以勤俭为要,勤俭则人事不失;以奉公守法、睦邻善交为美。奉公守法则永不致于罹[4]官法,睦邻善交则永不至于招构陷。而更渊源于孝弟,润泽以诗书,则元气永固,自然善气发祥,家道永昌矣。

家中除正经书籍外,一部《感应篇图说》[5]亦不可不备,盖此书教中材亦颇有阴翊[6]劝戒之力。

《圣谕像解》[7]一书,事实详细,文理亦雅,最警醒人心,无论高下,读之皆有劝戒。教家者能常聚子弟讲读一条,有益子弟不少。盖正经书籍能资高明,《感应篇图说》可警庸愚,而是书则通上中下,通□□□偕资也。《楚书》曰:"楚国无以为宝,惟善以为宝。"余谓此书亦有家者之重宝也。此书太平府繁江县梁侯延年之所梓。

注释

[1] 节目:事项。

[2] 贪黩:贪污。

[3] 素守:平时的操守。

[4] 罹:遭遇。

[5]《感应篇图说》:《太上感应篇图说》,源自《抱朴子》,成书于北宋末年,宋李昌龄著,清黄正元注。该书旨在劝恶扬善,主张加强内心的道德修养。

[6] 翊:帮助。

[7]《圣谕像解》:康熙帝为了教化百姓,颁布了圣谕十六条。为了更好地推广宣传圣谕,安徽繁昌县知县梁延年编印了《圣谕像解》,用图像和故事的方式向普通民众讲解圣谕。

原文

卷下　莅仕[1]

《书》曰:"学古入官,不学面墙。"谚曰:"操刀漫尝,必至伤手。"士君子伏处诵读之日,即人人有入官之望,故隐居求志,学为人上,亦教子弟、垂家规者所宜预讲也。训莅仕。

凡家中有读书应试之人,即他日有出身加民之责,须预讲其道于平日,然后不至愦于临时。况朝廷设科取士,原期得明达治理之士,应科而不实讲于经济之宜,即其读书之日,已重悖国家爵禄待士之本意,他日旷瘝[2]之罪,犹是后一着事也。故当官之细节,虽非书生所能预详,而大体则不可不豫先讲明。

凡官职,无论大小高卑,莫不各有宜尽之道。若道所宜尽,揆[3]之本心,必有不自安者。觉得不安,即便从此点本心做去,而不至牵沮于己私。其于国事必有所济,于生民必有所益。纵阻于时势,不能尽如人意,然亦必不至败坏朝廷家事,病待泽之民,亦便可不负朝廷,不负所学。故论臣品,以实心尽职为第一义。

程明道[4]先生有言:一命之士,苟存心于爱物,亦必有所济。若居高位握大权,则转移补救尤易为力,而无功德及人,这里切不得以时势难为藉口自解。盖时势固有难为之处,而难为处正未尝无可为之机与为之之法也。况盘根错节,正别利器之地,难为而我便无法以为,亦是我才不足有为耳。不见古人名臣于艰难扰攘[5]之秋,随处见从容干济[6]之长,施休养生民之仁耶。安得以"时势"二字宽己解愆[7]?

当官能尽职业,则君恩既报,屋漏无惭,真可浩然天地之间。况从来高爵厚禄之享,多属奉公循法之良吏。即天道富贵福泽之报,亦必在忠诚靖共之名臣。有识者何忍以一念身家之私,自堕弘庥[8]?

受人家国之任,于朝廷所付托的事能看得重于家事,于朝廷所付托的人能看得重于家人,公尔忘私,君尔忘身,这便是大圣贤的存心行事,必然至诚格天[9],功业传世,子孙繁昌。余者但能不以家事妨害受托的国事,不以子孙戕剥受托的生民,公私两利,家国两益,亦尚不至逆天地之心。

注释

[1]莅仕:步入仕途。莅:走到。

[2]旷瘝:因病耽误工作。瘝:病,通"癏"。

[3]揆:推度。

[4]程明道:程颢(1032—1085),字伯淳,世称"明道先生"。

[5]扰攘:纷乱。

[6]干(gàn)济(jì):办事干练有成效。

[7]愆:罪过。

[8]庥(xiū):庇佑。

[9]格天:感动上天。

原文

惟理是视,而不以利害之私为兴除,则兴除得当。惟义是衡,而不以喜怒之私为赏罚,则赏罚不失。惟义是准,而不以好恶之私为用舍,则用舍咸宜。

居上位而有偏私之好恶,则中间流弊无穷。使人得窥其偏私之好恶,则中间蒙蔽无穷。故好恶不可不慎。

昔人以清慎勤敏为居官四字符,余谓此四字自是要紧,然但知此四字亦只可谨身寡过而已。必兼之仁明公正,则知明处当[1]仁尽义至,始能建俊伟光明之业。居外官可为真循良[2],立朝廷可为真大臣。

官无崇卑,以为国家休养生民为主,此乃国家设官分职之本意。

天道春生秋肃,故万物有生有成。治道仁育义正,故万民感德畏威。恩威宽猛,必相济为理,乃无偏颇。

治道以厚风俗、正人心为原本,击强禁暴乃其辅治之法,发号施令乃其出治之具,至于簿书期会[3],则弥缝之文为而已。文为固不可缓,然岂可以徒继文为,遂足塞承流宣化之责?

治百姓须教化养育之意多,法制刑禁乃不得已而施耳,故曰:"乐只君子,民之父母。[4]"

注释

[1]处当:决断。

[2]循良:遵循法度。这里指善良的官吏。

[3]簿书:政府公文簿册。期会:在规定期限内实施政令。

[4]乐只君子,民之父母:《诗经·南山有台》:"乐只君子,民之父母。"使百姓快乐的君子,是把百姓当成父母的人。

原文

多一事不如少一事,进一善不如退一恶。原是昔人历练之言,然恐见理不明。守此为法,将不免生因循摸棱[1]之弊。盖当法明制备之日,则多事不如仍旧。若当纲颓纪弛之日,则立纲振纪正不可已。当贤才汇征之时,则但以去恶为要。若贤蔽于朝,良留于野,则进贤征良亦奚可缓?故识时务者谓之俊杰也。胶柱鼓瑟[2]必至失却,事宜自蹈弊辙。

非圣者无法,遵先者善后。读书反身,为益弘多,即如孔子告子夏之问政曰

"无欲速,无见小利。欲速则不达,见小利则大事不成"数语。此为为政者言。若当途之士能实体此义而推广之,亦当俊伟光明,心逸品高。盖无欲速,正有速达之理,不见小,正是大成之基。非特天道佑善,亦实公道难泯也。前代无论,试观目前,某某数公清节厚德,安分循规,卒之履大位而无忧,而营营者或且苦于奔驰而无益。是则圣言真同蓍蔡[3],百世不可易也。凡在仕途须知此义。

注释

[1]摸稜(léng):处事态度迟疑,不明确表态。

[2]胶柱鼓瑟:琴柱粘住了无法调弦,比喻拘泥固执不懂变通。柱:瑟上架弦调音的柱子。鼓:弹,演奏。瑟:古代的一种乐器。

[3]蓍蔡:蓍草,古代常用来占卜。

原文

王道无近功。惟其无近功,所以成就的规模高大弘远。故士大夫要知得敏则有功,亦切戒见小欲速。

实体职分,使仁明廉干之实彻于朝廷,信[1]于上官,自是上进之阶。何必汲汲寻门问户,自贻伊戚[2]。且天道甚明甚公,苟违天理,任人巧其术以相投,天偏巧其法以相报,又何如循理顺天,人神共慊[3]?

当众人随波逐流之日,而独能砥柱中流,以立品节、树功业、泽生民为心,天下安得不推为泰山乔岳?当世安得不目为威凤祥麟[4]?

士大夫以清操为第一义。然清而无干,不能为百姓兴利除弊,亦只可独善得一己,究于国家无补。

不清之害固大,清而不明之害亦不小。盖官虽卑至丞尉,在上之喜怒赏罚,即在下之利害休戚由之。况等而上之,所统者愈大,则下之利害休戚所关者愈大愈众,岂可使赏罚少有不平?故惟是本以公心乃无冤滥。然心若不明,则即其自以为公之处,即藏不公之弊,而流害不可胜言。子夏曰"仕而优则学",《商书》曰"学于古训乃有获",故居高乘位者,断不可废知言穷理之学。

彰善瘅[5]恶,明示好恶,最是风动人心之大机,故是非善恶不可假借。然非理明见真,"不可假借"四字何可易言?

激浊扬清最是为大吏者风裁[6]所关,亦是报国第一义。

惟民甚恕,亦不甚怒,上官之取,但是不知其疾苦,不恤其耗扰,虽一钱不名,点水不染,彼且群咻[7]其暗。

注释

[1]信:通"伸",延伸。

[2]自贻伊戚:自寻烦恼。贻:留给。伊:此。戚:悲伤。

[3]慊:不满。

[4]威凤祥麟:比喻难得的人才。

[5]瘅(dàn):憎恨。

[6]风裁:刚正不阿的品格。

[7]咻(xiū):喧闹。

原文

凡系有关国计民生与关官方体统之事,当与知大体者谋之,不可与左右不知大体者谋。即子弟无高识远见,亦不可轻听其言。

《孝经》曰:"天子有诤臣七人,虽无道,不失天下;诸侯有诤臣五人,虽无道,不失其国;大夫有诤臣三人,虽无道,不失其家;士有诤友,则身不离于令[1]名。"故《书》曰:"能自得师者,王,谓人莫己若者,亡,好问则裕,自用则小。"盖人虽至明,门以外皆所不见之地,且居高当权,即前后左右无非欺蔽之人,孤明独照,岂能当丰蔀[2]之遮蒙?矧[3]百里千里之间,地远情□,如何能坐照而得?故必广求贤哲,自扩聪明。

居高当权,往往有一言而贻生民之病,一事而流国家之祸。故君子作事谋始,出言稽弊,然非自己能明于大体,识时见远,即其所谋者未必非败之媒,所稽者未必非弊之囮[4]。故君子又必集思广益,好问好察,而不敢自用其聪明。

卿大夫矜己之长而忌人,过于防闲而不信人,虽曰予智适以自形其小耳,虽曰防欺适以自招其欺耳。苟我能用人,则人长即我长。苟自己见理之明,人自不敢欺,亦谁能欺我?何事专己疑人,自封耳目?

注释

[1]令:美好。

[2]丰菩(bù):遮蔽。菩:搭棚用的席。

[3]矧(shěn):况且。

[4]囮(é):《玉篇》:"鸟媒也。"这里指媒介。

原文

择幕宾最是要紧,须得明大体而心诚直者为贵。盖幕客是吾之替身,故曰主文。主文好,则官府少不好之事。即官府容有不到处,主文且尽心尽力,弥缝补救,使不至于决裂败坏。倘得不知大体之人,则直是以主文而代令史之职,岂能助成丰功伟绩?得不诚直之人,则逢迎阿谀,直以替身而作欺蔽之身,如何能劝德规失?故仕途上一个好主文最是要紧,切不可见小惜费,苟且备员。

信得其人真时,即当用之无疑。疑则即不须用。过防徒滋隔阂,沮败正事。

宦途[1]不愁无人逢迎奉承,止[2]愁无人谏过规失。故大禹以圣人居天子之位,尚且闻善则拜,建韶设铎。诚知崇高富贵之前,惟忠言谠论[3]为难得也。况位非天子,德非圣人,何可耻于受谏,自贻败缺?

为长吏不能不任耳目,然任之不当,则虽有公心,却恐为耳目之不公者败之。且即所任者果能无私,而苟非真知大体,亦必遗误且多,故当官固以择幕宾为要,尤以择耳目为要也。然却要知幕宾难择而尚易,耳目择之更难于幕宾。盖以幕宾皆明习事体之人,只辨其心之诚不诚,识之高与下。而耳目则多属下役[4]小慧[5],见爱官长而信任之也。故既须辨其心之诚伪,又必辨其识之明暗。然下役小慧,如何解得大体?故任耳目而不得其当者,十常七八,总不如自己讲明道理,持公秉正,好恶素服[6]人心,是非参之公论。即耳目或不能废,而权衡予夺,仍自在我。初不依其偏词只语以定赏罚,则庶几十不失八矣。若单任耳目,必至误却事宜。

注释

[1]宦途:仕途。

[2]止:通"只"。

[3]谠(dǎng)论:正直的言论。

[4]下役:差役。

[5]小慧:小聪明。

[6]素服:向来顺应。

原文

惟人至灵,惟公门供役之人尤至灵。盖其专一窥官府意旨以为趋避。官长未言之隐,尚能揣度而知,何况使出一人有不知觉者乎?知则必至千方迎合,与其人合手而生弊,甚至耳目不忠,亦且合手役厮与外人以欺蔽官府。故耳目不易任,任耳目亦不容易言。

凡一切看详要紧结穴处与判断讼诉,须自己经手为贵。即不能一一皆亲,亦须入目斟酌一番。不惟防欺,亦且自己习成勤敏,积久练达,其益无穷。

敏则有功,缓则多失。居高乘位,凡事非关于国计,则关于民生,须明而兼之以敏乃可。世尽有明,知其当然。而以因循颓唐,贻累自己功名、贻误国计民生者,故明必济之以敏,则庶几无留滞废缺之弊。

官方有大体,有细节。大体能知,而细节不周尚可,独不可昧大体,而徒尚细节。盖细节不周,苟得大体不差,尚不失为知要。若不知大体,而徒详其琐节,则沽小名、饰小誉,必且流于矫伪[1]纤啬[2]矣。

无形上官之短,无忌同官之长,无恶下僚之直,无容吏胥之奸,无隐仆隶之恶。

事上欲其婉[3]而正。婉者,不害于义的事,不妨委曲从之,以尽事上之礼。正者,若事有关于国计民生,却须据理谏诤,否则,亦须隐讽默讽,使其自止。若一概婉顺,全无救正,而惟以国家事作事上人情,不惟徇私背公,于理不可,亦恐相随而非,自蹈罪戾[4],并陷所事之人,致令人己两失。

注释

[1]矫伪:作伪,造假。

[2]纤啬:计较细微的琐事。

[3]婉:和顺。

[4]罪戾:过失。

原文

待下僚须如子弟。贤明可培植者,则极力培植,使之大成。中材尚可激励,有为者则极力激发指教,使之成立。至于不肖,亦须预加禁戒,三令五申,使之改过自新,未可遽加弃置。盖人虽至愚,上官教戒恳切,亦当十变其五。如此不悛[1],然后以朝廷正法行之。即受罚者亦心死无怨。若无预教之法,并少三令五申之饬,一闻不善,即加斥罢,则是不教而杀。心虽无私,亦非古圣人移庠移序、移郊移遂[2]之仁术。必若教之不改,则杀一人而惩众人,亦正不可隐忍姑息,类妇人之仁。

视下僚之贤否为看待之厚薄,则贤者益劝,而不贤知愧,是即不言之教,不怒之威。

下僚一时有忤意者,当问其心之为公为私,若是出于为公,正是益友,当喜而勿怒。

凡待一切在下之人,宜严而恕。严非作威作福之谓,所谓赏罚必信,命令必果也。恕非听其徇私、任其作慝[3]之谓,谓体其隐衷之忧苦,怜其才力之不足,谅其本心之无他也。如此,则在下之人不敢不服其威,而不敢或玩其法,不能不感其恩,而必不至于怨上之刻。

待左右役使之人,其身家苦乐之故,不可不大加体恤。若坏法干纪,则断不可恕。

仆从不须太多,不惟多一人要为之办一人之费,亦恐多一人则滋一人之弊。防闲最难,官场亦有败缺,非同凡庶之家小小利害。故仆从欲其详择而慎用。

朝廷官钱须严立规程,自己不可妄用丝忽。盖权在其手,易于那移。初间不觉,到后积累日多,每难结局。仕途以此致困者,往往而然,何可不慎?

注释

[1]悛(quān):悔过。

[2]移遂:将犯人流放远方的刑罚。

[3]慝(tè):奸邪之事。

原文

官场中自己衣服饮食,一钱不可妄用。至如大体所关,断不可失于刻薄。或且至于顾小而失大,惜少而费多。

居官,俭朴最是要紧事,盖一能俭朴,则可以成廉,可以就公,且可以成就其正直之德、光明之业。

人命关天关地,故疑狱须慎,未可轻入人死,致累阴骘[1]。至于故人,尤关子孙,何可不慎?

鬼神最忌者,残民害物之人;天地所佑者,仁民育物之人。故仁恕为居官吉祥之本。

仕路窄狭,天道好还。当官处事,须令有忠厚宽然之意,非是以朝廷家公法作私人情。苟使事无大害于法纪,杀一人不如生一人,重一分不如轻一分,于心亦安,于天亦顺。昔之圣人著为典,曰"与其杀不辜,宁失不经[2]"。盖君子宁仁而过,无义而过,仁过不失为仁人,义过则流于残人,仁人育万物而有余,残人长子孙而不足。故君子惟体仁以长人,弗残忍以害物,所以奉若天道而长养子孙也。况世间过厚之德、伤心之怨,往往相值,报复每在当身,又何可不仁厚立心,宽弘处世?

一人在官,举家失业,至大狱所连,或至数家,或数十家。数家则失业者数十人,数十家则失业者且百十人,中间衙门贿赂之费,寓所饮食之费,往来奔走之费,当且无穷,而其父母、妻子忧惶愁怨之况,又何可胜言?故无论徇私诬陷,关系冥报,即决断不速,淹滞时日,亦暗折本身之福。

于公,汉之小吏,而自以断狱平允,信其后嗣必昌,令之大其门闾,可容高车驷马,其后子孙繁盛果如所拟。东海之于,至今代兴不替。古人自信天道之不诬[3]如此,为民父母断狱者,亦可以知天道,可以知所尚矣。

注释

[1]阴骘:阴德。

[2]不经:不依据既定法律而做宽仁的处理。

[3]不诬:不假。

原文

昔东海孝妇之冤未伸,以致大旱三年。而古之禳[1]旱者,亦必先令清雪冤滞。盖天心仁爱万民,至于善人抱冤,则尤所忿结。故牧民者真能清明断决,无罔善良,岂不仁感上苍,福报弘深?

宋之曹翰、曹彬,同祖兄弟也。翰死未几,而子孙至有乞食者。彬之子孙则累世贵盛,与宋为终始。仁暴之异报如此,天道亦分明矣哉!

仕途、星相、术数之人,未可轻近。至于勋臣御戎之家,尤宜远嫌。

做一场官,须有大德大功留在地方人心,传之家国青史,乃身名俱荣,人神共快。不然一过人忘,无异行客之过舍。甚者,遗臭不泯,且为后世之指摘[2]。大丈夫当流芳百代,胡甘自弃!

凡人之善恶,其及人也有限,故天之报也亦有限。若居高乘位,其权之所及者远且宽,故天之报其善也百倍于凡民,报其恶也亦百倍于凡民。

自古名臣循吏之家,其福禄长世,必有与国家相终始的数家,由其开基之人真忠实德,深得天心,故天亦遂报之以绵远久长之福。

苟仕后,一部《通鉴》宜常阅,即一部《感应篇注解》亦宜时一入目。盖《感应篇》虽不如《通鉴》之劝戒兼乎天人,可以训世无弊,而其隐助中下人为善去恶之念,趋福避祸之意者,亦实不浅。盖最上一等,忠君爱民,自尽其心之当然,无所为而自为。其余,但能知得天道福善祸淫、人心报德仇怨有不爽之理,亦自不至肆行无忌,致忿人神,是亦中下人一贴起死回生丹也。

注释

[1]禳(ráng):祈祷。
[2]指摘:指责。

诗 歌 类

留别妻[①]

[西汉]苏 武

简介

苏武(前140—前60),字子卿,杜陵(今陕西省西安市)人,天汉元年(前100)拜中郎将。西汉时期杰出的外交家、诗人。

《留别妻》是苏武写给发妻的一首五言抒情诗。天汉元年(前100),苏武奉汉武帝刘彻之命持节出使匈奴,临行前夕,夫妻不舍,故作《留别妻》一诗,以表达夫妻感情之深。但此诗又不局限于儿女情长,多句包涵了苏武义不容辞出使匈奴的使命感和视死如归的爱国心。全诗借夫妻离别寄寓家国情怀,沉重而悲凉。

原文

结发[1]为夫妻,恩爱两不疑。
欢娱在今夕,燕婉[2]及良时。
征夫怀往路,起视夜何其[3]。
参辰[4]皆已没,去去从此辞。
行役[5]在战场,相见未有期。
握手一长叹,泪为生别滋[6]。
努力爱春华[7],莫忘欢乐时。
生当复来归,死当长相思。

---

① 蒋一葵.尧山堂外纪:外一种[M].北京:中华书局,2019:108.

注释

[1] 结发:古代婚姻习俗。新婚之夜,新人各取一缕头发,绾成一个结,寓意永结同心。

[2] 燕婉:比喻夫妻恩爱。

[3] 夜何其(jī):同"夜如何其",夜晚什么时候。其:语气助词。语见《诗经·庭燎》。

[4] 参(shēn)辰:参星和辰星。参星于傍晚时分出现在西方,辰星于黎明前出现在东方,两颗星在不同时间不同地点出现,比喻彼此隔绝。

[5] 行役:因兵役、劳役等原因奉命远行。

[6] 滋:增加,增多。

[7] 春华:青春年华,少壮时期。

诫子孙诗①

[西汉]韦玄成

简介

韦玄成(?—前36),字少翁,鲁国邹县(今山东省邹城市)人。西汉时期丞相、大儒,丞相韦贤之子,历经汉宣帝、昭帝、元帝三朝。年轻时受父亲影响学习儒学,通晓经典。为人谦虚恭敬,尊重贫贱之士。韦玄成的韦氏家族可追溯至西周以前的韦方国(今陕西省宝鸡市扶风县)。韦玄成的曾祖韦孟曾为楚元王刘交的太傅,七国之乱前迁至邹城。韦贤长期在长安为官。韦玄成父亲去世后,听说让自己继承爵位,知道不是父亲本来的意愿,所以假装疯狂,推辞爵位,宣帝赞赏他的节操,任命为河南太守。元帝即位后,韦玄成迁至御史大夫,后继父相位,封侯故国,内心百转千回,感慨万千,既感恩天子圣明,又充满忧惧,作《诫子孙诗》以示子孙。大意是天子英明,体恤韦氏祖宗,使得自己恢复爵位,但是内心忧惧,丝毫不敢懈怠,

---

① 王继如.汉书今注[M].南京:凤凰出版社,2013:1824-1825.

希望子孙不要让祖宗蒙羞,使汉室基业永昌。

原文

于肃君子[1],既令厥德,
仪服此恭,棣棣[2]其则。
咨余小子,既德靡逮[3],
曾是车服[4],荒嫚以队。
明明天子,俊德烈烈,
不遂我遗,恤我九列[5]。
我既兹恤,惟夙惟夜[6],
畏忌是申[7],供事靡惰。
天子我监[8],登我三事[9],
顾我伤队,爵复我旧。
我既此登,望我旧阶,
先后兹度[10],涟涟孔怀[11]。
司直御事[12],我熙我盛[13];
群公百僚,我嘉我庆。
于异卿士,非同我心,[14]
三事惟嘏,莫我肯矜。[15]
赫赫三事,力虽此毕,
非我所度,退其罔日[16]。
昔我之队,畏不此居,
今我度兹,戚戚[17]其惧。
嗟我后人,命其靡常[18],
靖享尔位,瞻仰靡荒[19]。
慎尔会同,戒尔车服,
无媠[20]尔仪,以保尔域。
尔无我视,不慎不整;
我之此复,惟禄之幸。

于戏后人,惟肃惟栗[21]。

无忝显祖,以蕃汉室。

注释

[1]君子:对父亲韦贤的称呼,古人将其先人称为君子。

[2]棣棣:也作"逮逮"。形容雍容娴雅的样子。

[3]既德靡逮:言德不及其父。逮:及也。

[4]车服:车和礼服。古时以车服为荣。故天子赏诸侯,皆赐予车服。

[5]九列:九卿之列。

[6]惟夙惟夜:早晚自戒。

[7]申:言自约束。

[8]监:察。

[9]三事:三公之位,谓丞相。

[10]先后:先君,指亡父韦贤。兹度:居丞相之位。

[11]涟涟:泪流不止貌。孔怀:非常怀念。

[12]司直:丞相司直。御事:办事人员。

[13]我熙我盛:我复爵为光耀门楣之事。熙:兴。

[14]于异卿士,非同我心:卿士与自己的想法不一。

[15]三事惟艰,莫我肯矜:自己居尊位,生怕无法胜任。艰:又作"艰"。

[16]退其罔日:贬退无日。

[17]戚戚:忧惧貌。

[18]命其靡常:言天命无常。

[19]靖:谋。享:当。靡:不。荒:荒怠。

[20]婧:通"惰",懈怠。

[21]肃:恭敬。栗:戒惧。

劝 学

[唐]颜真卿

简介

颜真卿(709—784),字清臣,唐玄宗时进士,京兆万年(今陕西省西安市)人。唐朝名臣、著名书法家。颜师古五世从孙。与柳公权、欧阳询、赵孟頫并称为"楷书四大家"。颜真卿三岁丧父,由母亲辛勤教导,在儒学氛围中成长起来。才华出众的他官至吏部尚书、太子师,封鲁郡公,人称"颜鲁公"。公元784年,颜真卿被派遣晓谕叛将李希烈,面对威胁,颜真卿刚正凛然,绝不屈节,最终被缢杀。颜真卿满门忠烈,奉儒守正,玄宗评价:"卿之一门,义贯千古。"颜真卿自幼勤学苦读,《劝学》这首诗勉励青少年珍惜时光,勤奋学习,以免一事无成,"老大徒伤悲"。

原文

三更[1]灯火五更鸡[2],正是男儿读书时。
黑发[3]不知勤学早,白首[4]方悔读书迟。

注释

[1]更:古代计算夜间时间的单位,一夜分为五更,两个小时为一更,午夜十一点到一点为三更。
[2]五更鸡:五更是凌晨三点到五点,天快亮时鸡啼叫。
[3]黑发:借指少年时期。
[4]白首:头发白了,指老年时期。

---

① 黄勤堂.哲理诗选析[M].合肥:安徽文艺出版社,1991:42.

符读书城南①

[唐] 韩 愈

简介

韩愈(768—824),字退之,唐代中期文学家、思想家、政治家。河南河阳(今河南省孟州市)人。祖籍河北昌黎,世人称"韩昌黎",谥号"文",又称"韩文公"。贞元进士,元和十二年(817),出任宰相裴度的行军司马,从平"淮西之乱"。后被贬为潮州刺史。穆宗时,官至吏部侍郎。他是中唐古文运动的倡导者,兼长各类文体,是"唐宋八大家"之首,有"文章巨公"和"百代文宗"之名,著有《韩昌黎集》。这首是韩愈勉励儿子韩符勤奋读书的诗歌。"城南"指韩愈在长安城郊外的宅院。"诗书勤乃有,不勤腹空虚",只有坚持不懈地读书,才能摆脱虚浮无知。

原文

木之就规矩[1],在梓匠轮舆[2]。
人之能为人,由腹有诗书。
诗书勤乃有,不勤腹空虚。
欲知学之力,贤愚同一初[3]。
由其不能学,所入遂异闾[4]。
两家各生子,提孩巧相如。
少长聚嬉戏,不殊同队鱼。
年至十二三,头角[5]稍相疏。
二十渐乖张,清沟映污渠。
三十骨骼成,乃一龙一猪。
飞黄腾踏去,不能顾蟾蜍。
一为马前卒,鞭背生虫蛆。
一为公与相,潭潭[6]府中居。

---

① 彭定求.全唐诗[M].北京:中华书局,1960:3822.

问之何因尔？学与不学欤。

金璧虽重宝，费用难贮储。

学问藏之身，身在则有余。

君子与小人，不系父母且[7]。

不见公与相，起身[8]自犁锄。

不见三公后，寒饥出无驴。

文章岂不贵，经训乃菑畲[9]。

潢潦[10]无根源，朝满夕已除[11]。

人不通古今，马牛而襟裾[12]。

行身陷不义，况望多名誉。

时秋积雨霁，新凉入郊墟。

灯火稍可亲，简编[13]可卷舒。

岂不旦夕念，为尔惜居诸[14]。

恩义有相夺，作诗劝踌躇[15]。

注释

[1]木之就规矩：木材能够合乎规矩。

[2]梓匠：木工。轮舆：制造车轮和木箱的人。

[3]同一初：开始的时候是一样的。

[4]异间：秦朝贫民居里门左侧，富人居里门右侧，后代指富贵与贫贱者异里而居。间：里门。

[5]头角：比喻青少年的气概和才华。

[6]潭潭：深广的样子。

[7]且：句末语气助词，相当于"啊"。

[8]起身：出身。

[9]菑(zī)畲(shē)：耕耘，比喻事物的根本。

[10]潢潦：地上流淌的雨水。

[11]除：除去，这里指干涸。

[12]襟裾：衣裳。

[13]简编：书卷，书籍。

[14]居诸:语出《诗·邶风·柏舟》:"日居月诸,胡迭而微。"孔颖达疏:"居、诸者,语助也。"后用以借指日月、光阴。

[15]踌躇:思量。

冬至日寄小侄阿宜诗①

[唐]杜 牧

简介

杜牧(803—852),字牧之,号樊川居士,京兆万年(今陕西省西安市)人。晚唐杰出文学家,尤擅七绝,内容以咏史抒怀为主,情韵跌宕与气势豪迈兼而有之。与李商隐并称"小李杜",著有《樊川文集》。杜牧是宰相杜佑之孙,杜从郁之子,唐文宗时期进士,被授弘文馆校书郎。《冬至日寄小侄阿宜诗》作于开成五年(840),作者在诗中表达了自己对小侄阿宜的祝福,希望他"仍且寿命长"。杜家是公相家,期望阿宜要有"致君作尧汤"的政治理想,勤奋读书,且要坚持不懈,"一日读十纸,一月读一箱",注重积累,苦作学问,成为贤良之人。

原文

小侄名阿宜,未得三尺长。
头圆筋骨紧,两眼明且光。
去年学官人,竹马[1]绕四廊。
指挥群儿辈,意气何坚刚。
今年始读书,下口三五行。
随兄旦夕去,敛手[2]整衣裳。
去岁冬至日,拜我立我旁。
祝尔愿尔贵,仍且寿命长。
今年我江外[3],今日生一阳[4]。

① 彭定求.全唐诗[M].北京:中华书局,1960:5941-5942.

忆尔不可见,祝尔倾一觞[5]。
阳德[6]比君子,初生甚微茫。
排阴出九地[7],万物随开张[8]。
一似小儿学,日就复月将[9]。
勤勤不自已,二十能文章。
仕宦至公相,致君作尧汤[10]。
我家公相家[11],剑佩尝丁当[12]。
旧第开朱门[13],长安城中央。
第中无一物,万卷书满堂。
家集二百编,上下驰皇王。[14]
多是抚州写,今来五纪强。[15]
尚可与尔读,助尔为贤良。
经书括根本,史书阅兴亡。
高摘屈宋艳,浓薰班马香。[16]
李杜泛浩浩,韩柳摩苍苍。[17]
近者四君子,与古争强梁[18]。
愿尔一祝后,读书日日忙。
一日读十纸,一月读一箱。
朝廷用文治,大开官职场。
愿尔出门去,取官如驱羊。
吾兄苦好古,学问不可量。
昼居府中治,夜归书满床。
后贵有金玉,必不为汝藏。
崔昭生崔芸,李兼生窟郎。[19]
堆钱一百屋,破散何披猖[20]。
今虽未即死,饿冻几欲僵。
参军与县尉,尘土惊劻勷[21]。
一语不中治,笞箠[22]身满疮。
官罢得丝发[23],好买百树桑。

税钱[24]未输足,得米不敢尝。
愿尔闻我语,欢喜入心肠。
大明帝宫阙,杜曲[25]我池塘。
我若自潦倒,看汝争翱翔。
总语诸小道,此诗不可忘。

注释

[1]竹马:儿童玩具,典型的式样是一根杆子,一端有马头模型,有时另一端装轮子,孩子跨立上面,假作骑马。

[2]敛手:拱手,表示恭敬。

[3]江外:江南。

[4]一阳:冬至日后白天渐长,古代认为是阳气初动,故冬至为"一阳生"。

[5]觞:酒器。

[6]阳德:阳气,生长万物之气,这里比作君子。

[7]阴:阴气,比喻小人。九地:地点的最深处。

[8]开张:比喻事物的开始。

[9]日就复月将:日积月累。语出《诗经·周颂·敬之》:"日就月将,学有缉熙于光明。"就:成就。将:进步。

[10]致君作尧汤:辅助尧、汤这样的圣主。

[11]公相家:杜牧祖父杜佑为德宗、顺宗、宪宗三朝宰相,封岐国公。

[12]丁当:"叮当",象声词。

[13]旧第开朱门:杜佑宅邸位于朱雀门街的东安仁坊。旧第:旧宅。朱门:古代贵族府邸大门为红色,显示地位尊贵。

[14]家集二百编:家中藏有杜佑所撰的《通典》二百卷,依据唐朝刘秩《政典》而增,上溯黄帝、虞舜,下迄天宝,是中国历史上第一部体例完备的政书。上下驰皇王:指《通典》上起上古,下至唐朝天宝年间,是贯通古今的政书。

[15]抚州写:杜佑曾任抚州刺史。五纪强:六十多年。五纪:一纪为十二年,五纪为六十年。强:有余。

[16]高摘屈宋艳:形容屈原与宋玉文采一流。浓薰班马香:形容班固、司马迁文章辞采华丽。

[17]李杜:李白、杜甫。韩柳摩苍苍:语出李白《大鹏赋》:"上摩苍苍,下覆漫

漫。"与上句"泛浩浩"都指水平极高。韩柳:韩愈、柳宗元。摩苍苍:摩擦苍天。

[18]争强梁:争强斗胜。

[19]崔昭生崔芸,李兼生窟郎:崔昭与李兼厚敛致富,家底丰厚,无奈其子崔芸、李窟郎不能守住家财。

[20]披猖:狼狈,失意。

[21]劻(kuāng)勷(ráng):急迫不安。

[22]笞(chī)箠(chuí):用竹条鞭打。

[23]丝发:毫发,比喻收入极其微薄。

[24]税钱:德宗时期实行两税法,夏秋两季征税,夏税最晚六月份收,秋税最晚十一月。

[25]杜曲:樊川别墅,在长安城南杜樊乡。

留诲曹师等[1]诗①

[唐]杜 牧

简介

杜牧(803—852),字牧之,京兆长安(今陕西省西安市)人。因晚年居长安南部樊川别墅,世称"杜樊川";又称"小杜",以与杜甫区别;又与李商隐并称"小李杜"。据《旧唐书》卷一百四十七和《新唐书》卷一百六十六记载,杜牧文宗大和二年(828)登进士第,初授弘文馆校书郎,历任监察御史,黄州、池州、睦州诸州刺史,司勋员外郎,官终中书舍人。杜牧诗文兼擅,其诗情致豪迈、高华俊爽,尤长七言绝句,有《樊川文集》二十卷。

《留诲曹师等诗》作于大中二年(852),是杜牧的临终留别诗,意在教诲次子杜晦辞、三子杜德祥努力追求美好品质,摒弃丑恶行为。作为一首古体诗,全诗创作自由舒张,风格直白平实,殷殷诫勉之情深浓。

---

① 杜牧.杜牧全集[M].陈允吉,校点.上海:上海古籍出版社,1997:202.

原文

万物有丑好,各一姿状[2]分。
唯人即不尔[3],学与不学论。
学非探其花,要自拨其根。[4]
孝友[5]与诚实,而不忘尔言。
根本既深实,柯叶自滋繁。[6]
念尔无忽[7]此,期以庆吾门。

注释

[1]诲:教导,教诲。曹师等:杜牧次子杜晦辞、三子杜德祥。杜晦辞,字行之,小名曹师;杜德祥,字应之,小名祝柅。

[2]姿:姿态。状:形状。

[3]不尔:不这样。

[4]探:探访。拨:治理。

[5]孝友:孝顺父母,友爱弟兄。

[6]根本:事物的本源、根基。柯:草木的枝茎。滋繁:滋生繁多。

[7]忽:忽视,忘记。

勉儿子①

[唐]韦 庄

简介

韦庄(836—910),字端己。京兆杜陵(今陕西省西安市)人,晚唐、五代文学家,五代前蜀宰相,苏州刺史韦应物四世孙。唐昭宗乾宁元年进士,授校书郎。韦庄的诗词清丽婉约,与温庭筠并称"温韦",是花间词派的代表人物。韦庄在这首

---

① 谢永芳.韦庄诗词全集:汇校汇注汇评[M].武汉:崇文书局,2018:321.

诗中叹惋儿子生逢战乱,自己没能为其延请老师,勉励儿子要以张良之子张辟疆为榜样,自学成材。

原文

　　　　养尔逢多难,常忧学已迟。
　　　　辟疆[1]为上相,何必待从师。

注释

[1]辟疆:张辟疆(前202—?)是张良(?—前186)之子,依《汉书·外戚传》所载,十五岁为侍中。

格言语录类

韦世康训语[1]

[隋]韦世康

简介

韦世康(531—597),京兆杜陵(今陕西省西安市)人。西魏至隋时期大臣,出身名门。其父是著名隐士逍遥公韦夐,夫人是北周文帝宇文泰之女襄乐公主。韦世康,幼而沉敏,有气度。弱冠时封汉安县公。尉迟迥作乱之时,丞相杨坚将绛州交给他治理,使得百姓安居乐业。韦世康友爱兄弟,将自己的田产给了官运不济的弟弟韦世约。韦世康生性恬淡,曾多次萌生退隐的想法,他认为官禄无须太多,要知足懂进退。

原文

禄岂[1]须多,防满[2]则退。年不待暮,有疾便辞。

注释

[1]岂:副词,难道。
[2]满:自满。

---

① 谢宝耿.中国家训精华[M].上海:上海社会科学院出版社,1997:469.

萧瑀训语[1]

[唐]萧　瑀

简介

萧瑀(575—648),字时文,唐朝初期宰相,梁明帝萧岿第七子,隋炀帝萧皇后同母弟。为人刚毅,擅长书法。李渊入京师,萧瑀以郡降,封宋国公。姐姐萧皇后去世之后,他深受打击,染病而死,死后获赠司空、荆州都督。临终之前留有遗书,告诫子孙看淡生死,不要过度忧伤,向贤哲之人学习,去世之后丧事从简。

原文

生而必死,理之常分。气绝后可著单服一通,以充小敛[1]。棺内施单席而已,冀其速朽,不得别加一物。无假卜日[2],惟在速办。自古贤哲,非无等例,尔宜勉之。

注释

[1]小敛:给死者穿衣。
[2]卜日:选择吉日。

魏征训语[2]

[唐]魏　征

简介

魏征(580—643),字玄成,河北人。去世后陪葬昭陵。唐朝政治家、思想家、文学家和史学家,魏征直言进谏,辅佐唐太宗李世民开创"贞观之治"。魏征去世后,李世民废朝五天,追赠为司空,谥"文贞"。本文摘自《群书治要》"君子下学而无常师,小人耻学而羞不能",君子能够做到不耻下问,学习他人的长处,哪怕是比

---

① 刘昫,等.旧唐书[M].北京:中华书局,1975:2404.
② 夏家善.家训要言[M].天津:天津古籍出版社,2017:191.

自己低下的人；小人则以向人请教为耻。以此告诫大家要向君子学习，不耻下问。

原文

君子下学[1]而无常师[2]，小人耻学[3]而羞不能。

注释

[1]下学：向比自己低下的人学习。
[2]无常师：没有永恒的老师。
[3]耻学：以向别人学习为耻。

崔玄暐母卢氏训语①

简介

崔玄暐(639—706)，本名崔晔，字玄暐，博陵安平(今河北省衡水市安平县)人，长期在长安为官。唐朝武则天时期宰相。年轻时学识渊博，颇得任秘书少监的叔父崔行功的赏识。崔玄暐为官清廉，刚正不阿，曾多次冒死向武后进谏。武后执政晚期，崔玄暐联合张柬之诛杀张昌宗、张易之兄弟。因诛杀有功升任中书令，封博陵郡公。中宗时期，因遭嫉恨被贬白州司马，病逝于赴任途中。崔氏儿子崔璩亦有才华，官至礼部侍郎。其后人崔涣官拜宰相，崔纵、崔碣皆为官清廉，以朴素著称，《新唐书》赞云："玄暐三世不异居，家人怡怡如也。"崔玄暐家族能有这样的家风，离不开其母卢氏的谆谆教导。卢氏认为，儿子做官贫乏是好消息，若钱财充足，则是坏消息。身为父母，不可因钱物充足感到喜悦，反而要清楚孩子钱财来源是否为正途，若为非分之财，则与盗贼没有什么区别。崔玄暐将母亲的教诲铭记于心，并传承了尚清廉的家风，使得崔氏后人为官之时深得百姓爱戴。

---

① 刘昫，等.旧唐书[M].北京：中华书局，1975：2934.

原文

母卢氏尝诫之曰："吾见姨兄屯田郎中[1]辛玄驭云：'儿子从宦者，有人来云贫乏不能存，此是好消息。若闻赀货[2]充足，衣马轻肥[3]，此恶消息。'吾常重此言，以为确论[4]。比见亲表中仕宦者，多将钱物上其父母，父母但知喜悦，竟不问此物从何而来。必是禄俸余资，诚亦善事。如其非理所得，此与盗贼何别？纵无大咎[5]，独不内愧于心？孟母不受鱼鲊之馈，盖为此也。汝今坐食禄奉，荣幸已多，若其不能忠清，何以戴天履地？孔子云：'虽日杀三牲之养，犹为不孝。'又曰：'父母惟其疾之忧。'特宜修身洁己，勿累吾此意也。"

注释

[1]屯田郎中：官名，掌屯田之事。屯田制建立于汉代，是政府利用军队或农民垦种土地，征取收成作为军饷的一种制度。

[2]赀货：财货。

[3]衣马轻肥：生活奢华。穿着轻而暖的裘衣，乘着肥大的马。出自《论语·雍也》："赤之适齐也，乘肥马，衣轻裘。"

[4]确论：正确的结论。

[5]大咎：大错。

西平王李晟训女①

简介

李晟(727—793)，字良器，甘肃临潭人，出身将门，被称为"万人敌"。李晟幼孤，孝顺母亲。他少年从军，英勇善战，平吐蕃、讨田悦等各路叛军，收取长安，一生戎马，有再造唐朝之功勋。德宗赐他府宅、良田、园林。德宗封其为西平郡王，升任中书令。李晟还兼任凤翔、陇右、泾原节度使，去世后葬于今陕西省西安市高陵区。李晟家法甚为严格。李晟的女儿是刑部崔枢的夫人，因给父亲过寿而没有回家亲

---

① 彭乘.墨客挥犀·卷七.稗海本.

自照顾生病的婆婆,遭到父亲的严厉训斥。女儿回家后,西平王又亲自到崔家问候,道歉说自己没有教育好女儿。李晟以孝悌立身,也将孝道作为教育子女的重要内容,因为"孝"是道德的基础,也是家庭和谐、社会稳定的重要基础。

原文

崔刑部枢夫人,太尉西平王女也。西平生日,中堂[1]大宴,方食,有小婢附崔氏女耳语久之,崔女颔之[2]而去。有顷[3]复至,王问曰:"何事?"女对曰:"大家[4]昨夜小不安适,使人往候。"王掷箸,怒曰:"我不幸有此女,大奇事,汝为人妇,岂有阿家[5]体候不安,不检校[6]汤药,而与父作生日。吾有此女,何用作生日为。"遽遣乘檐子[7]归,身亦续至崔氏家问疾,且拜谢教训子女不至。

注释

[1]中堂:正中的厅堂。
[2]颔之:点头。
[3]有顷:不久。
[4]大家:对婆婆的称呼。
[5]阿家:称丈夫的母亲。
[6]检校(jiào):查验。
[7]檐子:肩舆,没有上盖和四边屏障的轿子,唐代非常流行。

韩滉训语①

[唐]韩 滉

简介

韩滉(723—787),字太冲,京兆长安(今陕西省西安市)人,唐中期政治家、书法家、画家,在艺术上造诣极高。出身官宦,太子少师韩休之子,"幼有美名",爱好结交公直之士。韩滉清廉刚正,志在奉公。韩滉位高权重,弟弟韩洄觉得宅邸太过朴素,便要改建宅邸,韩滉从江南回来后,要求撤去。他对于家中资产颇不在意,这

① 吕思勉.隋唐五代史[M].天津:天津社会科学院出版社,2019:91.

与唐朝达官贵人追求奢华之风截然不同。《旧唐书》对他的评价"公洁强直,明于吏道",恰如其分。

原文

先君[1]容焉。吾等奉[2]之,常恐失坠。若摧圮[3],缮之则已。安敢改作,以伤俭德?

注释

[1]先君:父亲。
[2]奉:尊重。
[3]摧圮(pǐ):倒塌。

吕柟训语①

[明]吕 柟

简介

吕柟(1479—1542),字仲木,号泾野,人称"泾野先生",明代理学家,关学代表人物,陕西高陵人。吕柟在仕途上跌宕起伏,却能始终保持清廉之风,坚守原则。他爱惜百姓,深受百姓爱戴,去世后高陵百姓罢市三日以表纪念。在学术上,吕柟勤勉专注,著作等身,仰慕其学识之人甚众。在治家方面,吕柟认为君子要有容人之量,方可和谐安定。

原文

故治家之道,亦不在忍。《书》曰:"有容,德乃大。[1]"彼妇人小子,不曾读书,不知道理,安可一一责他?故君子居家,须是能容。

---

① 陈梦雷.古今图书集成·家范典[M].北京:中华书局,成都:巴蜀书社,1985:38563.

注释

[1]有容,德乃大:人要有所容忍才能有高尚的品德。出自《尚书·君陈》:"必有忍,其乃有济;有容,德乃大。"

教子语①

[清]牛兆濂

简介

牛兆濂(1867—1937),字梦周,号蓝川。西安市蓝田县人,清末民初关学代表人物,被尊为"关中大儒"和"横渠以后关中一人"。牛兆濂二十一岁中举人,因奉养父母没有去北京参加会试。后从师三原贺瑞麟,专心学习程朱理学。牛兆濂将"学为好人"作为人生信条,为教育事业、慈善事业不遗余力,在乱世之中依然尽力践行"兼济天下"。在子女教育上,他告诫子女在修身方面,要先认识自己是个人,且是个中国人;在做人方面要知道中国是尊儒学的,以中国的礼义为尊;在学问方面要努力学习四书五经、程朱理学,且要经世致用,以"行道以济时,明道以教人,守道以传后"为自己一生的事业。

原文

要认得天生我身不是单为享福,是要做顶天立地的事业呢!行道[1]以济时[2],明道[3]以教人,守道[4]以传后,皆事业也。此是天地间第一等事业。我若不做,恐终无第二人去做。果尔[5],则大负天地生我之本心矣。可不惧哉!此乃父之志也,汝兄弟其亦有意焉否。

注释

[1]行道:实践自己的主张或所学。
[2]济时:济世,救时。

---

① 夏家善.家训要言[M].天津:天津古籍出版社,2017:8.

[3]明道:阐明道理。

[4]守道:坚守道德规范。

[5]果尔:果真如此。

安家大院牌匾

简介

安家大院坐落在陕西省西安市莲湖区化觉巷,建于清朝乾隆年间。安家祖上做蜡烛生意,是西安远近闻名的富商。这座古宅占地二百六十多平方米,目前仅保留了前院和后院,前后院之间的门楣刻"高曾矩矱"四个砖雕大字,教育安家子孙时刻牢记祖宗规矩,并且以祖宗规矩要求自己。

原文

高曾[1]矩矱[2]

注释

[1]高曾:祖先。

[2]矩:尺。矱:锅,煮物之器。喻指祖宗的规矩。

高家大院牌匾

简介

高家大院的第一任主人高岳崧是江苏镇江人,出身商贾之家,十二岁进京参加科举考试,明崇祯皇帝钦点为榜眼,还御赐了这座宅邸。相传御赐的原因是高岳崧少年中举,聪明过人,且为官清廉、勤勉,颇得太后赏识。

原文

睿圣是铭[1]

注释

[1]睿圣是铭:铭记深明通达、超凡脱俗的圣人明言。睿圣:深明通达的圣人。铭:铭记。

朱子家训碑

简介

《朱子家训碑》藏于西安碑林博物馆,由清初著名理学家、教育家朱柏庐撰文,陕西咸阳人孙能宽书。朱柏庐(1627—1698),名朱用纯,字致一,自号柏庐,今江苏省昆山市人。朱柏庐居乡潜心研究程朱理学,热心教育,他提倡知行并进,躬行实践。始终追求精神的宁静,严于律己,待人接物以礼自持,不卑不亢。《朱子家训》渗透了儒家的处事理念。持家要勤俭,"一粥一饭,当思来处不宜;半丝半粒,恒念物力维艰"。家人之间要戒争讼,少生事端,能够多忍耐;"施惠勿念,受恩莫忘",常怀感恩之心。还告诫人们读书要以圣贤为榜样,为官要心存君国。《朱子家训》以名言警句的方式表达,朗朗上口,数百年来传诵不绝。

原文

黎明即起,洒扫庭除[1],要内外整洁;既昏便息,关锁门户,必亲自检点。
一粥一饭,当思来处不易;半丝半粒,恒念物力维艰。
宜未雨而绸缪,毋临渴而掘井。
自奉[2]必须俭约,宴客切勿流连。
器具质而洁,瓦缶胜金玉;饮食约而精,园蔬愈[3]珍馐。
勿营华屋,勿谋良田。
三姑六婆,实淫盗之媒;婢美妾娇,非闺房之福。
奴仆勿用俊美,妻妾切忌艳妆。

祖宗虽远,祭祀不可或疏;子孙虽愚,经书不可不读。

居身务其质朴,训子要有义方。

莫贪意外之财,莫饮过量之酒。

与肩挑贸易,勿占便宜;见贫苦亲邻,须多温恤。

刻薄成家,理无久享;伦常乖舛[4],立见消亡。

兄弟叔侄,须分多润寡;长幼内外,宜法肃词严。

听妇言,乖骨肉,岂是丈夫?重资财,薄父母,不成人子。

嫁女择佳婿,毋索重聘;娶媳求淑女,勿计厚奁[5]。

见富贵而生谄容者,最可耻;见贫贱而作骄态者,贱莫甚。

居家戒争讼,讼则终凶;处世莫多言,言多必失。

毋恃势力而凌逼孤寡,毋贪口腹而恣杀生禽。

乖僻自是[6],误悔必多;颓惰自甘[7],家园终替。

狎昵[8]恶少,久必受其累;屈志老成[9],急则可相倚。

轻听发言,安知非人之谮诉[10]?当忍耐三思;因事相争,安知非我之不是?须平心暗想。

施惠无念,受恩莫忘。

凡事当留余地,得意不可再往。

人有喜庆,不可生妒忌心;人有祸患,不可生欣幸心。

善欲人见,不是真善;恶恐人知,便是大恶。

见色而起淫念,报在妻女;匿怨而施暗箭,祸延子孙。

家门和顺,虽饔飧[11]不继,亦有余欢;国课早完,即囊橐[12]无余,可称至乐。

读书志在圣贤,为官心存君国。守分安命,顺时听天。为人若此,庶乎近焉。

右新安朱文公夫子家训也。语极浅近,义甚严切。粗之为日用饮食之常,精之即修身立命之本。身体力行简易明晓。凡居家者,宜各奉一通于座右,朝夕省览以为午夜之晨钟。敬镌诸石以我同志。

雍正六年岁次戊申小阳之吉。

关中后学孙能宽痴菴氏沐手敬书。

注释

[1]庭除:门前台阶。

[2]自奉:自己日常的生活享用。

[3]愈:超过,胜过。通"逾"。

[4]乖舛(chuǎn):差错。

[5]厚奁(lián):丰厚的嫁妆。

[6]乖僻自是:性情乖张偏执,自以为是。

[7]颓惰自甘:精神萎靡颓废,自甘堕落。

[8]狎昵:态度或行为举止不端庄。

[9]屈志老成:委曲自己的心志意愿,老练成熟。

[10]谮(zèn)诉:捏造事实诬陷他人。

[11]饔(yōng)飧(sūn):饭食。饔:早餐。飧:晚餐。

[12]囊橐:口袋。大称囊,小称橐。或称有底面的叫囊,无底面的叫橐。

关中民俗艺术博物院

简介

关中民俗艺术博物院坐落在秦岭终南山世界地质公园中心地带和隋唐佛教圣地南五台山下,致力于民俗文化遗产抢救、保护、收藏研究和展示。三十多年以来,关中民俗博物院已收集、抢救和保护周、秦、汉、唐以来各类文化遗产四万余件。明清时期的民居建筑历经百年风雨,是陕西黄土文化的缩影。

崔家槐,陕西澄城人。清朝咸丰年间经营烟酒糖茶生意,光绪年间家族走向鼎盛,其宅院由六院扩建成十二院,之后家道中落。宅院原址位于今陕西省渭南市澄城县北,为三进三院式。整体较狭长幽深,是典型的关中民居建筑。雷致福(1829—1903),咸丰五年(1875)举人。雷家世代为官。此宅系其祖上修建,整体布局谨严,工艺讲究。耿元耀,光绪二十三年(1897)武举。其宅院为四合围院式,规模宏大,自成一格。廊亭正上方悬挂木匾"朝元山房",系明代大书法家董其昌的作品,使宅院更有格调。孙福堂(1883—1957),又名孙培茂,字植斋,陕西澄城县罗家洼人。他早年从商,1938年到西安、泾阳经营"福茂协银号"并运销制作茶叶、水烟等。他还为家乡修桥铺路、资助教育,颇有善名。他们的宅院中镌刻了丰富的金玉良言,蕴含着家族集体的聪明智慧。他们希望子孙后代积习为常,修身洁行,蓬勃向上。

> 原文

崔家槐宅院

一

立德不朽

二

尚有典型

三

德范咸钦[1]

雷致福宅院

一

伦理克敦[2]

二

和为贵

耿元耀宅院

通德传芳

孙福堂宅院

一

为善最乐

二

疏财仗义

三

和义轻财

> 注释

[1]德范咸钦:品德与行为都令人钦佩。

[2]敦:敦厚。

对 联 类

安家大院

简介

安家大院的概况可见前章《安家大院家训牌匾》。下文楹联主要教育人们要懂得读书、立德是人生要事。读书可以提高思想的深度与广度,而良好的道德品质则是生而为人的根本所在。

原文

处世德为本
居家书当先

高家大院

简介

从明崇祯十四年(1641)至清同治十年(1871),高岳崧及其后人七代为官,高家大院是西安历史上有名的七世官宅。高家大院的楹联蕴含了高家的治家智慧:要蒙受祖宗的庇佑,就必须讲善言、行善事、养善德。造福后世子孙,读书治学要勤奋,持家要勤俭,创业守业要勤劳。每一副楹联都尽显其文化品位。

原文

一

受荫祖先,须善言善行善德
造福子孙,在勤学勤俭勤劳

二

入则笃行[1],出则友贤
静以修身,俭以养德[2]

三

学贵有恒,切莫半途而废
才须积累,休忘一篑之功[3]

四

有读书声、有纺织声、有儿童欢笑声,方见得家声果好
无乖戾气、无落寞气、无富贵娇奢气,才称为福气真高

五

闲从世外观古今,为善最乐
懒向人间问是非,树德为先

六

观幽兰佳菊,常守节日光清净
喜淡饭布衣,不欺天心地泰然

七

晨兴理荒秽,心远地偏聊寄武陵意[4]
载月荷锄归,夕露沾衣顿生桃源情

八

天何言哉,四时行而日月光亮

地不语矣,万物生而江河奔流

九

胸藏丘壑[5],瘠地亦有韵味诗味
兴寄烟霞,僻乡岂无花香墨香

十

写得英雄梦醒时
兴风狂啸会有诗

注释

[1]笃行:忠贞不渝、踏踏实实地有所落实。

[2]静以修身,俭以养德:语出诸葛亮《诫子书》:"夫君子之行,静以修身,俭以养德,非淡泊无以明志,非宁静无以致远。"内心安静则能修养身心,作风俭朴则能培养高尚的品德。

[3]一篑之功:成功前的最后一筐土,比喻成功前的最后一份努力。语出《王守仁全集》:"务收一篑之功,勿为九仞之弃。"篑:盛土的筐。

[4]武陵意:陶渊明《桃花源记》中武陵人进入桃花源,看到了祥和、宁静的桃花源。这里"武陵意"寄予了追求美好生活的理想。

[5]胸藏丘壑:动笔绘画前心中早有了深远意象,比喻思虑深远,胸怀远大。

关中民俗艺术博物院

简介

建于清末的赵家门楼是民国时期陕西国民党靖国军旅旅长赵树勋私人庄园的入口门楼,原址位于陕西白水县纵目乡纵目村。门楼结构呈"品"字形,上下两层,东西长十五米,南北宽五米,高十三米,门洞位于中间,两侧附带侧门,整个门楼高大宏伟。门楼上有精美的砖雕图案,正上方石匾刻"地通乾元",表示此处通天,两侧门上方石刻"光裕""福履",充满对子孙的祝福。梨园系元代泰定元年(1323)建造,明、清时期翻修,现存戏楼等建筑为明清风格。梨园原址位于陕西省渭南市合阳县,2000年拆迁入库保藏,2004年入院复建。孙丕扬(1531—1614),陕西富平人,明代"三朝元老"。曾任大理丞,吏部尚书等职,一生任职五、六十年,病逝后赠太保,后又追谥恭介。其宅院始建于明隆庆后期,为两进两院式。整个院落宏伟壮观,砖雕、石雕也别具一格。晚清大臣阎敬铭(1817—1892),字丹初,陕西省朝邑赵渡镇(今渭南市大荔县朝邑镇)人,历任道光、咸丰、同治三朝。阎敬铭为官清廉,颇善理财,人称"救时宰相"。宅院原址位于今陕西省渭南市朝邑镇,始建于清咸丰年间,为两进两院式。整个院落布局对称,宽敞宏伟,院内石雕、砖雕、木雕内容丰富,精致优美。樊继准,陕西礼泉人,后迁合阳安家。本人及其子樊世简均为朝廷命官。其宅院位于今渭南市合阳县,院内石雕等装饰非常具有特色。耿元耀,光绪二十三年(1897)武举。其宅院为四合围院式,规模宏大,自成一格。廊亭正上方悬挂木匾"朝元山房",系明代大书法家董其昌的作品,使宅院更有格调。他们宅院中的对联内容颇具风雅,高情远韵中蕴含着人生追求与智者心性。

原文

赵家门楼

一

台仰怀清,清辉一片镰峰月
门通高德,德泽千尺金水波

二

忠孝流芳,万世光辉门亭
勤俭治家,千载不朽之荣

三

甲第[1]当阳,轮换鸿开千载固
箕裘奕世[2],衣冠骏发万年新

四

居世何为,只立身无愧天地
传家可久,惟种德以贻子孙

梨园

家风继美,联珠之作述依然

国史流芳,赐酒之恩荣如昨

孙丕扬宅院

一

勤俭传家缵[3]乃祖绪
诗书启后贻厥孙谋

二

良田有种图堪味
书德是福心无尘

三

茶烟清典鹤同梦
诗塌静听琴所言

四

读君陈篇,惟孝友于兄弟[4]
遵司马训[5],积阴德于子孙

阎敬铭宅院

知事忍事勿多事
存心动心莫欺心

樊继准宅院

一

父慈子孝,满户无非安乐事
兄友弟恭,一门全是和睦风

二

授户窃述姬公礼
抱器[6]聊追子氏风

耿元耀宅院

一日康强蒙神佑

四季平安赖圣扶

> 注 释

[1]甲第:豪门宅第。
[2]箕裘:比喻祖上的事业。语出《礼记·学记》:"良冶之子,必学为裘,良弓之子,必学为箕。"意谓子弟耳濡目染,继承祖业。奕世:累世,代代。
[3]缵(zuǎn):继承。
[4]读君陈篇,惟孝友于兄弟:读《尚书·君陈》篇,孝顺父母,友爱兄弟。"惟孝友于兄弟"出自《尚书·君陈》。
[5]遵司马训:学习司马光《训俭示康》家训。
[6]抱器:怀才。

于右任故居

> 简 介

于右任(1879—1964),原名伯循,字诱人,右任是他的笔名,后以此笔名行世。今陕西省咸阳市三原县人,中国近现代政治家、教育家、书法家。晚号"太平老人"。于右任一生为中国民主革命和国共两党合作做出了积极的贡献。1937年,于右任将妻子、长女接到书院门五十二号定居,之后于右任去台湾,妻女一直居住在此,直到去世。"葬我于高山之上兮,望我故乡;故乡不可见兮,永不能忘。"于右任《望大陆》寄予了对故土、对妻女的深刻眷恋,意蕴悲怆。故居中的楹联显示了于老志在林泉,心怀坦荡,于自然万物中探观真理的志趣。他借韩愈的名言告诉人们治学修身的路径在于"勤"与"思"。

> 原 文

一

得山水清气
极天地大观

二

高怀见物理[1]
和气得天真

三

业精于勤荒于嬉
行成于思毁于随[2]

> 注释

[1]物理：事物的本质与规律。

[2]业精于勤荒于嬉，行成于思毁于随：语出韩愈《进学解》，意思是学业能够精进在于勤奋，荒废则在于嬉戏之中；成功之道在于深思熟虑，毁在放任自流。

渭南家训

散 文 类

命 子 迁[①]

简介

司马谈(约前169—前110),西汉夏阳(今陕西省韩城市)人,父司马喜,子司马迁。司马谈学富五车,汉武帝时任太史令,掌管天时星历,搜集并保存典籍文献。本文摘录自《史记》。司马谈在《命子迁》中表达了自己作为一名太史因不能尽到写史职责而感到极度的惶恐与忧虑,谆谆教导,悉心叮嘱,言语间寄托了自己对儿子的无限期望。他热切地希望在自己离世后司马迁能完成他未竟的大业,而司马迁不辱父命,最终写出了被誉为"史家之绝唱,无韵之离骚"的《史记》,名垂青史。

原文

余先周室之太史[1]也。自上世尝[2]显功名于虞夏,典[3]天官事。后世中衰,绝于予乎?汝复为太史,则续吾祖矣。今天子接千岁之统,封[4]泰山,而余不得从行,是命也夫,命也夫!余死,汝必为太史;为太史,无忘吾所欲论著矣。且夫孝始于事[5]亲,中于事君,终于立身。扬名于后世,以显[6]父母,此孝之大者。夫天下称诵周公,言其能论歌文武之德,宣周邵之风,达[7]太王王季之思虑,爰及[8]公刘,以尊后稷也。幽厉之后,王道缺,礼乐衰,孔子修旧起废,论《诗》《书》,作《春秋》,则学者至今则[9]之。自获麟[10]以来四百有余岁,而诸侯相兼,史记放绝[11]。今汉兴,海内一统,明主贤君忠臣死义之士,余为太史而弗论载,废天下之史文,余甚惧焉,汝其念哉!

---

① 司马迁.史记[M].北京:中华书局,1982:3295.

注释

[1]太史：官职名。主要职责有记载史事、编写史书，兼管国家典籍、天文历法、祭祀等。

[2]尝：曾经。

[3]典：掌管。

[4]封：举行封禅典礼。

[5]事：侍奉。

[6]显：使……显耀。

[7]达：通晓。

[8]爰及：至于。

[9]则：以……为准则。

[10]获麟：春秋时期鲁哀公十四年猎获麒麟之事，代指春秋末期。

[11]放绝：断绝。

诫 子 孙①

[北魏]杨 椿

简介

杨椿(455—531)，本字仲考，后北魏孝文帝赐改字延寿，弘农华阴(今属陕西省)人，官至太保。永安二年(529)八月致仕归乡，后为人所害，卒于北魏节闵帝普泰元年(531)。本文摘录自其《诫子孙》中的部分诫文，主要通过讲述家史，尤其是兄弟之间互敬互爱、和睦相处的事迹对子孙们的不肖言行进行劝诫，并告诫他们应注重兄弟间的和谐礼让，不要学流俗的谀上欺下。文末还用自己的实际行动教导子孙做人做事要懂得满足，不能贪得无厌，要知激流勇退的要义。

---

① 魏收.魏书[M].北京：中华书局,1974:1289-1291.

原文

吾兄弟,若在家,必同盘而食,若有近行[1],不至,必待其还,亦有过中不食,忍饥相待。吾兄弟八人,今存[2]者有三,是故不忍别食[3]也。又愿毕吾兄弟世,不异[4]居、异财,汝等眼见,非为虚假。如闻汝等兄弟,时有别斋独食者,此又不如吾等一世也。吾今日不为贫贱,然居住舍宅不作壮丽华饰者,正虑汝等后世不贤,不能保守[5]之,方为势家[6]作夺。

闻汝等学时俗人,乃有坐而待客者,有驱驰[7]势门者,有轻论人恶者,及见贵胜则敬重之,见贫贱则慢易[8]之,此人行之大失,立身之大病也。汝家仕皇魏以来,高祖以下乃有七郡太守、三十二州刺史,内外显职,时流[9]少比。汝等若能存礼节,不为奢淫骄慢,假[10]不胜人,足免尤诮[11],足成名家。吾今年始七十五,自惟[12]气力,尚堪朝觐天子,所以孜孜[13]求退者,正欲使汝等知天下满足之义,为一门法耳,非是苟求千载之名也。汝等能记吾言,百年之后,终无恨[14]矣。

注释

[1] 近行:短距离的出行。

[2] 存:健在。

[3] 别食:别居而食。

[4] 异:分开。

[5] 保守:保护使不失去。

[6] 势家:有权势的人家。

[7] 驱驰:奔走效劳。

[8] 慢易:轻慢。

[9] 时流:世俗之辈。

[10] 假:即使。

[11] 尤诮(qiào):过失与谴责。

[12] 自惟:自己思量。惟:思。

[13] 孜孜:急切,恳切。

[14] 恨:遗憾。

杨忠介家书①

[明]杨 爵

简介

杨爵(1493—1549),字伯修,谥号忠介,今陕西省渭南市富平县老庙镇笃祜村人。嘉靖八年(1529)进士。嘉靖二十年(1541)上书进谏抵制祥瑞,下诏入狱,嘉靖二十六年(1547)被释还家。该书是杨爵入狱期间写给儿子的家书,内容涉及读书、为人处世等方面。杨爵家书共三十五则,其中第九则阙,另有若干则有阙文。杨爵是明代的理学家,深受儒家思想影响。他告诫儿子要有仁人君子之德、忠臣义士之心、英雄豪杰之才,教导子孙为人要谦虚、恭敬、谨慎。此外,杨爵告诫子孙要立身于天地,立志向学,要存好心,行好事。杨爵家书未见单行本,收入至《杨忠介集》卷五,常见版本有《四库全书》本、光绪十九年刻本以及点校本《杨爵集》。

原文

一则

休、偲,我今日患难,关世道之升降[1],天下之安危,不是一身一家小小利害。大丈夫志在天下国家,不以生死存亡为念。但尔儿女子之情不能自已,然亦徒[2]忧无益。皇天鉴我衷曲[3],主上必能宽我罪过,决不至死。况此间做官者,皆是好人,履[4]道德、讲仁义者也,岂肯置我于死,污青史[5]为子孙累哉?你告叔祖母与你母,合门大小并诸亲眷,大放宽心。

注释

[1]升降:前进与后退。

[2]徒:白白地。

[3]衷曲:衷情,难以吐露的情怀。

---

① 楼含松.中国历代家训集成[M].杭州:浙江古籍出版社,2017:2099-2115.

[4]履:实行。

[5]青史:后世即以青史作为史书或历史的代称。青:竹简。史:历史或史书。

原文

二则

仕,你今在寺中,想已自知道人事,蚤[1]晚勤力,不肯懒惰。我又与你说,凡勤苦用功,须是自己心上开洒[2],乐欲如此,方有进益[3]。学问必有辛勤,方能有成。况你资性不如人,比人又当加功,与人相处,须要忠信谦逊为主,见长者尤当十分恭敬。读讲有疑,当静坐思之。在先生朋友前,又当虚己质问[4],不要以问人为羞,心有所疑不问,岂能知世上有一样人,心上不知,以问人,又恐人笑,这样人终不能成。凡幼而不能事[5]长,贱而不能事贵,不肖[6]而不能事贤,此三者,古人谓之不祥。你深思此三句,不要略有傲慢人的心。若读书多,记不得,不要贪多,只贪熟。数日将所作文字写来我看,遇济众便写手字来。王贡会作文否?此帖你常看,勿弃。

注释

[1]蚤:通"早"。

[2]开洒:开阔。

[3]进益:学识或修养的进步。

[4]质问:文中指根据事实提出疑问。

[5]事:侍奉。

[6]不肖:文中指没有德才的人。

原文

三则

偲,我平安勿忧。前见你书中有"流涕祷神卜卦"等语,儿何须如此苦也。吉凶祸福,何者而非命乎?语曰:"不知命,无以为君子也。"吾今日素患难行乎患难[1],不怨不尤[2],乐天知命,无入而不自得。此处心处身之道也。其困我之心,衡[3]我之虑,增益我所不能,是吾之吉与福,而非凶祸也。况主上圣明,自有远见,自有宽处,亦何忧而何虑乎？古之良士,有仁人君子之德,有忠臣义士之心,有英雄豪杰之才。儿当以此自勉励、自期待,而能立身于天地之间可也。闭户不出,慎尔身心,密[4]尔功课。每读古人言语,与吾心所存、吾身所行何如,此便是学问之道也。今而后或有所作,得便送我观之。常写家书告我平安,令家中勿忧。凡我书帖,有可以带去者,示汝休兄知之。

注释

[1]素患难行乎患难:身在患难中就做患难时应该做的事。

[3]尤:怨恨,归咎。

[3]衡:考虑。

[4]密:使……细致。

原文

四则

我狱中平安,百凡[1]无虑。但叔祖母年过八十,在世光阴有限,恐我不得一见,日夜关心未忘。今嘱咐舜卿,向北山中或托杨凤兄弟买柏树一株,预备棺木,可以少安我心。舜卿千万处[2]之。舍儿今年十二岁矣,我前日问仕他读书何如[3],仕答言将来可成。偲为用心教他读书,千万不要误了,千万不要误了！若误此儿不得成一好人,我他日死,无面目见汝伯父于地下也。千万体[4]我之心。七月初二日家书,八月初九日到内,偲疾病用心调理,不必忧虑。许党书亦到。光景易失,少壮易老,百年人世,不可不自立也。危困中以此勉励,凡吾昔年共处有志之士,各宜警省。李月亦有书,谓我有时复到秦地,蓬头赤脚归终南。读之不觉感伤。嗟夫,月为此言,胸中亦有识见矣。不知上天鉴[5]我,生还故里,果得蓬头赤脚以归终南乎？言至于此,不能不戚戚[6]也。说偲与休善相处,再无所言。

注释

[1]百凡:凡百,泛指一切。

[2]处:办理。

[3]何如:如何,怎么样。

[4]体:体谅。

[5]鉴:审查。

[6]戚戚:忧伤貌。

原文

五则

休、俣,我下狱十有四月矣,饮食如常,身无一日不安,心无一日不宽[1]。时读《易》,静中觉有进益。钱郎中自去年九月下狱,尝与论《易》《春秋》,固甚乐也。家中大小并诸亲朋勿忧。休考试如何?当翻然省悟,谢绝人事[2],专志学问。俣可读五经白文,又要专心下苦,不如是,不能成也。舍儿送五钦处读书,并张禹卿皆不要误了。田涞无人讲论,可亲近,由天性,必有进益,甚勿离群索居[3],虚玩岁月。石巍恪守规矩,学一谨厚君子,用心读书,勿忧不进学也。家事如常处之,门户[4]谨慎,夜间不要饮酒。说与你母,前祖母年老,不知安康何如,日加忠敬。第四女子勿轻易许人,须待稍长。地方收成,未知何如。汝辈随时节俭,乡党老少,皆以礼让相处,慎勿傲惰。学中师长,时进恭敬,不可得罪。县上非公事不要见谒。千万,千万!

注释

[1]宽:放宽,使松缓。

[2]人事:人情世故,也指赠送的礼品。

[3]离群索居:离开群体,单独生活。

[4]门户:房屋的出入口。

原文

六则

书告休、俣,我逮狱一年余,神天保佑,日获平康。在内亦无甚苦楚,但暗中静坐,持养心性,求无愧于屋漏[1]而已矣。汝家中大小及诸亲眷,大放宽心,可无一点忧患也。前祖母年老,我心时尝忧念。家下[2]善事之。说与你母,家事奈心[3]宽处。又恐你兄弟不学好人,动相猜忌,以目前小事忘我大难,贻远迩[4]士大夫之笑。汝宜深省。我以尽忠修职、为国为民至于如此,心怀嚣嚣[5],诚无悔憾。汝辈若以我为过而怨尤不已,则浦道长、周主政二先生以我之过而至于死,彼何人也!彼何心也!为人臣子,苟[6]禄苟位,不以君民为心,则穿窬[7]鄙夫,与草木同腐,天地间无容身之地矣。汝辈宜自安也。

注释

[1]屋漏:《尔雅·释宫》:"西南隅谓之奥,西北隅谓之屋漏。"故"屋漏"指房间的西北角。古代室内西北隅施设小帐,安藏神主,是为人所不见的地方。

[2]家下:家中。

[3]奈心:耐心。

[4]远迩:远近。

[5]嚣嚣:傲慢貌。

[6]苟:贪求。

[7]穿窬(yú):凿穿或翻越墙壁进行偷盗。

原文

七则

我处此地二十四月矣,心无一日不宽,身无一日不安。皇天保佑,朝廷恩德,饮食多加,筋力强健,倍于往时。惟念我婶母年过八十,暮景已迫[1],恐我未得一见,不知苍苍[2]中何如以定我也。汝辈率诸幼勤力学问,勉自修饬[3]为君子人,以自立于人世。切不可以目前小计,忘汝终身之大谋。若诸幼中有一人能成立者,皆是汝之骨肉,其为门间[4]身家之庆、祖宗后辈之光,非小益也。故我谆谆[5]告语,皆为汝曹[6]深远之虑,非为我目前计也。又千万说与你母亲,家中大小俱要以恩爱、和睦、体悉相处,共安穷分,甚不可猜忌不和,不成一家好人家,以贻远近之笑。能从我言,我虽死于狱中,亦无恨也。张侗归写此,为阃门[7]之戒。体我心,体我心!两次梦见偲作文数篇与我看,甚是佳美。想今已能勉力读书。汝休兄在此,我凡事甚便,家中无忧。十二月十一日辰时书。今日所寄家信,贴在内室正墙上,宣读数遍,令家下大小皆知之。千万,千万!

注释

[1]迫:接近。

[2]苍苍:迷茫。

[3]修饬:整顿。

[4]门闾:乡里,家门。

[5]谆谆:形容恳切教导。

[6]曹:等,辈,相当于现代汉语中的"们"。

[7]阖门:全家。

原文

八则

你兄弟须要恭敬相处,但知骨肉当厚,勿问其他。《诗经·棠棣》一篇并注解熟读之,必有感悟处。至此不肖,真下愚[1]也。念汝伯父蚤世,我心痛伤,言及于此,流泪如雨。阙。偲专心读书,财利分心,所当戒。嘱咐不尽。

注释

[1]下愚:最为愚笨的人。

原文

九则

点校者按:原阙。

十则

偲,你决勿来此,只有舜卿足矣。家中不可离人,我欲你将舍儿叫在你身边读书,勿使离你左右,解衣衣[1]之,推食食[2]之,不知你肯依我言乎。如不能,令仕带蒲城处,你供柴米。你有廪禄[3],分些供一无依孤弟,亦是士子[4]的立身。

他幼小,不要见他不是。如休者,可谓祖宗无穷之辱、子子孙孙万世之耻也。戒之,戒之!你若不听我言,苦在后。十月十九日,父苦心书。勿使别人来此,徒烦扰。万万!

注释

[1]衣:名词用作动词,穿。
[2]食:名词用作动词,吃。
[3]廪禄:俸禄。
[4]士子:对男子的美称,一般指年轻人。

原文

十一则

天道甚可畏。你前日书来,说天何尝无眼,此言最是。有当其身即见者,有在后世子孙始见者,但有迟速[1]。读《诗》《书》二经,见古人口口只说天道可畏,违之便有祸。天只在头上,父在陷中,如此日夜忧心,骨髓都该干了。今七十二个月,存一息不死,天岂不照鉴乎?如今千言万语,只是恐你家中惹出事来,心深忧虑。县上远避,避做秀才,不可玷瑕[2]。若使人笑之恶之,祸立至矣。渔石翁昔年我做秀才时,他与我说,他乡邦做好秀才的,常要防祸,稍不防戒,就被人害了。你先要戒饮酒,乡党人无正事,不要一面相见。虽有人寻,亦锁门不出来相见可也。必须如此,方可免祸。乡党人有请酒会者,决勿去,决勿去!我当时是如此,不拘何人,虽亲自来请,亦决勿去,万万勿去!决要知戒。仕免拜节礼,你若往亲戚家饮酒游乐,我实伤心。父今日遭在何地,你忘我此难,是人形象、禽兽心也,天必诛之。买物非十分不得已,不要亲上市去。此便是招祸之地。若挟妓[3]饮食,放肆不简,天必不容。再嘱咐你,最是作文字,可用心勤。勤作之,心路日开,自然知道谨慎。舜卿虽久在此,待来春我再处。你二人一个也不要来,若来,我心甚忧,不来,我在内宽心。仕每写书如何?笔迹无光,我疑之又多草率。舍儿写书,如何不令他写?

注释

[1]迟速:慢与快。

[2]玷瑕：玷污。

[3]挟妓：带着妓女。

> 原文

十二则

我平安如常，只是近日眼疾，文章与你看不得，俟[1]再稍来。昨王子崇归，具告你以所当尽心的事。然其中有早夜不自安的，最是叔祖母年九十岁，恐旦暮有不讳[2]之事。若终[3]于女家，我为子侄者，不能与终此事，则视之如路人矣。我纵有生命出狱，有何猪狗面目以见亲戚朋友？乡党邻里以我为何如人？以你母子一家大小为何如人？切恐上天必降诛杀，使复有异样的祸事。不在我身，则在你一家。我往时书中，无有不与你说此事者，想是你只作我是口头的说话，亦莫实心，但是要人好听，则我向日[4]说，我即害噎食病死在狱中。你将我此言不曾与家中说，你说我十分忿恼怪骂哩。叔祖母不比旧日，年极高。此书到，即依行，勿使我归来难见人。此事关系天理人心甚大，若不听说，就与用一口刀杀我一般。便是别人家无主的妇人，我央烦[5]你，亦要替我尽心。

> 注释

[1]俟：等待。

[2]不讳：婉辞，指死亡。

[3]终：死亡。

[4]向日：面对太阳。

[5]央烦：请求，劳烦。

> 原文

十三则

父在死地上，你一家大大小小，皆如遭丧事一般才可。若是纵肆不知忧虑，饮酒为乐，此真禽兽猪狗。天必杀我，天必杀我！使害噎食病于狱中，尸首化灰,不得还乡。你将我此言遍告家中大小人等,使他悉听。亲戚家有事,不要过往。遭难事的人,他亦不怪。家中不要用酒肉待客,自远方来者,一饭可也。说与仕,遇岁考当时出,退了亦必考去,不要欺天罔人[1],假以给假[2]看我,只在家中暗藏的。父今未死人,尚将就你,若一旦死了,你才知事难。偲,你文字看得。你肯用心苦志学好,猛省[3]立身,考处亦必不在人下。昨日经题结尾,立意不好。再嘱咐,不要干与县上一毫事。舍儿母子不知今何如。舍儿得读书。说起苦痛。八月三十日,父书。仕将我书信收带身上,有人央[4]你说事时,你取出令他看。此帖皆数层封固。八月三十,父不断心,又书。

注释

[1]罔人:欺骗他人。

[2]给假:准予休假。

[3]猛省:猛然觉悟。

[4]央:恳求。

原文

十四则

偲、仕,你二人都不要来京,舜卿在此,我心甚安。你与家下大小说,叔祖母处有一点不尽孝心,使不自安,还到三姑家去,天必杀我,与我一样噎食病死狱中,尸首不得还。家叔祖母年九十岁,就是日夜用心服事,再有几年?你将此帖一句句读与家中大小听,我流泪写的话,不是假文饰说话。你决不要给假来此,昨日不可另考,此大差了。你不要与无赖辈饮酒,当各斋戒[1]修省收心,才知我言是。

注释

[1]斋戒:旧时祭祀前沐浴更衣、不饮酒、不吃荤,以表示诚敬。

> 原文

十五则

　　休、偲，知我平安如常，无可忧虑。叔祖母安康如何？你母多病，与他说无忧，凡事有命。近来士夫下狱多凶，翟尚书、姜郎中相继死，姜死时，我又亲为着衣。又有科道官五人，幸皆出[1]矣，止我三人同处。可见吉凶祸福，皆有定数，不能易也。你等安贫守分，县上慎勿干谒[2]，如夫役[3]之类，或赐及，亦当辞之。此皆分外之物，身家之灾也。此言须听，不可忽略，以自损尔。仕读书事，他若心上有一点明处，当寝不安席，如昏昧[4]不省，则休之类也。我言之何益？此处留舜卿足矣，再勿使人来。往时文字，慎收之，勿示人。你当深思，我在罪难中久，此宜秘藏。天寿伯父、任车等赐盘费[5]多，谢你外祖父并诸亲朋，不能一一致书。舍儿母子，不知得所乎？儿辈当体我心。县上学中书二封，月送之。乡党邻里好相处，凡事让人。

> 注释

[1] 出：出狱。
[2] 干谒：为了某种目的而求见他人。
[3] 夫役：旧时指服劳役、做苦工的人。
[4] 昏昧：不明事理。
[5] 盘费：路费，旅费。

> 原文

十六则

　　上阙。求放心，勉学问，留心事业，以古人自期，则病自愈矣。若夫宴安[1]浮沉，则筋骸涣散，志气昏惑[2]，无病亦似有病。君子庄敬则日强，安肆[3]则日偷[4]。古人此语，最宜潜玩[5]。我之患难，或吉或凶，自有一定之命，不必忧虑。早求立身，便是安我心处。使我数年前以病死家中，汝当奈何！况天地间无不死之人，无不化之物，岂独囚系中能死人乎？说与汝母、叔祖母处，尽心孝敬。

前日嘱咐舜卿买柏树,宜早处之,慎勿吝啬。舍儿勿误,读书衣服,勿令破碎,当与喜康一般看待。此便是存好心、修好行,回天意以消灾变之一端也。若懵然[6]不加修省,将来天罚之极,又不知何如也。

注释

[1]宴安:安逸享乐。

[2]昏惑:昏乱困惑。

[3]安肆:安乐放纵。

[4]日偷:日渐苟且怠惰或者日益衰弱。

[5]潜玩:深入地玩味。

[6]懵然:不明白,无知。

原文

十七则有阙文

上阙。不立志,虽禀赋阙。清新,岂是下愚?但因我罪难,奔走流离于道路,以致荒废,真可惜也。虽然,自今若能奋励不息,勉勉循循[1],数年功夫,可以有成。孔子曰:"君子上达,小人下达。[2]"盖君子能立志向学,必要做好事,必要习好人,一切流俗所尚,皆不屑为。故心路开发[3],一日明似一日,一日高似一日,未有不上达者也。小人不肯学好,溺于流俗不自振拔[4],故一日卑似一日,一日昏似一日,未有不下达也。你当勉力学好,勿自怠惰。孟子曰:"人皆可以为尧舜。"此一句,最能起发人心志。

注释

[1]勉勉循循:努力且有序地做事。勉勉:力行不倦貌。循循:有顺序貌。

[2]君子上达,小人下达:在面对财利问题时,君子从道义方面考虑,而小人只考虑财利,而不讲仁义道德。上达:通达仁义。下达:通达财利。

[3]开发:开豁。

[4]振拔:摆脱困境,振奋自立。

原文

十八则

家书到狱中,我读之流涕不能已,何为人事之变至于此也？涞,你疾病既好,努力学问,无负青年。不必来京,学校中不得方便,又至此亦不得一相见,徒往徒来,使人多增流涕而已。遇便人[1],常写手字与我,便是你之心也。与人相处,务崇谦让。写《周易·谦卦》一篇,贴置坐隅,可以消不平之气,增和厚之德也。你前与我书未见到,不知何人带。昨日阙。篇言言都是肝胆,都是泪迹,痛心万万,不能尽言。李子实书亦到。前程得,今宜闭门自修,教子侄辈读书。乡里亲人酒会,不必与,以远避是非可也。见时以我此言相告,不及另书再告。涞甥今宜寻好人,同处讲论,勿在家中,恐郁郁独处,中无所发明[2],心地安得开广王？汝欲若教人,当从讲之。

注释

[1]便人:顺路受委托办事的人。
[2]发明:启发,阐明。

原文

十九则

再说与偲,三十年前好用功,你当勉[1]之。夜亲灯火,勿过饮酒。你终身事业在何处,思念到此,自当警惕。我患难,亦勿过于忧思,大抵今日之事,非一身一家之祸,乃关于时政得失、世运升降。天下国家之治忽,乃天运常数,非人力所能与、智者可以勘破矣。如叶公者,得罪之深浅,比于我何如？今山东试录[2],在你观之,便见乃倏焉以殒其生矣。祸福吉凶,自有造物者主之,人当力修善道,以顺受[3]之,他何与焉？禹卿与仕学俱颇进,谊写字端正,想是文路亦通,仕写字尤好。禹卿归图考,家中与他盘费,勿令难。若得进学[4]学中,礼物之类,家中亦与处之,亦是我之庆也,不必吝惜。既进后,给假复来。与谊赠言,你当观之,处身之道亦略具矣。古人有唾面自干者,有误认其车上牛不与计较者,有以麦舟[5]助人丧葬者,这样意味才好,才是大丈夫胸襟。儿当思之。许党及一时同处者,不能一一致书,宜各自努力,无虚日。困中作浦、周、叶三子传成,未誊真[6],待写出寄你。又欲作叶烈妇传。正月二十八日午间书。遇便人,常写书与我。

注释

[1]勉:勉励。

[2]试录:古时将参加乡试、会试中举人的姓名、籍贯、名次及其文章汇集刊刻成册。

[3]顺受:顺从地接受。

[4]进学:古时科举考试,童生应试并考取生员后,进入府、县学读书。

[5]麦舟:语出《冷斋夜话》,指宋代范尧夫以麦舟帮助故友治理丧事的故事。借指友人间的仗义资助。

[6]誊真:用楷书誊写。

原文

二十则

上阙。刘、周二公同饭亦甚便,近日济众亦间送,无有不通者。此等屑小事,不必着意。五年间尝说饮食不通,何尝有不通乎?阙。你二人读书,无人讲解。你张师远近何如?得便否乎?如不便,即告我,我烦荣伯为你处之。仕昨日所言,多是吏人弊[1],不要过疑,亦不要告家下。仰赖神天保佑,你等学问有成,家门无穷之庆也。此等小事,付之一笑,何足挂虑。当学古人心胸,潇然尘表[2],视天下万物,举不足以动其中可也。《四书讲章》自己看得开否?《岁考录》共文章几篇?二人今读何书?我前后所言,皆是教你成人之道,你当听见。你二人文字颇能成篇,将来可进,我心甚喜。其余小事,不着意。

注释

[1]弊:害处,毛病。

[2]潇然尘表:形容人的品性洒脱,超凡脱俗。萧然:脱俗不羁貌。尘表:人品

超世绝俗。

原文

二十一则

俺两次书俱到,见你补廪[1],我心甚喜,是你终身之福、家门之庆也。儿当勉强学问,以期后来光显[2],无负大人君子成就汝之盛心可也。我向日令你所读诸书,次第[3]及之,经书熟读熟看,令胸中贯通,《史鉴》《性理》,是颁降[4]之书,考试出题。《五经》可以大开胸次[5]。古文与绳尺[6]论,皆不可不看。写字手腕着力,便写得方正。颜鲁公[7]之书,雄秀独出[8],其字帖当学。前祖母年老,此事伤心,你尽孝敬便是学问。舍儿教他读书,衣服勿令破烂,即是你体我之心也。喜康亦可读书矣,今何如?田野事付舜卿,你勿管,亦勿闲行看他。邻里间勿以钱物相交,分毫小利看到目中,大事决不能成。是至愚者所为也,岂秀才之事乎?处人当宽大容忍,犯而不较[9],以仁、礼、忠三自反。凡此皆大贤心度,明哲保身[10]之道也。"大丈夫容人而不为人所容,处人而不为人所处,制欲而不为欲所制",当深味此言。田间水道之类,任人所为,切不可挂念。舜卿亦要叮咛晓之,勿与人争。大抵祸常起于细微,不可不慎。

注释

[1]补廪:科举制度中生员经岁、科两试后成绩优秀者可依次升为廪生,谓之"补廪"。

[2]光显:光耀,荣显。

[3]次第:按照顺序。

[4]颁降:颁布。

[5]胸次:胸间,也指胸怀。

[6]绳尺:工匠用以较曲直、量长短的工具,比喻法度和规矩。

[7]颜鲁公:颜真卿,因封鲁郡公,人称"颜鲁公"。

[8]雄秀独出:雄奇秀丽,别具一格。

[9]犯而不较:遭到别人的触犯或无礼也不计较。犯:触犯。较:计较。

[10]明哲保身:明智的人善于保全自己,文中指一种因怕连累自身而回避斗

争的处世态度。

原文

二十二则

仕,你在此客间,我又大难中,生死未知何如。你在外,须要和顺从容,收敛恭逊,庶几[1]心地日就开明[2],动履[3]规矩,则学业可成,将来自有实用。慎勿粗心浮气,阙。败德,以贻后悔。

注释

[1]庶几:表示希望的语气词,或许可以。

[2]开明:清醒,明白。

[3]动履:起居作息。

原文

二十三则

偲,你不要忧苦,父罪难未了,你动心忍性[1],强待皇天悔祸,万一生出狱门,得与复相见。高儿聘事,载装衣薄,勿用鼓乐。父居此地,你兄弟姊妹去居丧者不甚远,再不多嘱。我近日身安,目疾愈,闲中与仕解《中庸》还未毕,有带回者,你用心看。你文字比旧颇充盛[2],再用心。舜卿当笃[3]骨肉之爱,勿以小事介意,你以大事业自期。待人须要存仁人君子之心,励忠臣义士之节,备英雄豪杰之才,方是男子,方是丈夫。仕宦利禄,匹夫妾妇之所为,你父素所羞称,比之为狗彘[4]也。舍儿你弗误他,他读书伶俐,如他资质亦少,但失教了,须教他苦读。阙。禹卿亦教他学好。喜康等诸幼勿失学。青道袍与伍天寿。

注释

[1]动心忍性:不顾外界阻力,坚持下去。动心:使内心惊动。忍性:使性格坚韧。

[2]充盛:丰润,旺盛。

[3]笃:忠实。

[4]狗彘:狗和猪,比喻行为恶劣或品行卑劣的人。

原文

二十四则

偲,归到家中,最叔祖母事要紧,须常在咱家中,勿往张家去。寿极高,不比旧年,早辰不知晚夕,万一有大事,却如何处?若如今或在张家住,你到家便去请。若叔祖母不肯来,须再三恳陈我意,及再三与你母讲。此不是小事,若不依我说,一家都是恶人了。天岂肯保佑?又岂肯使家门有福?后辈必不长俊[1]。此事全在你处,你须切切着意,为我用心处之。处得停当[2],我或得生还,家亦好过。此又是你立德行处。你看《杜环小传》便知。

你多带些路费,到家存些,预备此事。万一有凶事,全勿靠休。又告你,休若得罪你,只可救济他。骨肉之恩,理当如此。《大学》言:"其所厚者薄,而其所薄者厚,[3]未之有也。"你将我此帖贴在坐间,无事时常看思量,恐你一时粗卤,言不入心。又仕前日与人相讲,你若见他,只说舍弟年少,不知人事,今再彼此不必计较。如是则千万是非口舌,一切都散了。圣人以不能惩忿者谓之惑,惑犹今人言鹘突[4]也。盖小小事,一时不会忍,致成大祸,小则破家,大则损身,岂不是鹘突之甚乎?又祖宗牌主,将屋拆散,不知置之何处。我前见了,心甚伤痛,不曾与你言。我方欲图[5]处,又有此祸。今尝思之,甚难处。我欲你且收到东坦北房中,又恐人亵渎[6],皆我不孝之罪也,天岂肯悔祸宥[7]我?你到家,思何如处之。又将舍儿你自教之,如你不耐烦,还从阙。贾罢诸幼,你送到侯宗礼处。便不多会读书,只习礼貌,将来亦好教,不要失教了。杨廷臣当街上流涕,与我穿袜,你谢他。又与价杨忍送网一顶与他,价就当与送饭我。前者要过几日稍去,不曾得。你不要谓我琐屑[8],盖事当如此,恐你不知。

过潼关,见周潭公,便说舍弟不会忍事,阙。渎甚不是。见六泉公亦然。又家中内外男女之分,须当谨慎。外姓孩子不要常在中门内,想你会用心万万。又使唤小女子,勿往田野独行。与你母说,别人孩子不知人事,你替他体悉[9]保爱,勿使有过差,就是阴德[10],亦家门可免羞辱。前后墙上可用棘处,默默处之。水利事千万勿与人争,我前日意要填村西南头渠,此他日祸端也。仕若粗猛,你只爱他,从容教之,以感化他。我前日路上亦与你曾说,纵他有千万不是,你只体我难,中心善处之。人非豚鱼,岂不知感悟?你常思象忧亦忧、象喜亦喜的心,[11]久自愧悔。父劳心万端,嘱咐不尽,你将此帖常常接目,不要弃毁。三月十二日申刻,父在暗室中书。

注释

[1]长俊:长进,上进。

[2]停当:齐备,妥当。

[3]其所厚者薄,而其所薄者厚:此句意在说明事有本末始终、轻重缓急,本末倒置有违事物发展的规律。厚者薄:该重视的不重视。薄者厚:不该重视的却加以重视。

[4]鹘(hú)突:模糊,混沌。

[5]图:思虑。

[6]亵渎:轻慢,不尊敬。

[7]宥:宽容,原谅。

[8]琐屑:细小零碎的事情。

[9]体悉:体恤,即设身处地为他人着想并给予其同情或照顾。

[10]阴德:暗中做有利于人的事情。

[11]象忧亦忧,象喜亦喜:出自《孟子·万章》。象是舜的弟弟,象总想谋害舜,而舜对象非常友爱,象忧愁的事情他也忧愁,象喜欢的事物他也喜欢。

原文

二十五则

凡我告你言,你心或不欲,当勉强行之。古人所谓或安行[1],或利行,或勉行,大抵我不能躬行,徒以言语叮咛,宜乎尔等不立身也。休之事,勿以闲语人,人或言之,你可不答,便是一件学好处。律法:弟讦[2]兄不法之事,将弟所告当作兄自首,兄免罪,弟反坐以干犯[3]恩义之罪。此是圣人立法,教人厚于伦理处。于如此人处得善,方是立身。我虑你之心,直是死方已。你若上京,自己备脚力[4],到此看天心何如安排。若未得了事,你须坚心耐久,至科场近方归,你必有好处。仕作笔清新,只是不曾读书。但他自不立志,我徒说耳。我无德,天不出好人为家门庆。可叹,可叹!

注释

[1]安行:发自内心,出于本愿地实行。

[2]讦(jié):揭发别人的过错。

[3]干犯:触犯,侵犯。

[4]脚力:旧时传递文书或递运货物的差役,也指脚钱或给仆役的赏钱。

原文

二十六则

我再与仕讲,古人云:"能者养之以福,不能者败以取祸。"此二句最好。且如你兄弟辈,既有我在,百凡无累。若肯专心学问,修身谨行,毫末[1]不敢苟且[2],则日进于高明,德立而名成矣。岂非"能者养之以福"乎?若假我以为恶,骄矜淫纵[3],无所不至,败德败身,小则不保前程,大则不保性命。岂非"不能者败以取祸"乎?人只是无志,虽有好资质,都自坏了。且如[4]当时若能立志,何事业干不成?真可惜也。嘉祥不能进学,非命也。他前者问安书,我知他学问退了。讲过《孟子》,须熟读熟看。

注释

[1]毫末:毫毛的末端,比喻极其细微的事。

[2]苟且:敷衍了事,马虎。

[3]骄矜淫纵:骄傲自大,邪恶放纵。

[4]且如:假如,如果。

原文

二十七则

举业[1]事只是多读书,时尝作习思虑,日间行事不同流俗,吐词立论自然正大。我年前冬月,与王举人改文数十篇,改得甚好,但你不得一见,见之自然开启胸襟。

仕文字可忧,若失一秀才,羞辱何可当?你要为他虑处,就是你的事一般。他若不听,真自弃也。经书想是还不曾熟,我深为愁。考不得,写字又不光显。只此写字一事,亦甚不可不知,如何他一书到内,我通看不见。若在提学[2]处,写字如此,前程必保不得。文字既不好,写字又苟且,黜退[3]无疑。仕若心上有一分开明处,即当食不下咽,寝不安席。可虑,可虑!程子有言:"人苟以善自治,虽昏愚之至,皆可渐磨而进也。惟自暴者拒之以不信,自弃者绝之以不为,虽圣人与居,不能化而入也。"其实是我千言万语不听,我说再何如?又是家门不幸处,便觉痛心。家中幼少辈,想是都失教了。天,天!命,命!天命,天命!可痛,可痛!可伤,可伤!

我前日曾说任政家孩子来京,今亦决勿来,不用他。只有舜卿,凡事皆可供办,再不用人,舜卿直须终我此事。活亦同他归来,死亦同他归来。天寿有书到内,他忠厚之心,我深知之,但事须安命。我近日为某事筮[4]得《观》初六与上九变,凡卦占变爻[5],此真如伏羲、文王、周公、孔子面警教一般,鬼神可畏。我感激泪下,恐你不知此义。

注释

[1]举业:为应科举考试而准备的学业。

[2]提学:官名,一般掌管州县学政。

[3]黜退:罢免官职。

[4]筮:占卜术语,即利用蓍草,结合《周易》卦爻辞进行占算。

[5]变爻:爻指阳爻和阴爻。阳爻是一条实线,阴爻是一条虚线,不同的实线和虚线就组成了卦。变爻即为一个卦里阳爻和阴爻的变化。

> 原文

二十八则

　　士君子立身天地间,要存好心,行好事。骨肉恩爱,终不可薄[1]。《大学》言:"其所厚[2]者薄,而其所薄者厚,未之有也。"你当深味斯言,以尽立身之本。你张师昨告我"如舜之处象",此言最是。汝伯父早逝,以二子托我抚养,我若待之或薄,不如待你,等他日死,见汝伯父,若问休为人何如,我将何辞以对?况汝祖父母在天之灵,视休与汝兄弟皆孙也,固无一厚一薄。我若厚汝薄彼,汝祖父母必以我为不孝之子。言及于此,便至泪涕。汝宜深体我心,我岂不知休为人?要他处此忧愁之地,动心忍性,改过迁善,成一好人,不意[3]他终不能变。向日[4]他在此,我三四日间未尝不反复叮咛告戒一番,但禹卿不知。禹卿曾说以"谨慎"二字戒[5]他等,我便知此言有为而发,竟不知所为何恶,便告我何害。我亦不生气恼,我度[6]他家中或与人有讼事[7]乎?偲不得已以书告我,果有之,汝宜实告,不必隐讳,再有言戒他。

> 注释

[1] 薄:感情冷淡。
[2] 厚:看重,重视。
[3] 不意:没想到。
[4] 向日:往日,从前。
[5] 戒:劝诫。
[6] 度:揣测。
[7] 讼事:诉讼案。

> 原文

二十九则

　　叔祖母今年八十九岁,过今冬九十岁矣。我日夜屈指数,恐我不得一见。苍天,苍天,使我如此!你二人前程要保守,偲月食廪米[1]一石,你思天禄不可苟享受，前日人出《无若宋人然》题，恐是箴刺[2]你，不知是否。我心为你忧虑。他人守一增广，至白首不得粮者甚多。食粮岂是容易事？可畏，可畏！你若与邻里无知识的饮酒，不读书，不知惕然警省，李师傅便是样子。若借[3]我险难，给假往来，推病不与众人同考，你丈人便是样子。一失虽有苑洛大贤显官，亦救不得。大抵人心迷惑，深者至死不悟。父守不得你到老，在你自审。

偲，我再嘱咐你，我见天祸方殷[4]，层层叠叠出来，我恐家下复有异样的恶事出来，你小心，你小心！我在此地，旦暮死生未可知，凡水渠田畔之类，一切比我生死轻的事，你都灰心[5]勿挂念。又要屈己[6]忍耐，勿与乡人轻易交接，遇见时便思我言，谦恭礼下，以忠信为心。若人有横逆欺骂者，一意忍耐，不要使心上火气起来。乡邻有事，便闭户避之。

注释

[1]廪米：旧指官府发放的粮食，也指官府按月发给学生的粮食。
[2]箴刺：规诫。
[3]借：假托，借口。
[4]方殷：正当剧盛之时。
[5]灰心：文中指悟道之心，不为外界所动，枯寂如死灰。
[6]屈己：委屈自己。

原文

三十则

我平安如常，你勿忧。昨后九月念七日感寒，几成病，第三日得汗，即愈矣。叔祖母或有疾患，我梦寐不安，有事当告我，勿隐。高儿事何如？其家子目疾何如？命至于此，皆我所致。我日夜悬心[1]，恐儿女子不能相安。思至于此，心若刀刺。是天意也何其不幸！何其不幸！

你皆告我，我又以异兆告你。我昨感寒汗后，疾虽愈，脉不好，率二三十动一停止，两手脉数日皆如此。我惊异莫知所以。十月初三日，将落即睡，至更初，我卧傍布帐遮风，梦寐中有悬手过帐为我胗脉者。我梦中惊问："是官医士否？"亦无应者，但胗脉已敛手出帐去，未见人。既觉，心甚恻感，自念凉薄不德，是何神明鉴佑。初四早，下榻[2]拜谢，上榻坐定，自胗脉，则复常矣。此等事，与火焚其人诗牌事相类。天机不可泄，但告你，全家当感天地保佑，切忌勿与一人言之，万万慎密。

你先年将我《续处困记》[3]轻易与人，近日一南士将此文分作五十五节，每节以诗一首咏之，细书一本，自万里外与我稍进。我且感且愧，但南向拜谢毕，即引火焚之。诗话之类，切宜谨密，我今亦不复作诗文矣。你切戒示人。又我日夜悬虑，你在家独处，无人依赖，或有恨之者，不可不慎虑也。但要耐心平气，谨避是非，勿与人交游。横逆之来，须要痛忍，与古人唾面自干者自比自处。我在不测之渊冰中，你忿[4]一生，又有他祸，于我何如？仔细思之。前后垣墙，当用棘处，使舜卿处之。舜卿你厚爱之，否则自剪伐手足，自处孤危也。前后两次俱得谦卦。你玩此帖，勿示人。

注释

[1] 悬心：挂念，担心。

[2] 榻：泛指床。《后汉书·陈蕃传》："后汉陈蕃为乐安太守。郡人周璆，高洁之士。前后郡守招命莫肯至，唯蕃能致之。字而不名，特为置一榻，去则悬之。后蕃为豫章太守，在郡不接宾客，唯徐穉来特设一榻，去则悬之。"后来称礼遇宾客为"下榻"。

[3]《续处困记》：杨爵的《处困记》和《续处困记》是记叙体的自传文，详细记载因得罪嘉靖皇帝，囚禁狱中的事。"使后人得知廷杖的残酷、狱中生活的情形、诸忠良的志节涵养、嘉靖的昏慢不仁，正可补其他记载之所不能达，所不能尽""而他那一种刚强不磨的正气，在狱中读书审辨，实行儒家理论的精神，令人生无限的钦敬向往"。

[4] 忿：生气，恨。

原文

三十一则

庭房义上该与休二人，此是你伯父盖成的，我心终不安，不是过与？只将此房拆去，勿以他物补。既拆后，只做一空垣[1]，待客在南厦下。你又说与舍儿母，勿惹人打骂，上官告状，是我羞辱。不如千万忍耐，今日之事，须千万自损自抑。小人得志,不利君子,贞则吉。凶祸多归于君子,困中岁月,亦不易度。我思翟、姜二人,不数月皆以忧愤死。昨五月内,孙公下狱一处,我见其言甚是猖狂,若丧心失感。然我告某人曰:"此公言动不祥,必有祸。"时我方与仕解《中庸》"动乎四体"章,果不久即死。吉人获吉,凶人获凶,此天道[2]也。固亦有吉人反凶,凶人幸免祸孽者,此未定之天也。你细观世人,为恶无祸,曾[3]有几人?不在其身,则在子孙,断断乎不能脱。

注释

[1]垣:矮墙。

[2]天道:天理,天意。

[3]曾(zēng):还,表示疑问。

原文

三十二则

说与仕,人固有秉赋愚下,蔽塞深锢,牢不可破者,然本性无有不善者,多因无人启迪,溺于流俗,故不能奋然兴起,以古人自期待也。若有人启迪,却只因循苟且,终日悠悠,终不能脱凡庸一格,以入高明者。是自暴自弃,刑戮之徒也。孟子曰:"待文王而后兴者,凡民耳。[1]"若有文王而不知兴起者,岂非禽兽之类乎?你将舍儿带去蒲,与同处饮食,都你供给教他,不要失误。你若体我此心,你将来前程远大。你偲[2]兄处有《杜环小传》一本,你取以观之,看你能感发否乎?你与舍儿同甘苦,他幼不知事,有差错,只背后教之,不要怒恼。如此则你德性日好,知识日开,天必佑你,使有前程。

注释

[1]待文王而后兴者,凡民耳:出自《孟子》:"待文王而后兴者,凡民也。若夫豪杰之士,虽无文王犹兴。"孟子说:"要等到文王(兴起)后才振奋的人,是普通的人。至于杰出能干的人才,就算没有文王也能振奋。"

[2]偲(cāi):人名。

> 原文

三十三则 有阙文

今年六月内,有山西一人到狱中,与我备说去岁山西阙。贼入境,乡村良善人家妇女无处躲避者,一时尽皆缢[1]死。闻陕西地方有声息,我前者两次书来家,令仕买刚尖刀数十把。今又恐你不着意,愚蒙不悟,令舜卿买尖刀十把,放书箱中带回,到家你取去,人各散与,家中妇人女子一把,使他悬带,昼夜常在身。譬若有急事,即时人人从心上一刀扎死,不要留一个。使将此言明白与家中大小妇人女子说,使勿阙。宁做个洁净鬼,决不要做个污浊人。你二人若隐我此言,鬼神殛[2]之,不令你生。将此贴在家中西房北墙上,仕讲与大小妇女使知之,并我稍来前者《叶烈妇传》与《冯氏帖》,俱[3]常讲之。你用心读书作文学好。仕尝在蒲城读书,阙。在家作文章稍来。不要来京,到此使阙。父在难中,只要得家中无恶事出来。阙。你一家大小都守规矩礼法,阙。性命若有恶事,虽在荣华,阙。况在凶地,如何度日?十月初五日,父痛心书。

> 注释

[1] 缢:吊死,用绳子勒死。
[2] 殛(jí):杀死。
[3] 俱:全,都。

> 原文

三十四则

我前有书,令舜卿北山中买柏木与叔祖母作寿材,不要迟误,重我不孝不德,以速上天之诛。今日家门凶祸,各宜小心谨慎,以消灾变。安贫守分,忍事让人,凡一切田土大小诸事,必存推逊[1]之心,切不可与人争竞,宁可我怕人,勿令人怕我。力善修德,念念不忘,取法古人,勿效世俗,庶回天谴以消灾难于万一也。我一日未死,此心不能不为汝等挂念也。

偲疾愈否?我昔年曾患此病,一日取《汉书》坐坟中柳下读之,殊觉爽快,疾病脱体。你今病或少可,即宜潜心学业,掩门静处,坚你心志,纯你德性。凡百家虑,置之度外,勿乱胸怀。断目前之俗计,思终身之远图。经书《性理》之外,《五经》白文次第[2]读之。反身着己,步步法之,时时奉之,积之既久,则心地渐渐开明,义理渐渐纯熟,文字议论日有可观。如此三年,不入于科第者,未之有也。可惜岁月你都空过了,今宜猛省。大凡人于日用间,此心思于为善一念萌动,略知警惕处,即是天地鬼神于默默中启迪开导之也。于此不知扩充,复以私邪蔽锢,戕灭[3]善端,是自弃此身,自绝于天地鬼神也。你深思之。

注释

[1]推逊:谦让,谦逊。

[2]次第:次序,顺序。

[3]戕(qiāng):毁灭,消灭。

原文

三十五则

再叮咛与偲说,以汝之资质力量,若能翻然兴起,以古人事业为真可尚,以流俗所为为真可羞,依我所言,成一大事,数年之间,足见功效。今委靡颓堕[1],悠悠岁月,空负有为之时,真可惜也。古人云:"才将第一流人不自居,将第一等事让于人,便是自弃。"古之哲人[2],行一不义、杀一不辜而得天下不为。尝静思此言,深自愧歉,半生光阴,尽空过矣。今日于义理[3]颇晓一二分,然伤残衰惫之齿,无壁立百仞之刚,却又迟矣。汝当及时努力。县上切宜远避,廉耻所系,立身一败,万事瓦裂。

注释

[1]颓堕:颓废堕落。

[2]哲人:智慧卓越的人。

[3]义理:合于一定的伦理道德的行事准则,犹道理。

王鼎家书①

[清]王　鼎

简介

王鼎(1768—1842),字定九,号省厓,清代忧国忧民、忠贞爱国的名臣。原籍山西太原,因其先祖王信曾任陕西宜君县教谕,遂占籍蒲城。王鼎少时家境贫寒,学习勤奋,崇尚气节。嘉庆元年(1796),王鼎中进士。历任翰林院庶吉士、编修侍讲学士、侍读学士、礼户吏工刑等部侍郎、户部尚书、河南巡抚、直隶总督、军机大臣、东阁大学士。王鼎品格端正,奉公克己,不趋炎附势,自求上进,同族王杰时任宰相,他从未让王杰助己升迁。推己及子,王鼎的儿子回陕西参加考试,他唯恐儿子攀高结贵,叮嘱儿子考前不许"见客""见长官",力杜嫌疑,以正自身。王鼎死后,道光帝下诏追赠太保,谥号文恪。

原文

致四弟书

其一

吾弟在家务要闭门自守,地方间事,万不可管,公事更不可沾,公门更万万不可入。今春无考试,闻在郡拜见福太守,此是何故? 甚不放心。兄老矣,弟其念哉! 盖弟今日之持身,即将来之家教,敢不甚欤!

其二

惟省城捐项,弟所见殊欠老成,此等义举,地方大人惠及寒畯[1],甚惟可感,我家桑梓之宜[2],如何可以漠视! 且前此业已书写,断无中止之理,兄京况原非有余,亦不敢不勉耳。此事自以不入秦为是,弟当毅然行之,即将兄芥航一项,速持省城交足,万勿游移食言。

其三

埏前寄乡试文笔,欠浑厚大方。虽呈荐,尚须熟读大家文字,在高处落墨,

---

① 万少平.陕西风云人物:王鼎[M].西安:世界图书出版公司,2014:31-33.

大处起议,乃为夺目之,勉之。

其四

汝与子坚舅朝夕聚处,学业德行,务宜时共勉,不为伪学所囿,自称佳士矣。

致蒲城侄儿子坚书

汝在家务安静读书,立定课程作文,不可稍为怠缓。日用度支,须要十分节省,无益之友,万勿与处,门户更要小心。

致蒲城王沆书

其一

到家若有求汝帮助者,令其向汝四叔商量,勿拒绝,勿自专也。

到家四要:少见人,多读书,遇众谦,出言慎。

其二

汝与弟弟同处用工夫,自必相观而善,汝弟是有志向上人,必能相与有成。一切事须遵我示四则,心体力行,可无过差,七月二十间上省,三场后即回家,料理登程,总以八月二十五前为好,我当计日以待。念之,念之!

再主考皆门生,到省城时勿见客,尤不可见官长,更嘱董桂等勿在街上行走,力杜嫌疑,以正自持,是为至要。

致京中子侄书

其一

汝兄弟性质都佳,须充以学力,德性坚定,总在不妄交,不妄言始,日读呻吟自分晓。夜中门户,要用心照看,不可专恃底下人。我在家谆嘱汝兄弟话,事事极为周详,当谨记之勿忘,总要闭门读书用功夫,此为第一,万不可在外酬应,致人说我出门,汝等未安静也。汝母亲见识明白,遇事均当禀商遵办,自能妥当。早晚须常在身边伺候,即偶尔出门,亦须禀知。切嘱,切嘱!

其二

汝兄弟须将我平日所言,刻刻记在心,身体而力行之,断无差错,至于应接之间,万不可轻见一个人,多说一句话,此谨身远害之要道也。切记,切记!

其三

汝兄弟在家用功夫,固是所愿,而不能出门应酬,尤得我心之安,总要常常如是,方为寡过远害之法。汝兄弟向来孝顺,必能守我箴规[3]。

致子书

其一

待人应事,总要谨厚节俭,留有余地步,此为儿孙积福之要法。

其二

闻汝闭门用功夫,应酬甚简,我心甚喜,翰林[4]品味,自当如是。况我家尤加倍慎重,兼我不在家,汝能严谨自饬,不但人闻之加敬,真学问定应从此下手。勉之!

其三

汝四叔在寓,更宜十分恭敬尽礼,饮食起居,时时伺候,能如子坚事我之敬谨则得矣!如是方是好翰林,可称难兄难弟,必能感召天和,举家有喜,我在外亦自安稳。勉之,勉之!

河工致子书

璟孙择吉上学,每日只可读《三字经》四句,不必求多也。

注 释

[1]寒畯:出身寒微而才能杰出的人。
[2]桑梓之宜:桑梓之谊,同乡的情谊。
[3]箴规:忠告,出自汉王符《潜夫论·明暗》:"过在于不纳卿士之箴规,不受民氓之谣言。"
[4]翰林:职官名。唐宋为内庭供奉之官,明清则为进士朝考后得庶吉士的称号。

阎敬铭家训[1]

[清]阎敬铭

简介

阎敬铭(1817—1892),字丹初,陕西朝邑(今陕西省渭南市大荔县)人,理财有道,有"救时宰相"之称。道光二十五年(1845),阎敬铭考中进士,入选翰林院庶吉士。通过散馆考试,任户部主事,他当户部主事的时候就因做事一丝不苟、井井有条而小有名气。光绪十八年二月初九日,阎敬铭病逝于陕西原籍家中,朝廷追授太子少保,谥号文介。

原文

诫乃竹[2]

友不择便交,气不忍便动,财不审便取,衣不慎便脱,饭不嚼便噎,路不看便走,话不想便说,事不思便做,此"八便"者,有一必贻[1]后悔,须力为戒之。少不勤学老时悔,富不俭用贫时悔,妄发言语过时悔,不自保养病时悔。

教子读书写字

"举人进士命中带来,生前分定",不敢过责我子。只要朝夕勤苦,读得文理粗通,谨守礼法,博得一个秀才,也好粗明道理,训书糊口,做事勉存廉耻,免受刑辱。或写得一笔好字。稍知伦常礼法,也足闻名乡里。抄写亦可以谋生。万一命蹇时乖[2],青衿[3]难得,上身遇事亦可明白,未必免受人欺。若不读书不识字,不知礼仪廉耻,不做得一个秀才,耕种无力,商贾无本,或进衙门,或习星相,罔利妄为,人品愈行愈下。何以成身?何以立家?何以向人前见士大夫?何以跻公堂见官府?何以遇不测,理祸患?此时头磕地,膝跪阶,称小的,叫老爷……言之痛心,书之泪下。子岂非人,能不怵然?

---

① 阎忠济,阎悌律.晚清重臣阎敬铭[M].西安:太白文艺出版社,2014:73-76.
② 原文无标题,小标题皆为编时所拟。"乃竹"为阎敬铭儿子。

读书必力行道理

所以教人读书,为秀才者,非为争体面也。人生必知得道理,行得道理,方异禽兽。道理者何?孝悌忠信、礼义廉耻。作好人,行好事是也。四书五经[4],皆言此礼。读书者,方能知此。若为秀才,文理明顺,更当深知乎此。既知之,必力行之。至举人进士,学日益精,愈当希贤希圣。此之谓读书人。世代如此,此谓以诗书礼让传家,自然昌大久长。倘读书不力行道理,何异不读书?何异于禽兽?

择业养生

读书不得进学,不能深造,或工书,或习医、授家馆。随身一艺,亦可以养生。下之,为工匠、为商贾、写算明白,亦是有用。但无论何人何事,终要勤俭忠实,乃为可靠。前路越走越宽。一涉虚伪,即举人进士,将业必入窘途,勿图目前哄人。断不可务骰子骨牌,混入赌场,包揽词讼[5]。亡想恁空弄钱各事,便陷入死地,万难立身。

示大儿逝[6]喆

每日初醒,即宜思昨日所业及今日所当为。读书先熟诵精思,次及传注,静心以求至解。勿伤旧日之说以昧新知。日间论说总期有益身心,有裨学问。言语行事准于经义,其有不合,必思所以。凝神静查,种种自形,力使其去,方可入善。日暮须捡点[7]一日所课,有阙即补,有疑则记,有过则自讼,力致焚膏继晷[8]。夫岂徒然!精神散漫,方寸憧憧,学者大病,惟主敬可以摄之。若劳攘之余,烦杂之处,初欲习静,则临帖钞书,亦一道也。功夫须是细密恒久日日积累,久自有益。毋急躁,毋间断,尤忌等待。眼前一刻,一过不留,日月其迈。志业不立,皆坐等待之故。凡人险难,在前无有不知,能从而动心忍性[9]者几人,总在少年忧患,存心无忌修省之实。为人先以收敛身心为主,但得禽聚[10]不散,即是固基植本之计。德业常看,胜于我者,即愧耻自生,境遇常看不如我者,则怨尤自宣。处家庭骨肉之间要从容,不可激烈,处朋友交游之间宜剀切[11],不可含糊。攻人之过勿严,当思其堪受;教人之善勿高,当使之可从。立身自不妄言始。处人惟行恕字难。

己未九月廿四日录先哲格言,示大儿迺喆。

教子修身

自主之道,孝悌忠恕恭俭,日求进德此为根本,而看书写作,尤一日不可间断! 做事诸皆如此,谨之又谨,俭之又俭。做人要吃苦,交人要吃亏,此四者必切记力行。汝等必早思耕读为立业,勿逐流俗富贵之见,此须胸中明白道理。不然随逐世好,终以自误而已。

注释

[1]贻:遗留,留下。

[2]命蹇时乖:命运不济,遭遇坎坷。蹇:一足偏废,引申为不顺利。乖:不顺利。

[3]青衿:古代学生穿的衣服,衣领青色,因以称读书人。也用来比喻年少。

[4]四书五经:儒家经典。四书:《大学》《中庸》《论语》《孟子》。五经:《诗》《书》《礼》《易》《春秋》。

[5]包揽词讼:招揽承办别人的诉讼,从中牟利。

[6]迺(nǎi):人名。

[7]捡点:复习。

[8]焚膏继晷:点上油灯,接续日光,形容勤奋地工作或读书。膏:油脂,指灯烛。继:继续,接替。晷:日光。

[9]动心忍性:不顾外界阻力,坚持下去。动心:使内心惊动。忍性:使性格坚韧。

[10]翕(xī)聚:汇聚。

[11]剀(kǎi)切:切磋琢磨,这里指规过劝善。

德星堂·宴席规[①]

简介

韩城市巍东乡西庄村张汉青五十大寿时,请人做了一架软屏,上书《德星堂·宴席规》,并将其作为传家之训。《德星堂·宴席规》选自清代著名清官许汝霖制订的《德星堂家订》。《德星堂家订》是许汝霖针对当时浮华奢靡的社会风气,从宴会、衣服、嫁娶、凶丧、安葬、祭祀六个方面提出的行为规范。许汝霖以节俭淳厚作为治家原则,主张戒除攀比奢侈之风和庸俗的繁文缛节。张汉青制此屏风,旨在学习和传承《德星堂家订》中的思想,崇俭尚廉,力戒奢靡。

原文

酒以合欢,岂容乱德?燕[1]以洽礼,宁事浮文[2]。乃风俗日漓[3],而奢侈甚。簋[4]则大缶旧瓷,务矜富丽。菜则山珍海味,更极新奇。一席之设,产费中人,竟日之需,瓶罄半载。不惟暴殄[4],兼至伤残。尝与诸同事公订,如宴当事,贺新婚,偶然之举,品仍十二,除此以外,俱遵五簋,继以八碟。鱼肉、鸡、鸭,随地而产者,方列于筵。燕窝、鱼翅之类,概从禁绝,桃李、菱藕,随时而具者,方陈于席。闽、广、川之味,悉在屏除。如此省约,何等便安。若客欲留寓,盘桓数日,午则二簋一汤,晚则三菜斤酒。跟随服役者,酒饭之外,勿烦再犒。

注释

[1]燕:通"宴"。
[2]浮文:华而不实的文辞。
[3]风俗日漓:漓俗、浮薄的风俗。
[4]簋(guǐ):古代用于盛放煮熟饭食的器皿,也用作礼器,圆口、双耳。
[5]暴殄:任意浪费,糟蹋。

---

① 秦忠明.毓秀龙门·名言家训[M].西安:陕西人民出版社,2009:52.

子弟训①

简介

作者勉励子孙以古文学家归有光为榜样,不信鬼神之说,依靠自己的努力改变命运,同时教育子孙后代励志求学,谦逊踏实,即使命运困蹇也要保持深沉坚毅的品质。

原文

读书之人,务求上达,立志贵坚,功夫宜纯,不可草草了事,浪荡一生。昔日古人读书,须将圣贤语句,字字讲解清楚,句句体贴明白,稍有疑难,即使求解,所以一出即能见售;而今则不然,稍有进步,便自满足,无怪乎止进身而已,岂能大成乎?前归有光[1]先生,读书时曾问卜求神及止鬼哭,力劝停止,而先不尔,愈坚其志,苦读不止。年已四十有余,一出即便大售[2],位列三台[3],遂有遗言:"不必问神,不必买卦,读的书多,做的官大。"斯言至今不朽。余谓读书者,时时刻刻,必当以归老先生为榜样也。

注释

[1]归有光(1507—1571):明朝官员、散文家,字熙甫,又字开甫,别号震川,又号项脊生,世称"震川先生"。他崇尚唐宋古文,其散文风格朴实,感情真挚,是明代"唐宋派"代表作家之一,与唐顺之、王慎中并称为"嘉靖三大家"。

[2]售:引申指施展。

[3]三台:汉代对尚书、御史、谒者的总称。尚书为"中台",御史为"宪台",谒者为"外台",合称"三台",后称"三公"。

---

① 秦忠明.毓秀龙门·名言家训[M].西安:陕西人民出版社,2009:52-53.

家谱规条①

简介

此家谱规条制于嘉庆九年(1804),系韩城市新城区姚庄村薛家制,原置于姚庄村东寨祠堂中。这条家规规定了子孙不许做的十二件事情,并配有惩罚措施,措辞严厉。这十二件事情涉及祭祀祖宗、家庭关系、日常行为等方面,是为人的基本要求。

原文

有元旦清明不拜祖宗,平日不孝父母,不敬兄长,凌侮尊辈,异姓为嗣,窃盗财物,投祠作奴,处徜当差,招留游娼,窝藏赌博,争斗打架,酗酒横骂,重则不许成丁入祠,轻则尊长严责,如或抗不遵规,禀官究治。

训子格言②

简介

此训子格言碑原嵌于巍东乡堡安村樊家老屋。作者樊厚甫,近代韩城著名教育家。此家训脱胎于明清民谣《躬耕南亩歌》,用诙谐幽默的笔触,劝诫子孙勤俭持家、远离陋习,充满了浓浓的乡土色彩。虽然封建社会时期的小农经济与现代化的农业发展不可同日而语,但我们仍然要"居安思危",在特殊情境下需要有足够的物资储备抗击天灾人祸,同时国家的稳定也离不开每一个小家庭的稳定,勤俭持家的优良品质在任何时候都不过时。

原文

躬耕南亩乐如何,吃也靠着,穿也靠着;若是浪荡与赌博,家也消没,产也消

---

① 秦忠明.毓秀龙门·名言家训[M].西安:陕西人民出版社,2009:55.
② 秦忠明.毓秀龙门·名言家训[M].西安:陕西人民出版社,2009:56.

没;祈求邻里借升合,张也推脱,李也推脱;赤手空拳泪如梭,妻也不乐,子也不乐;此话儿要你紧记着,吃也由我,穿也由我。

戒吸烟:烟,毒烟;谶[1],毒谶;灯,银灯;盘,铜盘;万贯家业拨进葫芦眼[2],卖妻鬻子[3]势必然。

戒赌博:摊复摊,卢复卢,夜彻夜,天成天,能将万贯家产纯输完,结果落个乞食男。

戒缠脚:缚重缚,缠复缠,痛诚痛,怜堪怜,筋骨缠坏行步不方便,弱种定然不待言。

注释

[1] 谶:预兆。
[2] 葫芦眼:烟嘴。
[3] 卖妻鬻(yù)子:因生活所迫,把妻子儿女卖给别人。

荒 年 碑①

简介

韩城市薛峰乡土岭寨子上的荒年碑,光绪十年(1884)七月立,记载着光绪元年到光绪三年的荒年灾情,这次旱灾涉及直隶、山东、河南、山西、陕西等省。多年干旱导致农民颗粒无收,饿殍遍野,社会经济面临灭顶之灾。土匪横行与灾害背景下人民艰难生存的悲剧引起人们深刻反思,故先人立碑告诫后世子孙"事事有余,有备无患,贵预防也""早为提防,未逢年荒,先足衣食,未逢兵荒,先修城池",这是含血带泪的生存智慧。

原文

"事事有余,有备无患,贵预防也。"惟预防故耕三余一,耕九余三,虽遇荒年,亦可免患。前者光绪元年,天不落雨,连旱三岁,饿死人民千千万万,不可胜

---

① 秦忠明.毓秀龙门·名言家训[M].西安:陕西人民出版社,2009:57-58.

数,以至人食人,犬食犬,道路之间,不敢行走。我皇上见民不堪命,开工设赈局,照民数多寡散粮而粮终不足,麦米斗价日增,每斗米铜钱四串几百有零,麦价每斗铜钱贰百矣。兼之良民变为贼寇,东村西社横行争食,虽有县主,无可奈何。由是土匪日多,贫富莫不寒心,三社人等不得已而迁住寨上。此固天之一大变也,不知者归罪于天,其知者乃归于人也。间尝闻村间父老谓儿孙曰:昔者某某年遭若大年荒,某某年遭若大兵荒,尔等年幼未曾见,不可不预为提防也。而儿孙方且视为闲语,置若罔闻。一遇大变,束手无策,只有坐而待毙而已。归罪于天不可得也,使其听老人言,早为提防,未逢年荒,先足衣食,未逢兵荒,先修城池,既应变有方,亦何患其遇变哉?四年立秋前十余天,天始落雨而秋且大熟,每亩地收谷几石。此天道所以难知,人事所以宜先尽也。吾愿后人之思患预防可也。

以上所载,皆经理寨头及各村老人救世一片苦心。余嘉其意,而又为之序,以书诸此。

攘夷堡碑记[①]

简 介

夏尧村,国民党陆军预备第一师第二团团长,抗日爱国将领。本文写于民国三十年(1941)七月七日,是"七七事变"四周年的日子。夏尧村带领官兵与百姓在禹门修筑攘夷堡以抵御日寇的进攻,为拱卫西北、恢复华北浴血奋战,做出巨大牺牲,本文正为纪念攘夷堡筑成而作。在此文写成之后三月,日军组织兵力强攻,双方激战数日,夏团战士英勇抵抗,终因弹尽粮绝,全军覆没,夏尧村壮烈牺牲。读此碑文,当铭记先烈为争取民族独立而付出的巨大牺牲,吾辈更应自强不息,为实现中华民族伟大复兴而努力奋斗!

原 文

禹门北有石洞一处,为东禹门八景之一,名曰"平地一声雷"。一面临河,

[①] 秦忠明.毓秀龙门·名言家训[M].西安:陕西人民出版社,2009:58-59.

三面环山,绝壁耸立,高数十丈,大声一吼,声达云霄。雷雨时,山上洪流如万马奔腾……洞之南端有鸣泉两处,名曰"鸣泉""漱玉泉",自石隙下滴,终日不息,以缸承之,点滴有声……水其清可鉴,其凉彻骨。沿河有一小径,洞之北端,凿磴而下,直达船窝。"七七事变"后,河津相继失陷,神前村与帽子山亦曾为敌占据。禹庙因地势险峻,军队据险以守,倭寇多次侵犯,未遂其愿。不久,我军反攻,神前村帽子山相继恢复……敌我对峙,而此洞嗣后则为河东守军弹粮存储之所,亦为河东最后据点也。本军二十九年初春,奉令防守东龙门山,迄今载余,敌屡次欲侵占禹门,然我以得地利与我官兵之用命,终使敌寇不能越雷池一步。欧战方殷,德、日、意气焰正盛,倭寇欲乘机攫夺太平洋之胜利,急欲结束中日战争,乃屈膝与苏俄订立互不侵犯条约,以减北顾之忧,以便南侵。我晋南中条山在敌人重兵之下不幸失守,而西北则顿失一屏障。禹门一隅,秦晋咽喉,不独可拱卫西北,更为将来恢复华北必经之道,为今后必争之地,因而更为重要。余有鉴及此,乃领官兵增强工事,于石洞内起造房屋,共有三间。南北两端,各筑以墙,树以门,使敌兵无法接近,使敌之大炮飞机亦失其效。有险如斯,故名之曰"攘夷堡"。战时可作粮弹储存与指挥之所,平时可作避暑与修心养性之地,更为禹门增色,为八景生辉。斯堡之建筑也,系请匠工与我官兵不辞艰辛构造,以志不忘焉。

家　范[①]

简介

此文摘自韩城市金晨区晨钟村郑天枢家谱《郑氏规范》,系同宗元代人郑太和作。郑氏家族以孝义立家,在为学、出仕、日常行为等方面都制定了严格的规范。子孙出仕做官以清廉为底线,为学则以孝义为务,在日常生活行为上则必须行积善之事。孝义是这个家族最高的"法则",家族中的子孙一切行为都要以孝义为准绳,具有浓厚的儒家色彩。

---

① 秦忠明.毓秀龙门·名言家训[M].西安:陕西人民出版社,2009:78-79.

原文

子孙出仕,有以赃墨[1]闻者,生则于谱图上削去其名,死则不许入祠堂。亲姻馈送,只许一年一度。非常庆吊,则不拘此。切不可过奢,又不可视贫而减薪,视富而加厚。

子孙不得目观非礼之书。其涉戏谑淫亵之语者,即焚毁之,妖幻符咒之属并同。

子孙为学,须以孝义切切为务。若一向偏滞辞章,深所不取。此实家第一事,不可不慎。

子孙年未满三十者,酒不许入唇。壮者虽许少饮,亦不宜沉酗杯酌,喧哗鼓舞,不顾尊长,违者棰之。若奉延尊客,惟务诚悫[2],不必强人以酒。

秋收谷价廉平之际,籴五百石,别为储蓄。遇时缺食,依原价粜[3]给乡邻之困乏者。

子孙不得惑于邪说,溺于淫祀,以邀福于鬼神。

子孙不得与人眩奇斗胜,两不相下。彼以奇奢,我以吾俭,吾何害哉!

子孙不得畜养飞鹰猎犬,专事逸游;亦不得恣情取餍以败家。违者以不孝论。

吾家既以孝义表门,所习所行,无非积善之事,子孙皆当体此。不得妄肆威福,图胁人财,侵凌人产,以为祖宗植德之累,违者以不孝论。

注释

[1]赃墨:贪污受贿。

[2]诚悫(què):诚朴,真诚。

[3]粜(tiào):卖米。

诗 歌 类

赠 内[①]

[唐]白居易

简介

白居易(772—846),字乐天,号香山居士,曾祖时迁至陕西渭南下邽。白居易与元稹共同倡导新乐府运动,世称"元白",是唐朝伟大的现实主义诗人。白居易进士及第后,官至翰林学士、左赞善大夫。白居易三十六岁时与杨虞卿的从妹杨氏结婚,这首《赠内》就是白居易写给新婚妻子的。"生为同室亲,死为同穴尘",表达了白居易希望二人生死与共的信念,勉励自己与妻子能够同古代四名隐士一样,即使长期隐居,物质贫困,但依然能相濡以沫,希望妻子能够像孟光一样支持自己。白居易希望夫妻二人永远相互支持,不以荣华富贵为人生目标,这样朴素的家风也延续到了他们对孩子的教育中。

原文

生为同室亲,死为同穴尘。
他人尚相勉,而况我与君。
黔娄[1]固穷士,妻贤忘其贫。
冀缺[2]一农夫,妻敬俨如宾。
陶潜不营生,翟氏自爨[3]薪。
梁鸿[4]不肯仕,孟光甘布裙。
君虽不读书,此事耳亦闻。

---

① 彭定求.全唐诗[M].北京:中华书局,1960:4662-4663.

至此千载后,传是何如人。
人生未死间,不能忘其身。
所须者衣食,不过饱与温。
蔬食足充饥,何必膏粱[5]珍。
缯絮[6]足御寒,何必锦绣文。
君家有贻训,清白遗子孙。
我亦贞苦士,与君新结婚。
庶保贫与素,偕老同欣欣。

注释

[1]黔娄:据刘向《列女传·鲁黔娄妻》记载,黔娄为春秋时期鲁国人,《汉书·艺文志》、晋皇甫谧《高士传》则说其是齐国人。相传齐国、鲁国国君都请他出仕为官,但黔娄都拒绝了。他的妻子颇有才华,家庭显赫,不顾家人反对,放弃荣华富贵,嫁给有才华但是贫困的黔娄,夫妻二人安贫乐道。

[2]冀缺:郤缺,春秋时期晋大夫郤芮之子,因其躬耕于冀,故又名"冀缺"。冀缺与妻子二人相敬如宾。

[3]翟氏:陶渊明的妻子。陶渊明因厌恶政治的黑暗,隐居田园,他的妻子翟氏亦夫唱妇随,勤俭持家。爨:烧火做饭。

[4]梁鸿:东汉末年扶风平陵(今陕西省咸阳市西北)人。梁鸿自幼丧父,但勤奋好学,受业太学,博览群书,无所不通。他与妻子孟光隐居于霸陵山,两人躬耕田园,创造了举案齐眉的佳话。

[5]膏粱:肥美的食物。

[6]缯絮:缯帛丝绵所制的衣服。

狂言示诸侄

[唐]白居易

简介

这首诗歌作于白居易晚年,目的是告诫子侄要知足常乐。他以自己的人生经历教育子侄,人生在世并不需要太多的物质,只要身体健康、孩子平安,就能做到"形神闲且逸"。告诉孩子们不要抱怨宅舍小,人终究不过睡一室。鞍马再多,也只能骑一匹。要知足常乐,勿贪图享受。诗人传达了自己安贫乐道的生活理念,希望孩子也能够践行,能达到"如我知足心,人中百无一"的境界。

原文

世欺不识字,我忝[1]攻文笔。
世欺不得官,我忝居班秩[2]。
人老多病苦,我今幸无疾。
人老多忧累,我今婚嫁毕。
心安不移转,身泰无牵率[3]。
所以十年来,形神闲且逸。
况当垂老岁,所要无多物。
一裘煖[4]过冬,一饭饱终日。
勿言舍宅小,不过寝一室。
何用鞍马多,不能骑两匹。
如我优幸身,人中十有七。
如我知足心,人中百无一。
傍观愚亦见,当己贤[5]多失。
不敢论他人,狂言示诸侄。

---

① 彭定求.全唐诗[M].北京:中华书局,1960:5132.

注释

[1] 忝(tiǎn)：辱，有愧于，谦辞。
[2] 班秩：官员的品级。
[3] 牵率：牵累。
[4] 煖：通"暖"，温暖。
[5] 当己贤：自以为聪明。

遇物感兴因示子弟①

[唐]白居易

简介

这首诗写于白居易晚年，家中生活一时拮据，白居易有感于人生曲折变化，冷暖无常，他便以自述的口吻，结合自身的人生经历给孩子们讲立身处世的道理。白居易早年有着"致君尧舜上"的政治理想，意气风发，但遭遇接连被贬后，政治的失意使得他开始收敛光芒，从"兼济天下"转向"独善其身"。"吾观器用中，剑锐锋多伤"，告诫孩子们处世不可太过刚强，亦不可太过柔弱，最好要做到刚柔并济，否则遭遇忧患之时难以保全自身。希望他们平安快乐是这个老人最朴素的愿望。

原文

圣择[1]狂夫言，俗信老人语。
我有老狂词，听之吾语汝。
吾观器用[2]中，剑锐锋多伤。
吾观形骸[3]内，骨劲齿先亡。
寄言处世者，不可苦刚强。
龟性愚且善，鸠心钝无恶。

---

① 彭定求.全唐诗[M].北京：中华书局，1960：5219.

人贱拾支床,鹊欺擒暖脚。
寄言立身者,不得全柔弱。
彼固罹祸难,此未免忧患。
于何保终吉,强弱刚柔间。
上遵周孔训,旁鉴老庄言。
不唯鞭其后,亦要轭其先。[4]

注释

[1] 圣择:要有选择地听取圣人的话。

[2] 器用:兵器。

[3] 形骸:身体。

[4] 不唯鞭其后,亦要轭其先:不仅要知道鞭策自己积极进取,也要懂得收敛锋芒,韬光养晦。轭:本指驾车时放置在牛马颈上的曲木,这里指控制。

续座右铭 并序①

[唐] 白居易

简介

《续座右铭》是白居易受东汉崔瑗所作《座右铭》的启发,效仿创作的一篇旨在激励、警诫自我的作品,全诗两两比照、相互呼应,通过这种对立和矛盾,突出了生命选择的主观价值和意义,体现了白居易为人处世的基本态度和立场。

原文

崔子玉《座右铭》,余窃慕之。虽未能尽行,常书屋壁。然其间似有未尽者,因续为《座右铭》云。

---

① 白居易.白居易集[M].北京:中华书局,1979:878-879.

勿慕贵与富,勿忧贱与贫;
自问道何如?贵贱安足云[1]?
闻毁勿戚戚,闻誉勿欣欣;[2]
自顾[3]行何如?毁誉安足论?
无以意傲物,以远辱于人;[4]
无以色求事[5],以自重其身。
游与邪分歧[6],居与正为邻。
于中有取舍,此外无疏亲。
修外以及[7]内,静养和与真。
养内不遗外,动率义与仁。[8]
千里始足下,高山起微尘。[9]
吾道亦如此,行之贵日新。
不敢规他人,聊自书诸绅。[10]
终身且自勖,身殁贻后昆;[11]
后昆苟反是[12],非我之子孙!

注释

[1]云:动词,说。

[2]闻毁:听到别人诋毁自己。戚:通"慽",忧伤的样子。闻誉:听到别人赞赏自己。欣欣:高兴的样子。

[3]顾:回头看。

[4]以意傲物:凭借意志高傲自负。以:介词,凭借,用。傲物:高傲自负,轻视他人。远辱于人:远离来自他人的侮辱。远:使动用法,使……远离。

[5]以色求事:用献媚的脸色乞求事奉别人。以:介词,凭借,用。色:脸上的神色。求:乞求。事:侍奉别人。

[6]游:游玩,游览。邪:不正当的游乐。分歧:分离。

[7]以及:和,与。

[8]遗:遗漏。率(shuài):遵循。

[9]千里始足下,高山起微尘:千里之行,始于足下;万丈高山,起于微尘。

[10]规:规劝。书诸绅:一说是把文字刺绣在衣带上;一说是衣带上有口袋,

把文字写好放于其中。诸:"之于"的合音。绅:古代士大夫束在衣外的大带。

[11]勖(xù):勉励。殁:死,离世。贻后昆:留给后人。贻(yí):遗留,留给。后昆:后嗣,子孙。

[12]苟反是:如果违反此铭。苟:如果。反:违反。是:此。

寒窗课子[1] 图①

[北宋]寇 母

简介

寇准(961—1023),字平仲,华州下邽(今陕西省渭南市临渭区)人,北宋政治家、诗人。太平兴国五年(980)进士。曾任大理评事、巴东知县、成安知县。后官至宰相,封莱国公。为官正直,有胆识。有《寇莱公集》传世。寇准出生在关中道渭河边一个贫苦的农民家中,在他很小的时候,父亲就因故离开了他,失去了顶梁柱,家里的重担全部由母亲一个人扛了起来。寇母常常在深夜一边纺纱,一边教寇准读书,勉励他勤学成材。后来,当寇准考中进士,喜讯传到家里时,寇母却已经身患重病。临终前,她将这首诗题在她亲手画的一幅画中,嘱人交给寇准,勉励他无论以后如何富贵,也要俭以养德,勤俭持家。再后来,寇准做了宰相,为庆贺自己的生日,他请来了两台戏班,准备宴请群僚。刘妈认为时机已到,便把寇母的画交给他。寇准展开一看,见是一幅《寒窗课子图》,画幅上面写着此诗,这赫然是母亲的遗训,寇准再三拜读,不觉泪如泉涌,于是立即撤去寿筵,此后专心料理政事,终成为一代贤相。

原文

孤灯课读[2]苦含辛,
望尔修身[3]为万民。
勤俭家风慈母训[4],
他年富贵莫忘贫。

---

① 王兆鹏,郭红欣.家风诗词[M].武汉:华中科技大学出版社,2019:156.

注释

[1] 课子:督教儿子读书。
[2] 课读:阅读。
[3] 修身:修养身心。
[4] 训:训诫。

居家则①

简介

此篇《居家则》文风朴实,说理透彻,为子孙后代指明立身处世之道。此家训弘扬耕读传家、勤劳善良的传统家风,尤其重视手足之情,强调兄弟姊妹之间应当互敬互爱,相互帮助。

原文

幼读孔孟,尊敬圣贤。心慕孝友,自愧子职。
怙恃[1]归天,红泪如泉。静夜细想,友道宜全。
遵父遗命,手足相连。以公自处,不积私钱。
长兄早逝,遗孤负肩。抚育成立,同灶共烟。
内外和好,从无疑怨[2]。经今五世,情意蔼然[3]。
父灵不寐,或亦欣然。凡我兄弟,勿听妇喧。
兄友弟恭,效法先贤。时训妯娌,和气当先。
你敬我爱,邻里称贤。良善宜亲,奸宄[4]须捐。
勤务耕读,莫贪懒眠。贫富命定,听其自然。
教训子弟,人道当全。存心行事,切莫违天。
软弱良善,帝眷绵绵。稍有私意,害事相缠。

---

① 秦忠明.毓秀龙门·名言家训[M].西安:陕西人民出版社,2009:53-54.

行年七十,报应昭然。粗言俚语[5],世世相传。

注释

[1]怙(hù)恃(shì):依赖,凭赖。

[2]愆(qiān):罪过。

[3]蔼然:和气友善的样子。

[4]宄(guǐ):奸邪,作乱。

[5]俚(lǐ)语:民间非正式、口语化的语句。

格言语录类

王丹诫子[①]

简介

王丹，生卒年不详。东汉京兆下邽（今陕西省渭南市东北）人。字仲回。汉哀帝、平帝时，曾出仕州郡。王丹主张交友要慎重，朋友之间的来往要清淡，不要过热。范晔评价："王丹难于交执之道，斯知交矣。"王丹对于交友的认知，不只源于识见，也根据经验，非常可贵。

原文

交道[1]之难，未易言也。世称管、鲍[2]，次则王、贡[3]。张、陈[4]凶其终，萧、朱[5]隙其末，故知全之者鲜矣。

注释

[1]交道：结交朋友之道。
[2]管：管仲，字夷吾，颍上（今安徽省颍上县）人。鲍：鲍叔牙，鲁国平阳（今山东省新泰市东南）人。常用"管鲍之交"比喻友情深厚。
[3]王：王吉，西汉琅琊皋虞（今山东省临沂市）人，字子阳。贡：贡禹，西汉琅琊（今山东省临沂市）人。王、贡二人为挚友，取舍相同。世称"王阳在位，贡公弹冠"。
[4]张：张耳，汉初诸侯王，大梁（今河南省开封市）人。陈：陈余，秦末大梁人。二人初为刎颈之交，后绝交，韩信破赵之战中，张耳杀陈余于泜水之上。
[5]萧：汉代萧育。朱：汉代朱博。朱博与萧育初为知交，终因隙成仇。

---

① 范晔.后汉书[M].李贤，等注.北京：中华书局，1965：931-932.

韩绍宗教子①

简介

韩绍宗(1452—1519),字裕后,号莲峰,明代同州朝邑南阳洪(今陕西省渭南市大荔县朝邑镇)人。为官初任主事,又授郎中封,后以佥事为文选时,又受副使封,所谓封中宪大夫也。著有杂文百余篇,诗赋千余篇,收录在《莲峰集》里。其子韩邦奇与韩邦靖同举进士,时称"关中二韩"。韩绍宗常常以身作则,训诫子孙为官清廉、做人清白,恪守忠孝道德。

原文

至其教子,一以义方,公若在堂,诸子非呼召不敢过其前。佥事[1]为文选时,尝[2]寄衣一袭,辄[3]戒之曰:"但当尽心官事,勿念及此也。"疾[4]且革[5],犹以忠孝道德命诸子。

注释

[1]佥(qiān)事:职官名。专管判断官事的官员。
[2]尝:曾经。
[3]辄:于是,就。
[4]疾:生病。
[5]革:取消,除掉。

---

① 陈俊民.关学经典集成六[M].西安:三秦出版社,2020:1053.

郭景仪家堂条幅①

简介

此系韩城城后村郭景仪(1888—1964)家堂铭训,是郭景仪临终留给子孙的遗言,现悬挂于其家正厅中。

这则堂铭训告诫子孙审理脉象揣度时势要灵活变通,不要按照世俗的眼光只凭衣冠看人。在财物面前要坚持非我劳动所得分文莫取的态度。治病是为了济世救人,要时时有顾念苍生的善心。

原文

审脉度[1]势巧变通,毋论衣冠与俗同。
临财相戒勿苟[2]得,济世活人念苍生。

注释

[1]度(duó):揣度。
[2]苟:随便,随意。

劝 行 言②

简介

文本系韩城教育家樊厚甫撰,现由其弟子樊健吾存藏。樊厚甫(1886—1953),名堃,字厚甫,保安村人。《劝行言》用以告诫子孙要想有所成就,必须静下心来学习和积累,凡事不可一蹴而就,要经过长时间的打磨和雕琢。

---

① 秦忠明.毓秀龙门·名言家训[M].西安:陕西人民出版社,2009:65.
② 秦忠明.毓秀龙门·名言家训[M].西安:陕西人民出版社,2009:73.

原文

和氏之璞天下之美宝也,待鉴识之工而后明;毛嫱天下之姣[1]人也,待香泽脂粉而后容[2];周公至圣人也,待学问而后通。

注释

[1]姣:美丽。
[2]容:拥有美貌。

澄城县尧头村白氏

简介

此家训由渭南市澄城县尧头镇尧头村白发民提供。这是传统儒家思想重视孝悌人伦的体现,旨在劝诫后世子孙要重视传统家族观念,弘扬勤俭、自强、感恩等传统美德。

原文

毋惰农业,无废诗书,毋作匪为,毋纵子弟,毋薄骨肉,毋负恩义,毋侈谈先世,毋妄自菲薄。敦孝悌[1]以重人伦,积阴功以贻[2]子孙,视五服为一体,视九族为一家[3],常思培其一本,毋自伤其元气,斯根并茂叶遂,膏厚光晔。

注释

[1]孝悌:孝顺父母,友爱兄弟。
[2]贻:遗留,留下。
[3]五服:由父系家族组成的中国古代社会,以父宗为重,高祖父、曾祖父、祖父、父亲、自身五代。九族:其亲属范围包括自高祖以下的男系后裔及其配偶,即自高祖至玄孙的九个世代,通常称为本宗九族。

蒲城县东苇村义门王氏

简介

此家训为蒲城尧山镇东苇村人王少峰整理,出自元危素《蒲城王氏祠堂碑铭》、元欧阳玄及危素《义门王氏先茔碑》。陈忠实曾为蒲城义门王氏孝义堂题联"忠孝传家德为本,仁义处事信当先"。该家训勉励后世子孙以忠孝仁义为重,养成见贤思齐的习惯,同时要有自强不息的信念。

原文

圣贤修齐,忠孝为纲。效法上德,慧悟韬养[1]。自强不息,恒延永昌。

注释

[1]韬养:隐藏才能,使其不外露。韬:韬光。养:养晦。

韩城市西庄镇党家村①

简介

雕刻在韩城古建筑的墙壁或是门额、门匾之上的处世格言、警句,是先辈们留给子孙的宝贵财富,文字精练,书法隽美,对仗工稳,雕工细腻。不但反映家主的身份、社会地位、修养和为人处世的思想境界,还有很高的艺术欣赏价值,使居处温馨典雅,风格别具,又有陶冶身心、启迪后人于淡泊自然之中的效用。其内容主要是以主人阅历感悟为主,简单明了,语言通俗易懂。

---

① 张天清.中华好家风[M].南昌:百花洲文艺出版社,2018:142-144.

> 原文

一

行事要谨慎、谦恭、节俭,择交友;存心要公平、孝悌、忠厚,择邻居。

二

动莫若敬,居莫若俭,德莫若让,事莫若咨。[1]

三

富时不俭贫时悔,见时不学用时悔;醉后失言醒时悔,健不保养病时悔。[2]

四

言有教,动有法,昼有为,宵有得,息有养,瞬有存。[3]

五

心欲小,志欲大,智欲圆,行欲方,能欲多,事欲鲜。[4]

六

傲不可长,欲不可纵,志不可满,乐不可极。[5]

七

在少壮之时,要知老年人的心酸;当旁观之境,要知局内人的景况;处富贵之地,要知贫贱人的苦恼;居安乐之场,要知患难人的痛痒。

八

父母遗体重,朝廷法度严;圣贤千万语,一字忍为先。

九

无益之书勿读,无益之话勿说;无益之事勿为,无益之人勿亲。

十

志欲光前,惟一诗书为先务,心存裕后,莫如勤俭作家风。

十一

勤俭治家之本,和顺富家之因;读书成家之本,循礼保家之根。

十二

薄味养气,去怒养性;处抑养生,守清养道。

十三

清白传家[6]

十四

安详恭敬[7]

十五

惟怀永图[8]

十六

敬以直内[9]

十七

惟劳有趣
积厚流光[10]

十八

守经达权[11]

十九

忠恕

二十

《楚书》是宝[12]

注释

[1]动莫若敬,居莫若俭,德莫若让,事莫若咨:出自《国语·周语》。行动中没有比严肃、慎重更重要的了,居家时没有比勤俭更重要的了,品德修养没有比谦让更重要的了,做事情没有比向别人咨询更重要的了。

[2]富时不俭贫时悔,见时不学用时悔;醉后失言醒时悔,健不保养病时悔:见寇准的题词。原文为:"官行私曲,失时悔。富不俭用,贫时悔。艺不少学,过时悔。见事不学,用时悔。醉发狂言,醒时悔。安不将息,病时悔。"

[3]言有教,动有法,昼有为,宵有得,息有养,瞬有存:出自张载"六有"。言词要合乎教条规矩,行动要符合礼乐法度,白天要学习且当践行所学,夜晚须静思以感悟所得,鼻子一呼一吸之间有天理涵养心灵,眼睛一开一阖之瞬能存守天理而不驰心于外。

[4]心欲小,志欲大,智欲圆,行欲方,能欲多,事欲鲜:出自西汉刘安《淮南子·主术训》。思虑应该小心谨慎,志向应该远大宏伟,智慧要通达灵活,行为要端正方直,才能广泛,处事简约。

[5]傲不可长,欲不可纵,志不可满,乐不可极:出自《礼记·曲礼》。傲慢之心不可产生,欲望不可放纵无拘,志向不可自满,享乐不可无度。傲气增长,欲望加大,志得意满,这些都是一个人自取灭亡的先兆。

[6]清白传家:出自南朝范晔《后汉书·杨震传》。

[7]安详恭敬:出自宋朱熹《小学·嘉言》。

[8]惟怀永图:出自《尚书·太甲上》,原文"慎乃俭德,惟怀永图",应当俭省节用,思考怎样才可能长治久安。

[9]敬以直内:出自《周易·系辞传》,原文"敬以直内,义以方外",以敬心矫正内在的思想,以义德规范外在的行为,这是就个人修养而言的。

[10]积厚流光:积累的功业越深厚,则流传给后人的恩德越广。《荀子·礼论》:"故有天下者事七世,有一国者事五世,有五乘之地者事三世,有三乘之地者事二世,持手而食者不得立宗庙,所以别积厚者流泽广,积薄者流泽狭也。"

[11]守经达权:形容坚持原则而能变通、不固执。出自《汉书·贡禹传》:"守

经据古,不阿当世。"经:正道,原则。权:权宜,变通。

[12]《楚书》曰:"楚国无以为宝,惟善以为宝。"出自《礼记·大学》。

六 言 歌①

简介

此系韩城市金城贾巷贾家堂铭。作者贾鸿彬,字可亭,自号迂挫子。桢州都监之苗裔,世居韩城城内。他曾在寺庄、白帆等村任教,善作诗,人称诗狂,有诗集《清渠学校杂吟集》十余册。后因故被抄,今幸存一册。此文本由其后人贾亦华供稿。

原文

戒子并劝族人

纵然别户分门,不外祖宗一本。
若逢横逆[1]之人,诸事只宜自反[2]。
况在同堂同胞,尤宜格外和睦。
奉劝叔侄弟兄,切勿自戕[3]骨肉。
析居[4]搭配停匀[5],若占便宜亦可[6]。
无论器物田产,消除意必固我[7]。
若还争斗不堪,千万勿奔政府。
族邻剖断公平,再毋越规逾矩。
赶快忘仇解冤,从此一心和好。
老人至理名言,实是传家之宝。

注释

[1]逆:忤逆。
[2]反:反思。

---

① 秦忠明.毓秀龙门·名言家训[M].西安:陕西人民出版社,2009:66-67.

[3]戕:伤害。
[4]析居:分家产。
[5]停匀:均衡。
[6]可:可以原谅。
[7]必固我:认为事物一定是属于我。

口传箴言[①]

简介

韩城地区民间流传大量的箴言。这些三言、四言乃至多言的警句,通俗易懂,或阐明世事哲理,或予以资政用智,或劝勉修养节操,或宣扬立身励志,凡此种种,无不是韩城人民生活经验的总结、升华,条条蕴含着家风家教的智慧。

原文

世事 哲理

三 字 言

人难量,水难欺。箍得紧,磴不齐。
一尺风,三尺浪。人怕名,猪怕壮。
亲兄弟,明算账。好朋友,勤算账。
人是铁,饭是钢。穷生蚤,晦生疮。
是则是,非则非。七不出,八不归。
行百里,半九十。生子痴,事官司。
米为珠,薪为桂。河无鱼,虾也贵。
一幅绫,千蚕命。清如水,明如镜。
吃五谷,生百病。会做媒,两头谢。
不会媒,两头骂。打是亲,骂是爱。

---

① 秦忠明.毓秀龙门·名言家训[M].西安:陕西人民出版社,2009:94-114.

六 字 言

天有不测风云,人有旦夕祸福。

水至清则无鱼,人至察则无徒。

久晴必有久雨,久雨必有久晴。

照镜所以照形,说古所以鉴今。

杂　言

泰山不辞杯壤,故能成其大;

江海不择细流,故能就其深。

君以为易,其难也将至;

君以为难,其易也将至。

星为夜象,却从日下而生;

花本木形,偏自草头而化。

荒田勿耕,耕出就来乱争。

黄金满篓,不如教子一经。

资政　用智

六 字 言

天时不如地利,地利不如人和。

目不两视而明,耳不两听而聪。

善弈者不言易,善书者不择笔。

兵可千日不用,不可一日不备。

闻名不如见面,见面胜似闻名。

泰山不让杯壤,河海不择细流。

杂　言

清清之水为土所防,济济之士为酒所伤。

两利相权,取其重。两害相衡,取其轻。

船载石头,石重船轻轻载重;

杖量地面,地长杖短短量长。

无事如有事应提防,有事如无事当镇静。

亡国大夫不可与图存,败军之将不可与言勇。

修养　节操

三 字 言

满招损,谦受益。交以道,接以礼。
礼从宜,便从俗。借人物,及时还。
人借物,有勿悭。破了财,消了灾。
听人劝,得匹绢。不听劝,丢脸面。
人唬人,唬死人。将自己,比他人。
疾之甚,祸且作。人有私,切莫说。
扬人恶,即是恶。道人善,即是善。
凡取与,贵分晓。与宜多,取宜少。
用人物,须明求。倘不问,即为偷。
见未真,勿轻言。见人善,即思齐。
见人恶,即内省。有则改,无则警。
人有短,切莫揭。开诚心,布公道。

四 字 言

积钱积谷,不如积德。欺人是祸,饶人是福。
欲人勿听,除非无言。欲人勿知,除非莫为。
成事莫说,覆水难收。小时偷针,大来偷金。
人要实心,火要空心。事不三思,终有后悔。
一毫之善,与人方便。一毫之恶,劝人勿作。
善要人见,不是真善。不忍不耐,小事成灾。
恶恐人觉,便是大恶。得忍且忍,得耐且耐。
君子一言,快马一鞭。雁过留声,人过留名。
前车之覆,后车之鉴。终身让路,不枉百步。
木匠戴枷,自作自受。官打毋羞,父打毋仇。
君子动口,小人动手。含血喷人,先红己口。
胜固欣然,败亦可喜。太刚则折,太柔则废。
不经一事,不长一智。有礼则安,无礼则危。

五 字 言

在家敬父母,不用远烧香。家和贫也好,不义富如何?

来说是非者,便是是非人。是非终日有,不听自然无。
宁可人负我,莫叫我负人。听君一席话,胜读十年书。
忍得一时气,免得百日忧。但求心无愧,不怕有后灾。
宁为太平犬,莫做离乱人。山高不算高,人心比天高。
天下本无事,庸人自扰之。贫寒休要怨,富贵不须骄。
善恶随人作,福祸自己招。道高龙虎伏,德重鬼神钦。
饶人不是痴,过后得便宜。好狗不咬道,好汉不打妻。
我不淫人妇,人不淫我妻。灭却心头火,剔起佛前灯。
在家不欺人,出外无人欺。和得邻舍好,胜于捡个宝。
不将辛苦尝,难赚世上财。孝为百行先,淫为万恶首。
男子看田边,女子看布边。七十有二行,行行出状元。
欲知心腹事,但听口边言。不听老人言,到底不周全。
从俭入奢易,从奢入俭难。家无浪荡子,门外不惹事。
钱财如粪土,仁义值千金。黄金未为贵,安乐值钱多。
劝人终有益,唆讼两头空。家里有贤人,恶事不进门。
命好心也好,富贵直到老。命好心不好,中途夭折了。
心命都不好,穷苦直到老。贪人一斗米,失却半年粮。
磨刀恨不利,刀利伤人指。求财恨不多,财多反害己。

六字言

礼义生于富足,盗贼出于赌博。
居家不可不俭,待客不可不丰。
君子当权积福,小人仗势欺人。
夜夜做贼不富,朝朝添客不穷。
责人之心责己,恕己之心恕人。
使人不如自做,求人不如己有。
话多不如话少,话少不如话好。
有理走遍天下,无理寸步难行。
远水难救近火,远亲不如近邻。
莫与小人为仇,小人自有对头。
善言不可离口,善药不可离手。

七字言

家中不和邻里欺,邻里不和说是非。
人情好似初见日,到老应无怨恨心。
恶人怕天不怕人,人善人欺天不欺。
越奸越狡越贫穷,世间呆汉喝北风。
侵人田土骗人钱,荣华富贵不多年。
酒中不语真君子,财上分明大丈夫。
养子不教如养驴,养女不教如养猪。
为人不必争高下,一旦无常万事休。
人心不足蛇吞象,贪心不足吞太阳。
张公九世同烟火,忍字如今知者稀。
一人做事一人当,哪有嫂嫂替姑娘?
人见利而不见害,鱼见食而不见钩。
是非只为多开口,烦恼皆因强出头。
家业有时为来往,还钱常记借钱时。
何以息谤曰无辩?何以止怨曰不争?
入山不怕伤人虎,只怕人情两面刀。
近来学得乌龟法,得缩头时且缩头。
平生只会道人短,何不回头把己量。
大风吹倒梧桐树,自有旁人说长短。
过去事情已过去,未来不必枉思量。

杂 言

烧香千炷,不如息事一场。
不斫盘根错节,何以验利器?
行年五十,而知四十九年之非。
救得客人原物在,不怕客人来搅赖。
与善人居,如入芝兰之室,久而不闻其香;
与恶人居,如入鲍鱼之肆,久而不闻其臭。
投得爷娘好,一场好喜事;
抚得儿孙好,一场好葬事。
莫怨自己穷,穷要穷得干净;

莫羡他人富,富要富得清高。
别人骑马我骑驴,仔细思量我不如;
待我回头看一看,还有徒步挑脚汉。

立身　励志

三　字　言

人望高,水望低。人活脸,树活皮。
困半夜,起五更。有志者,事竟成。
促织鸣,懒妇惊。人的名,树的影。
不爱钱,鬼也怕。赌近盗,奸近杀。
内精明,外浑厚。似忠厚,非忠厚。
房屋清,墙壁净。几案洁,笔砚正。
墨磨偏,心不正。字不工,心先病。
列典籍,有定处。读看毕,还原处。
虽有急,卷束齐。有缺损,就补之。
读书法,有三到。心眼口,信皆要。
方读此,勿慕彼。此未终,彼勿起。

四　字　言

闹里有钱,静处安身。公平交易,童叟无欺。
好言难得,恶语易施。宁添一斗,莫添一口。
螳螂捕蝉,黄雀在后。路人说话,草里有人。
慈悲为本,方便为门。耕田要雨,割麦要晴。
逢山开路,遇水搭桥。锣作锣打,鼓作鼓敲。
借你个牛,还你个马。与人方便,与己方便。
肚里跷蹊,神道先知。心要忠恕,意要诚实。
凡事从实,积福自厚。小有小难,大有大难。
开卷了然,释卷茫然。将钱学艺,学艺赚钱。
人上一百,五艺俱全。道路各别,养家一般。
有一尺水,行一尺船。生意兴隆,财源茂盛。
兵出无名,事故不成。入境问禁,入乡随俗。
一年之计,莫如树谷。十年之计,莫如树木。

生不带来,死不带去。招之即来,挥之即去。
聚少成多,聚水成河。人无利息,谁肯早起?
蓬生麻中,不扶自直。会做买卖,勿亏牙行。

五字言

人见白头嗔,我见白头喜;多少少年亡,不到白头死。
只要功夫深,铁棒磨成针。山山有鹞子,处处有能人。
受得苦中苦,方为人上人。心安茅屋稳,性定菜根香。
贵字中起头,富字田打脚。冻死不折屋,饿死不掳掠。
家无读书子,官从何处来?白日莫闲过,青春不再来。
富从升合起,贫从不勤来。三代不读书,关倒一屋猪。
三步不出车,满盘都是输。要通千古事,须读五车书。
登山者采玉,入海者得珠。少成若天性,习惯成自然。
花无重开日,人无再少年。深者入黄泉,高者上苍天。
海阔凭鱼跃,天高任鸟飞。闲时不烧香,急来抱佛脚。

六字言

岂能尽如人意,但求无愧我心,
长将好事于人,祸不侵于己身。
说话说与知音,送饭送与饥人。
有志不在年高,无志空长百岁。
死有重于泰山,死有轻于鸿毛。
宁可正而不足,不可邪而有余。
学好三年不足,学坏一旦有余。
良禽择木而栖,良臣择主而仕。
宁为忠臣而死,不为无赖而生。

杂 言

读书千卷,不如登山一回。
众星朗朗,不如孤月独明。
点塔七层,不如暗室一灯。
家藏万金,不如一技在身。
说一丈不如行一尺,说一尺不如行一寸。
少而好学,如日出于东;

壮而好学,如日在午中;
老而好学,如秉烛之明。
千主张,万主张,还要自己有主张。
男儿无性,钝铁无钢;
女儿无性,烂草麻绳。

事业　涉务

四 字 言

凡事要好,须问三老。若争小利,便失大道。
忘恩负义,禽兽之徒。一日之师,终身如父。
知足常乐,终身不辱;知止常止,终身不耻。
善事可做,恶事莫为。堂前教子,枕边训妻。
君子爱财,取之有道。大富由命,小富由勤。
百金买宅,千金买邻。事大事小,见官事了。
拳不离手,曲不离口。勤能补拙,熟能生巧。
笔砚精良,人生一乐。一人向隅,满座不乐。
三人同行,必有我师。敏而好学,不耻下问。
无功受禄,寝食不安。檀木扁担,宁折不弯。
绳锯木断,水滴石穿。学经不明,不如务农。
律设大法,礼尽人情。君子安贫,达人知命。
说话不明,犹如昏镜。有智吃智,无智吃力。
思虑之害,甚于酒色。近朱者赤,近墨者黑。
教子婴孩,教妇新来。自己不正,安能正人?
子以母贵,母以子荣。只有强奸,没有逼赌。
富要看书,穷要看猪。人各有志,不要强勉。
读书千遍,其义自见。祸福无门,惟人自招。
顽妻劣子,无法可治。有志妇人,胜过男子。
以铜为鉴,可正衣冠。以古为鉴,可明兴替。
以人为鉴,可知得失。栽花倚墙,养女像娘。
自知者明,自强者强。柔能克刚,弱能胜强。

五 字 言

无本不言利,有货不愁贫。独行不愧影,独寝不愧衾。
单丝不成匹,独木不成林。同来花树下,总是看花人。
蚊虫遭扇打,只因嘴伤人。在家不商量,出门无主张。
有风必有浪,无风水不荡。种田看做家,种谷看造化。
大生意怕折,小生意怕歇。识货识得精,折本折得轻。
行船看风色,买卖看行情。饮酒量家计,看山取茯苓。
炭车让瓮车,轻车让重车。轻担让重担,空手让扁担。
要得人心见,同场走一遍。凡事留一线,日后好相见。
要赚畜生钱,要伴畜生眠。相骂无好言,相打无好拳。

六 字 言

照镜所以照形,说古所以鉴今。
口说不如亲练,耳闻不如眼见。
三日不练手生,三日不念口生。
举之则是升天,按之则使入地。
勉强不成买卖,捆绑不成夫妻。
良贾深藏若虚,君子盛望若愚。
田不卖与谋主,妻不嫁于奸夫。

七 字 言

六月莫在家中困,挑担黄土也是粪。
一日春工十日粮,十日春工半年粮。
有日太阳晒日谷,做日和尚撞日钟。
船到江心牢把舵,箭安弦上慢开弓。
见兔顾犬不算晚,亡羊补牢未为迟。
灵药难医冤孽病,横财不富福薄人。
东方不亮西方亮,去了明月有星光。

杂 言

临渊羡鱼,不如退而结网。
家累千金,不如日进分文;
良田万顷,不如薄技在身。
有心拜年,九月重阳也不迟。

收花不收花,先看六月二十八;
收秋不收秋,先看五月二十六。
无财谓之贫,学道而不能行谓之病。
春雨如膏,农夫喜其润泽,行人恶其泥泞。

人本　情感

三 字 言

美不美,乡中水;亲不亲,故乡人。
与人者,常骄人;受人者,常畏人。
爱子弟,敬先生。吃井水,念泉情。
大众船,烂了舷。人情好,水也甜。
恼一恼,老一老;笑一笑,少一少。
要得好,大敬小。家有老,千般好。
大富贵,亦寿考。一不该,二不少。
出必告,反必面。对尊长,勿显能。
灯花爆,财喜到。喜鹊噪,新官到。
住其土,祭其神。痴家婆,抚外孙。
恩欲报,怨欲忘;报怨短,报恩长。

四 字 言

千经万典,孝悌为先。有恩报恩,有冤报冤。
亲愿亲好,邻愿邻安。福如东海,寿比南山。
三人一心,黄土变金;一人一心,无钱买针。
痴人畏妇,贤女敬夫。送君千里,终有一别。
一日夫妻,百世姻缘。家有长子,国有大臣。
家必有长,户必有尊。小儿爱糖,丈母爱郎。
但行好事,莫问前程。从善如登,从恶如崩。
君子交绝,不出恶声。丑妻拙奴,无价之宝。
礼下于人,必有所求。居必择邻,交必良友,
一家有事,十家不安。一子得道,七祖升天。
天理良心,天下通行。诸恶莫作,众善奉行。
天道无亲,常与善人。路见不平,拔刀相助。

百尺竿头,更进一步。手心是肉,手背是肉。
子孙无福,怪坟怪屋。人之父母,我之父母。
一贵一贱,交情乃见。乘兴而来,兴尽而返。
儿女情长,英雄气短。习俗移人,贤者不免。
明人自断,愚人明断。鱼游釜中,知其不久。
得恩在前,报恩在后。成事不说,覆水难收。

五 字 言

妻贤夫祸少,子孝父心宽。结交须胜我,似我不如没。
莫骂酉时妻,一夜受孤凄。小时是兄弟,长大各乡里。
和得邻里好,犹如拾片宝。一娘养九子,九子九般心。
夕阳无限好,只是近黄昏。斗米养恩人,石米养仇人。
家贫不是贫,路贫贫煞人。娘肚里有崽,崽肚里无娘。
说话眼翻白,此人交不得。有麝自来香,何必当风扬。
人固不易知,知人亦不易。无米不生火,无酒不叙情。
合伙为夫妻,同船同性命。伸手不打人,到底不偿命。
贤妇令夫贵,恶妇令夫败。媳妇堂前拜,爷娘一身债。
知臣莫如君,知子莫如父。子不道父过,儿不嫌母丑。
在家千日好,出门一时难。大人望栽田,小孩望过年。
为善鬼神钦,作恶遭天谴。人亲财不亲,财利要分清。

六 字 言

羊有跪乳之恩,鸦有反哺之义。
马有垂缰之义,狗有湿草之恩。
一时劝人以口,百世劝人以书。
饶人不是痴汉,痴汉不会饶人。
讨错一遭媳妇,养坏九代儿孙。
愿天常生好人,愿人常行好事。
人有见面之情,天无绝人之路。
苦莫苦于多欲,乐莫乐于知足。
君子相送以言,富人相送以财。
得人滴水之恩,须当涌泉相报。

对 联 类

梁同书联[①]

简介

梁同书(1723—1815),字元颖,号山舟,钱塘(今浙江省杭州市)人,清代书法家。梁同书于乾隆十二年(1747)中举人,十七年(1752)特赐进士,官侍讲。梁同书承继家学,自幼接触书法,初学颜真卿、柳公权,中年以后又取法米芾。他习书六十余载,声望颇高,所书碑刻极多。梁同书工于楷书、行书,其书大字结体紧严,小楷秀逸,尤为精到。他与刘墉、翁方纲、王文治并称"清四大家"。著有《频罗庵遗集》《频罗庵论书》等。

原文

守古老家风惟孝惟友
教后来恒业曰读曰耕

王 杰 联

简介

王杰(1725—1805),字伟人,号惺园,谥号文端,陕西韩城人。清乾隆朝状元、名臣,官至内阁学士。乾隆三十九年(1774)任刑部侍郎,后又擢升为右都御史。乾隆五十一年(1786)出任军机大臣,次年又出任东阁大学士,总理礼部。嘉庆帝即位后,仍为首辅。王杰性情和蔼,生活简朴,不讲排场,没有官气。王杰为官以清廉著

[①] 罗建民.韩城古楹联家训选辑[M].北京:中国文联出版社,2006:8.

称,宁静致远,高洁脱俗便是他的人生信条。

原文

一[1]

落笔千年犹细事

读书万卷要深期①

二

架有奇书堪破寂

胸无俗事不生尘②

注释

[1]该联出自宋代诗人陆游的《三三孙十月九日生日翁翁为赋诗为寿》。

王鼎为子王沆手书联

简介

王鼎(1768—1842),字定九,号省厓、槐荫山人,今陕西省渭南市蒲城县人。嘉庆元年(1796)进士,自编修累官内阁学士,官至军机大臣、东阁大学士。道光五年(1825),道光帝赐其紫禁城骑马。王鼎为官期间,主张改革河务、盐政,支持禁烟,颇有政绩。王鼎品格端正,为官清廉,以清正刚直著称。

本联藏西安碑林博物馆。王鼎为其子王沆写此对联,是希望其可以观察天地之间万物生长的气象,并学习古代圣贤克己复礼的精神。

原文

观天地生物气象[1]

学孔颜克己工夫[2]

---

① 罗建民.韩城古楹联家训选辑[M].北京:中国文联出版社,2006:1.
② 秦忠明.毓秀龙门·名言家训[M].西安:陕西人民出版社,2009:62.

注释

[1]气象:景象,现象。

[2]克己:克制约束自己的私欲。功夫:素养,造诣。

高鸿逵联①

简介

高鸿逵,陕西省韩城市人。清嘉庆年间举人,曾任凤翔教谕。

原文

尝来世味只宜淡

啮得菜根独自香

张恩轩联②

简介

张恩轩(1879—1950),清光绪年间秀才,曾任教谕。

原文

经训不荒真富贵

家风有礼自平安

---

① 秦忠明.毓秀龙门·名言家训[M].西安:陕西人民出版社,2009:64.
② 秦忠明.毓秀龙门·名言家训[M].西安:陕西人民出版社,2009:63.

刘华联[①]

简介

刘华,今陕西省韩城市新城区坡底村人,清光绪年间进士,官至湖南岳阳知府。铭联内容旨在规劝子弟多交益友,多读良书。

原文

涉世有良方,为人须交三益友[1]

治家无奇术,教子多读几行书

注释

[1]三益友:语出《论语》:"益者三友:友直,友谅,友多闻。"朋友正直、真诚、学识渊博,自己能在交往中受益。

郭自修家藏联[②]

简介

此联作者为陕西省韩城市西庄镇涧北村某秀才,姓名不详。此联现藏于苏东乡谢村郭自修家中。

原文

笃信传家和平处世

敬恪修己孝悌力田

---

① 秦忠明.毓秀龙门·名言家训[M].西安:陕西人民出版社,2009:62.
② 秦忠明.毓秀龙门·名言家训[M].西安:陕西人民出版社,2009:63.

温肃庵联[①]

简介

温肃庵，今陕西省韩城市芝川镇北周村人，清光绪年间举人。此为温肃庵所作的治家铭联，悬挂于自家正厅之中。

原文

勤俭乃可谋生，忍苦耐劳，当思其艰以图其易

忠信斯堪进德，返躬务实，必言有物而行者恒[1]

注释

[1]必言有物而行者恒：出自《周易·家人·象传》："风自火出，家人；君子以言有物而行有恒。"

兰家联[②]

简介

此联为陕西省韩城市西庄镇南潘庄兰家治家铭联，为韩城市著名书法家强汉三早年所书。

原文

言易招尤少说几句

书能明理多读数章

---

① 秦忠明.毓秀龙门·名言家训[M].西安：陕西人民出版社，2009：63.
② 秦忠明.毓秀龙门·名言家训[M].西安：陕西人民出版社，2009：64.

师承德联[1]

简介

师承德(1907—1993)，韩城市西庄镇井溢村人。生于书香门第，一生酷爱书法，精研书法，行草书见长。墨迹圆润、清雅雄健，作品遍及韩原城乡，被誉为韩城"书法巨臂"，与强汉三、薛碧如、陈生秀并称韩城书坛"四大家"。曾任韩城市书协名誉主席。

原文

道似行云流水
德如甘露和风

冯墨林联[2]

简介

此联为陕西省韩城市芝阳镇上官庄村冯墨林治家铭联，为刘振之于1932年所书。

原文

立定脚跟竖起脊
展开眼界放平心

---

[1] 罗建民.韩城古楹联家训选辑[M].北京:中国文联出版社,2006:29.
[2] 秦忠明.毓秀龙门·名言家训[M].西安:陕西人民出版社,2009:64.

唐春荣联[①]

原文

松柏其心芝兰其室
仁义为友道德为师

张茂森联[②]

原文

勤朴忠诚贻[1]泽远
温惠淑慎古道存

注释

[1]贻：遗留。

薛 亨 联[③]

简介

此系陕西省韩城市薛亨家堂铭训。薛亨，字道行，明代韩城郝庄里人。嘉靖五年(1526)举进士，官至山西按察使、右布政使。这则堂铭训告诫子孙有定力才能眼界广阔，意志专一才能看清事物。

---

① 罗建民.韩城古楹联家训选辑[M].北京:中国文联出版社,2006:33.
② 罗建民.韩城古楹联家训选辑[M].北京:中国文联出版社,2006:28.
③ 秦忠明.毓秀龙门·名言家训[M].西安:陕西人民出版社,2009:65.

> 原文

性定天地阔

神凝[1]物外清

> 注释

[1]凝:聚集,集中。

张重义联①

> 简介

此联系陕西省韩城市巍东乡西庄村张重义家堂铭训,由其祖张凤祥所传。这则堂铭训告诫子孙世间最大的痛苦莫过于欲望太多;最大的智慧是抛弃无端的猜疑。

> 原文

苦莫苦于多愿[1]

智莫大乎弃疑

> 注释

[1]愿:这里指欲望。

---

① 秦忠明.毓秀龙门·名言家训[M].西安:陕西人民出版社,2009:65.

张复兴联①

简介

此为张复兴家堂铭训,系其祖张孝忠所书。这则堂铭训告诫子孙节操要像红梅一样美好,品德要像白杨一样高尚。

原文

品为红梅情操美
德似白杨风格高

韩城市西庄镇党家村石刻②

简介

本篇由陕西省韩城市西庄镇党家村先人们遗留在家族门楣上的对联整理而成。党家村的村规形成于明清时期,其多刻在村内建筑物的青砖或门楣之上,方便族人看到时时自省。这两则楹联指出和谐的生活要人们遇事忍让,处世生活要待人坦率真诚;饱餐时应当思考食不果腹的岁月,开心时不要忘记走投无路的时候。其内容在于警醒族人应该勤俭持家、待人真诚,富贵无忧时不要忘记曾经艰难的岁月,时时自省。

---

① 秦忠明.毓秀龙门·名言家训[M].西安:陕西人民出版社,2009:65-66.
② 罗建民.韩城古楹联家训选辑[M].北京:中国文联出版社,2006:38.

原文

一

居家有道惟能忍

处世无奇但[1]率真

二

饱餐当思饥寒岁

快乐莫忘窘迫时

注释

[1]但:只。

韩城市西庄镇郭庄寨三圣庙石牌坊①

简介

三圣庙位于韩城市西庄镇郭庄寨村,建成于清代。2018年被列入第七批陕西省文物保护单位。

原文

君臣事业昭后代

兄弟恩情在桃园

---

① 罗建民.韩城古楹联家训选辑[M].北京:中国文联出版社,2006:41.

韩城市西庄镇井溢村木刻①

原文

读书好,耕田好,学好变好
创业难,守业难,知难不难

韩城市西庄镇上干谷村砖雕②

原文

一

百忍传家宝
一经教子方

二

居仁为本务
由义乃长康

韩城市龙门镇谢村砖雕③

原文

书可读,田可耕,立业莫如勤慎
兄宜宽,弟宜忍,兴家端在修和

---

① 罗建民.韩城古楹联家训选辑[M].北京:中国文联出版社,2006:57.
② 罗建民.韩城古楹联家训选辑[M].北京:中国文联出版社,2006:57.
③ 罗建民.韩城古楹联家训选辑[M].北京:中国文联出版社,2006:58.

韩城市西庄镇井溢村砖雕[1]

【原文】

修之于民,修之于家
修之于乡,修之于国

韩城市西庄镇沟北村砖雕[2]

【原文】

贫穷宜固守,富贵莫兴狂
勤俭立身本,谦和处世方

韩城市新城区坡底村砖雕[3]

【原文】

家有素风惟孝友
世贻清泽在诗书

蒲城县窦家巷

【原文】

耕读传家久

---

[1] 罗建民.韩城古楹联家训选辑[M].北京:中国文联出版社,2006:56.
[2] 罗建民.韩城古楹联家训选辑[M].北京:中国文联出版社,2006:54.
[3] 罗建民.韩城古楹联家训选辑[M].北京:中国文联出版社,2006:26.

诗书济世[1]长

> 注释

[1]济世:救助世人。

蒲城县北关杨家台
杨氏四知堂祠堂

> 简介

　　杨震(？—124),字伯起,弘农郡华阴县(今陕西省华阴市)人,东汉时期名臣。杨震少时好学,但到五十岁时才到州郡做官任职,曾任荆州刺史、东莱太守。杨震为官清廉,两袖清风,办事公正。

　　这对楹联选自杨震的四知堂祠堂,其内容为详细告知前人遗留下来的"四知"的规范,可以根据这一根本使屋舍芬芳。这对楹联旨在敦促后人办事公正,做事应光明磊落。

> 原文

悉禀四知[1]之遗范[2]
可缘一本而斋芳

> 注释

[1]四知:天知,地知,我知,你知。《后汉书》:"震少好学,……大将军邓骘闻其贤而辟之,举茂才,四迁荆州刺史、东莱太守。当之郡,道经昌邑,故所举荆州茂才王密为昌邑令,谒见,至夜怀金十斤以遗震。震曰:'故人知君,君不知故人,何也?'密曰:'暮夜无知者。'震曰:'天知,神知,我知,子知。何谓无知!'密愧而出。"

[2]遗范:前人遗留的典范。

咸阳家训

散 文 类

诫兄子严敦书[①]

[东汉]马 援

> **简 介**

马援(前14—49),字文渊,扶风茂陵(今陕西省兴平市窦马村)人,东汉开国功臣之一,为光武帝刘秀东征西讨,战功赫赫,官至伏波将军,爵封新息侯。本篇是马援写给侄子马严和马敦的一封家书。马援针对两个侄子好议论人是人非、结交轻薄侠客的行为进行规劝。他以龙伯高和杜季良两人的经历为例,希望二人能够效法前者,做一个敦厚严谨之人。陕西省韩城市马圪崂村马旭家《马氏家谱·诫子章》承袭此文。

> **原 文**

吾欲汝曹[1]闻人过失,如闻父母之名,耳可得闻,口不可得言也。好论议人长短,妄是非正法[2],此吾所大恶[3]也,宁死不愿闻子孙有此行也。汝曹知吾恶之甚矣,所以复言者,施衿结褵[4],申父母之戒[5],欲使汝曹不忘之耳。

龙伯高[6]敦厚周慎,口无择言[7],谦约节俭,廉公有威,吾爱之重之,愿汝曹效[8]之。杜季良[9]豪侠好义,忧人之忧,乐人之乐,清浊无所失[10],父丧致客,数郡毕至,吾爱之重之,不愿汝曹效也。效伯高不得,犹为谨敕[11]之士,所谓刻鹄不成尚类鹜[12]者也。效季良不得,陷为天下轻薄子,所谓画虎不成反类狗[13]者也。讫今[14]季良尚未可知,郡将下车辄切齿[15],州郡以为言[16],吾常为寒心,是以[17]不愿子孙效也。

> **注 释**

[1]汝曹:你们

---

① 范晔.后汉书[M].李贤,等注.北京:中华书局,1965:844-845.

[2]妄是非正法:胡乱评论朝廷的法制。妄:胡乱,随便。是非:评论,褒贬。

[3]大恶(wù):非常厌恶。

[4]施衿(jīn)结褵(lí):本指古代父母送女儿出嫁时,为其系上佩巾、佩带。后来比喻父母对子女的训诫。衿:衣襟。褵:亦作"缡",古代妇女的配巾。

[5]申父母之戒:申述父母的告诫。

[6]龙伯高:名述,传说为京兆(汉长安城)人。建武初年,任零陵郡(今湖南省永州市)太守。

[7]口无择言:出口的话都合乎法度、道理,不用选择。

[8]效:效法。

[9]杜季良:名保,京兆人。光武帝时,任越骑司马一职,后因有人上书弹劾他"为行浮薄,乱群惑众",被免职。

[10]清浊无所失:清流、浊流诸事处理得当。

[11]谨敕:谨慎庄重。

[12]刻鹄不成尚类鹜:刻画天鹅不成,仍有些像鸭子。比喻虽然模仿失真,但也有些相似。鹄:天鹅。鹜:鸭子。

[13]画虎不成反类狗:画老虎不成,却像狗。比喻弄巧成拙。

[14]讫今:到现在。讫:通"迄"。

[15]郡将下车辄切齿:新来的郡守刚刚上任就痛恨他。辄:就。切齿:形容痛恨。

[16]以为言:把……作为话柄。

[17]是以:因此。

中枢龟镜[①]

[唐] 苏 瑰

简介

苏瑰(639—710),字昌容,唐代京兆武功(今陕西省咸阳市武功县)人,进士出

---

① 董诰,等.全唐文[M].北京:中华书局,1983:1723 – 1724.

身,历任恒州参军、豫王府录事参军、朗州刺史、歙州刺史、扬州长史、尚书右丞、户部尚书、侍中、吏部尚书、右仆射,封许国公。

本文是一篇阐明治国的关键和要求的专论性文章,苏瑰以此来劝诫族中子弟要建立公平、缜密的规章制度,在面临重大事件决策或决断某种道德行为时,要以正道作为决策、评判的标准。同时,他还提到在个人修养上要严守法典,谨慎自洁,勤俭持家,不能忘记保家卫国的初心。

原文

宰相者,上佐天子,下理阴阳,万物之司命也。居司命之位,苟不以道应命,翱翔[1]自处,上则阻天地之交泰[2],中则绝性命之至理,下则阻生物之阜植[3]。苟安一日,是稽[4]阴诛[5],况久之乎?临大事,断大议,正道以当之。若不能,即速退。中枢[6]之地,非偷安之所。平心以应物,无生妄虑。似觉非正,则速回之,使久而不失正也。敷奏[7]宜直勿婉,应对无常,速机[8]可以回小事,沈机[9]可以成大计。同列之间,随器以应之,则彼自容矣。容则自峻其道以示之,无令庸者其来浼[10]我也。贤者亲而狎[11]之,无过狎而失敬,则事无不举矣。举一官一职、一将一帅,须其材德者,听众议以命之,公是非即无爽[12]矣。人不可尽贤尽愚,汝惟器之[13]。

与正人言,则其道坚实而不渝[14]。材人[15]可以责成办事,办事不可与议。与之议则失根本,归权道也。常贡外妄进献者,小人也,抑之。审奸吏,辞烦而忘亲者,去之。崇儒则笃敬,侈靡之风不作,不作则平和,平和则自臻[16]理道矣。刺史县令,久次[17]以居之,不能[18]者立除之。无奸柄施恩,交驰[19]道路,既失为官之意,受弊者随之矣。

欲庶而富,在乎久安。不教而战,是谓弃之。佐理[20]在乎谨守制度,俾[21]边将严兵修斥堠[22],使封疆不侵。不必务广,徒费中国,事无益也。古者用刑,轻中重之三典[23],各有攸处[24]。方今为政之道,在乎中典,谨而守之。无为人之所贰[25],无请数赦,以开幸[26]门。勿畏强御,而损制度。教令少而确守之,则民情胶固[27]矣。勿大刚以临人,事虑不尽,臣不密则失身。非所议者,勿与之言。勤思虑,不以小事而忽机[28]。管财无多蓄,计有三年之用,外散之亲族。多蓄甚害义,令人心不宁,不宁则理事不当矣。清身检下,无使邪隙微开,而货流于外矣。

远妻族,无使扬私于外,仍须先自戒。谨检子弟,无令开户牖[29],毋以亲属挠[30]有司,一挟私,则无以提纲在上矣。子弟婿居官,随器自任,调之勿过其器,而居人之右。子弟车马服用,无令越众,则保家,则能治国。居第在乎洁,不在华,无令稍过,以荒厥心[31]。

注释

[1]翱翔:在空中回旋地飞。这里指自由行事。

[2]天地之交泰:天地之间阴阳调和,万物得以休养生息。

[3]阜(fù)植:茂盛地生长。

[4]稽:至,到。

[5]阴诛:暗中受到诛罚。

[6]中枢:中央,指宰相职位。

[7]敷奏:向君主上奏。

[8]速机:迅速应答的素质。

[9]沈机:深思熟虑的素质。沈:通"沉"。

[10]浼(měi):通"浼",干扰,沾染。

[11]狎(xiá):亲昵而不庄重。

[12]爽:过错,差错。

[13]器之:量才使用。

[14]渝:改变。

[15]材人:有才能的人。

[16]臻(zhēn):达到。

[17]次:位次。

[18]不能:没有才能。

[19]交驰:交相奔走,往来不断。

[20]佐理:辅佐治理。

[21]俾(bǐ):使,让。

[22]斥堠(hòu):古代的侦察兵。

[23]三典:《周礼·秋官·大司寇》:"一曰刑新国用轻典,二曰刑平国用中典,三曰刑乱国用重典。"

[24]攸处:长处。

[25]贰:被人左右、干扰。

[26]幸:侥幸。

[27]胶固:巩固团结。

[28]忽机:忽视事物变化的征兆。

[29]户牖:门户,比喻学术上的流派。

[30]挠:阻碍,干扰。

[31]厥心:本心。

与中舍二子三监簿四太祝书(节选)①

[北宋]范仲淹

简介

范仲淹(989—1052),字希文,祖籍邠州(今陕西省彬州市),后移居苏州吴县(今江苏省苏州市)。北宋初年著名政治家、文学家。宋真宗大中祥符八年(1015)中进士。仁宗时曾任秘阁校理。仁宗明道二年(1033)任右司谏,景祐年间知开封府,上《百官图》,讥刺宰相吕夷简不能选贤任能,被贬饶州。康定元年(1040),范仲淹被召为龙图阁直学士,陕西经略安抚副使,兼知延州,以防御西夏侵扰,声望大增。仁宗庆历三年(1043)回朝任枢密副使、参知政事(副宰相),继而向仁宗提出改革政治的十项主张,这就是后人所称的"庆历新政"。但不久被罢免,出任地方官,最后病死于徐州。卒赠兵部尚书,谥文正。范仲淹工诗词散文,晚年所作的《岳阳楼记》中"先天下之忧而忧,后天下之乐而乐"一句千古传诵。著作有《范文正公集》传世。

以下诸文均为范仲淹给儿子和弟侄的书信,虽然信中所讲述的都是日常生活中的琐事,但从点滴中我们仍能窥见这位伟大的政治家、文学家博大的胸怀和范氏家族严谨的家风。他告诫子侄不能贪图富贵之乐,要安贫乐道,体恤照顾宗族中的人,做人要谨言慎行,为官要正直清廉。此外,他还教育子侄们交游要"慎于高论"

---

① 曾枣庄,刘琳.全宋文·第十八册[M].上海:上海辞书出版社,合肥:安徽教育出版社,2006:331-332.

"清心洁行,以自树立平生之称"。范氏家族绵延不绝八百余年和其严谨优良的家风的传承和指引是分不开的。正像范仲淹对东汉隐士严子陵的评价,他和他的家风影响也可谓是"云山苍苍,江水泱泱,先生之风,山高水长"。范氏家训不仅对后世范氏子孙的品德言行具有重要的劝诫和引导意义,更是我们全体华夏儿女共同拥有的一笔巨大的精神财富。

原文

汝守官处小心,不得欺事[1];与同官和睦多礼,有事即与同官议,莫与公人[2]商量。莫纵乡亲来部下兴贩,自家且一向清心做官,莫营[3]私利。汝看老叔自来如何,还曾营私否?自家好家门,各为好事,以光[4]祖宗。

注释

[1]欺事:欺上瞒下,轻慢世事。
[2]公人:衙门里的差役。
[3]营:谋取。
[4]光:光耀,光大。

告诸子书①

[北宋]范仲淹

原文

吾贫时与汝母养吾亲,汝母躬[1]执爨[2],而吾亲甘旨[3]未尝充也。今而得厚禄,欲以养亲,亲不在矣,汝母亦已早世。吾所最恨者,忍令若曹享富贵之乐也。

注释

[1]躬:亲自。

---

① 曾枣庄,刘琳.全宋文·第十八册[M].上海:上海辞书出版社,合肥:安徽教育出版社,2006:386.

[2]执爨(cuàn):烧火煮饭。

[3]甘旨:美味的食品。

[4]若曹:你们。

与提点书①

[北宋]范仲淹

原文

青春何苦多病,岂不以摄生[1]为意耶?门户才起立,宗族未受赐;有文学称,亦未为国家用。岂肯循[2]常人之情,轻其身、汨[3]其志哉!

注释

[1]摄生:保养身体。

[2]循:沿着,遵循。

[3]汨(gǔ):乱,扰乱。

告子弟书②

[北宋]范仲淹

原文

吾吴中宗族甚众,于吾固[1]有亲疏,然吾祖宗视之,则均是子孙,固无亲疏也。苟祖宗之意无亲疏,则饥寒者吾安得不恤[2]也?自祖宗来,积德百余年,而

---

① 曾枣庄,刘琳.全宋文·第十八册[M].上海:上海辞书出版社,合肥:安徽教育出版社,2006:386.

② 曾枣庄,刘琳.全宋文·第十八册[M].上海:上海辞书出版社,合肥:安徽教育出版社,2006:387.

始发于吾,得至大官。若独享富贵而不恤宗族,异日何以见祖宗于地下,今何颜入家庙乎?

> 注释

[1]固:本来。

[2]恤:忧虑,救济。

与朱氏书(六)(节选)①

[北宋]范仲淹

> 原文

京师交游,慎于高议[1]不同,当言责[2]之地也。且温习文字,清心洁行,以自树立。平生之称,当见大节,不必窃[3]论曲直,取小名招大悔矣。希多爱多爱,不宣。某上直讲三哥之右。

> 注释

[1]高议:高谈阔论。

[2]责:君主时代臣下对君主进谏的责任,或者是负进言的责任,例如《孟子·公孙丑下》:"有言责者,不得其言,则去。"

[3]窃:私下里。

---

① 曾枣庄,刘琳.全宋文·第十八册[M].上海:上海辞书出版社,合肥:安徽教育出版社,2006:335.

与朱氏书(七)(节选)①

[北宋]范仲淹

原文

宅眷贤弟各计安。京师少往还,凡见利处便须思患。老夫屡经风波,惟能忍穷,故得免祸。

与朱氏书(九)②

[北宋]范仲淹

原文

纯佑[1]尚未安,纯仁[2]得解[3]犹未归。贤弟计安,请宽心将息[4]。虽清贫,但身安为重。家间苦淡,士之常也,省去冗口[5]可矣。足下或未能发得书,请贤弟写书相报相报。

请多着灸,看道书,见寿而康者,问其所以[6],则有所得矣。

注释

[1]纯佑:范纯祐,字天成,范仲淹长子。
[2]纯仁:范纯仁,字尧夫,范仲淹次子。
[3]得解:获释。
[4]将息:将养,调息。
[5]冗口:吃闲饭的人。

---

① 曾枣庄,刘琳.全宋文·第十八册[M].上海:上海辞书出版社,合肥:安徽教育出版社,2006:336.
② 曾枣庄,刘琳.全宋文·第十八册[M].上海:上海辞书出版社,合肥:安徽教育出版社,2006:337.

[6]所以:缘故,理由。

诫 子 文①

[清]孙枝蔚

简介

孙枝蔚(1620—1687),字豹人。明末清初三原(今陕西省咸阳市三原县)人。明亡后定居江都(今江苏省中部)发愤读书,是清初重要诗人。著作有《溉堂文集》及诗集《溉堂前集》《续集》《后集》《诗余》等。本文可以视为孙枝蔚对自己一生言行得失的总结之作和经验之谈。作者以慈爱真挚的口吻讲述了自己年轻时的几件大事,从中我们可以感受到作者对儿子孙燕的良苦用心。

原文

吾今年过四十,往往多悔,盖少年之所为,至中年则愧之。得意之所为,至失意则非之。诚反躬[1]而易明,不待他人之好我也。今以语吾儿燕[2]。人非蠡蠃[3],何必类己?事父几谏,子道之常[4]。昔子见南子[5],则子路愠[6]。见弟子之于师,犹子之于父也。若惩证羊之失[7],更蹈画虎之讥[8],徒贻笑耳。且资有上中[9],不可强同。事或偶然,不可有意。故同一事也,智者为之得吉,愚者为之得凶。古人豀之观成,今人豀之取败[10]。昔赵奢[11]之子不善读父书,而坑长平卒四十万,非其父兵法之过也。况吾心已知其大谬,而后人尚奉为家法,非独子实自害,亦且愈章[12]吾过耳。故侠为美名,懒亦高致,散家财如马援,卒称东汉之佐。[13]省迎送如沈驎[14],何伤处士之贤?然而鉴郭解之祸,则侠不如谨。[15]观嵇康之事,则懒不如勤。[16]故欲学伯夷,则至洁者无徒,至清者无鱼。[17]清不可为也。欲学柳下惠[18],则莲花虽不染泥[19],鲍鱼亦不闻臭[20],和不可为也。故孔子曰:"我则异是,无可无不可。[21]"孟子曰:"隘与不恭,君子不豀也。[22]"然而圣贤既不易逮[23],必也宁夷无惠,宁狷无狂[24],硁硁小人,抑可谓次焉耳。[25]昔东方诫子"归于优游"[26],渊明诫子"兄弟为重"[27],彼盖意有

---

① 焦循.扬州足征录[M].南京:凤凰出版社,2014:714-717.

所专望[28],故不暇多及也。有一言而可以终身,有屡言而不整其意[29]。吾既非二贤之比,不敢效颦简要[30]。今将为吾儿述五伦[31]之得失,指万事之利害,且愿吾儿先当以吾为戒耳。

注释

[1] 反躬:反过来要求自己,自我检束。

[2] 燕:孙枝蔚的儿子孙燕。

[3] 蜾(guǒ)蠃:榕园本作"蜾蠃"。虫名,又名蠮螉、蒲卢、细腰蜂,是胡蜂总科下的一科。蜾蠃后代从螟蛉幼虫体内孵出,古人误以为蜾蠃养螟蛉为子。

[4] 事父几谏,子道之常:侍奉父亲而婉言规劝,这是做人子的常法。《论语·里仁》:"事父母几谏,见志不从,又敬不违,劳而不怨。"《集解》:"包(咸)曰:'几者,微也。当微谏纳善言于父母。'"

[5] 南子:原为宋国公主,后嫁卫灵公为夫人,把持着当时卫国的朝政,而且有不正当的行为,名声不好。

[6] 愠:怒。

[7] 若惩证羊之失:如果以儿子检举父亲偷羊一事为警戒。惩:警戒。证:《说文》:"证,告也。"即今所谓"检举""揭发"。《论语·子路》:"叶公语孔子曰:'吾党有直躬者,其父攘羊,而子证之。'孔子曰:'吾党之直者异于是:父为子隐,子为父隐。直在其中矣。'"

[8] 更蹈画虎之讥:更会蹈入画虎不成反类犬的讥笑之中。《后汉书·马援传》:"所谓刻鹄不成尚类鹜者也。效季良不得,陷为天下轻薄子,所谓画虎不成反类狗者也。"画虎不成反类狗,比喻模仿不到家,反而不伦不类。

[9] 资有上中:人的天资有上等和中等的分别。资:天资。

[10] 古人繇(yóu)之观成,今人繇之取败:古人由此可以得到好的结果,今人由此却可能招致失败。繇:通"由",从,自。观成:看到成果。这里引申为得到好的结果。取败:招致失败。

[11] 赵奢:赵国名将,战国时期东方六国八大名将之一,因屡立战功,被赵惠文王封为"马服君",人们便称他的儿子赵括为"马服子"。后文"赵奢之子"即指"纸上谈兵"的赵括。

[12] 章:通"彰",彰显,暴露。

[13] 散家财如马援,卒称东汉之佐:像马援一样散尽家财,最终被称誉为东汉

的将佐。佐:将佐。《后汉书·马援传》:"因处田牧,至有牛马羊数千头,谷数万斛,既而叹曰:'凡殖货财产,贵其能施赈也。否则,守钱虏耳!'乃尽散。"

[14]沈凯:字处默,梁沈演之从孙。齐都官郎沈坦之之子,吴兴武康人。幼清静有至行,读书不为章句,著述不尚繁华。常独处一室,人罕见其面。事母兄孝友,为乡里所称。征为著作郎、太子舍人,俱不赴。

[15]然而鉴郭解之祸,则侠不如谨:但是借鉴郭解被诛族的灾祸来看,那么侠义不如谨慎。鉴:借鉴。郭解:字翁伯,河内郡轵县(今河南省济源市轵城镇)人,西汉时期游侠。据《史记·游侠列传》载:"郭解少常以细事杀人,或为人报仇。铸钱掘墓,作奸剽攻,难以细数。及年长,更折节为俭,以德报怨,仗义不伐,人争慕附,党徒甚众。有诋谤郭解者,客为杀之,而郭解不知杀者为谁。御史大夫公孙弘议曰:'解布衣为任侠行权,以睚眦杀人,解虽弗知,此罪甚于解杀之。当大逆无道。'遂族诛郭解。"

[16]观嵇康之事,则懒不如勤:观看嵇康四十岁被杀害一事,那么懒惰不如勤勉。嵇康:字叔夜,谯国铚县(今安徽省濉溪)人,三国时期曹魏思想家、音乐家、文学家,"竹林七贤"之一。懒:怠惰,这里指嵇康性格傲慢。

[17]故欲学伯夷,则至洁者无徒,至清者无鱼:所以想要学习伯夷,那么过于高洁的人就没有弟子,过于清澈的水中没有鱼儿。《汉书·东方朔传》:"水至清则无鱼,人至察则无徒。"

[18]柳下惠:姬姓,展氏,名获,字季禽,又有字子禽一说,鲁国柳下邑人。中国古代思想家、政治家、教育家。他"坐怀不乱"的故事广为传颂。

[19]莲花虽不染泥:周敦颐《爱莲说》:"予独爱莲之出淤泥而不染,濯清涟而不妖"。

[20]鲍鱼亦不闻臭:进入了卖鲍鱼的店铺,久而久之就闻不到鲍鱼的臭味了。鲍鱼:盐渍鱼,其气腥臭。《孔子家语·六本》:"与不善人居,如入鲍鱼之肆,久而不闻其臭,亦与之化矣。"

[21]我则异是,无可无不可:我就和他们这些人不同,没有什么可以,没有什么不可以。语见《论语·微子》。

[22]隘与不恭,君子不繇也:气量太小和不太严肃,君子是不那样去做的。隘:狭隘,这里指人的气量小。语见《孟子·公孙丑上》。

[23]然而圣贤既不易逮:既然这样,那么圣贤已经是不容易赶上了。

[24]宁夷无惠,宁狷无狂:宁可效法伯夷也不效法柳下惠,宁可为人狷介也不

激进。狷:狷介,性情正直,不肯同流合污。《论语·子路》:"子曰:'不得中行而与之,必也狂狷乎!狂者进取,狷者有所不为也。'"

[25]硁(kēng)硁小人,抑可谓次焉耳:浅陋固执的小人,或许可以认为是退而求其次吧。硁硁:浅陋固执的样子。抑:或。次:退而求其次。

[26]昔东方诫子"归于优游":从前东方朔诫子,"归结于从容不迫、悠闲自得"。

[27]渊明诫子"兄弟为重":陶渊明教导儿子们要以兄弟和睦为重。

[28]专望:专门的期望。

[29]不罄其意:不能完全说出他的用意。

[30]效颦简要:模仿讲得简单明畅。效颦:不善模仿,弄巧成拙。详见《庄子·天运》。

[31]五伦:封建礼教称君臣、父子、兄弟、夫妇、朋友之间的五种关系为五伦。也叫五常。

原文

吾少年遭闯寇[1]乱,见张良潜身下邳故事[2],心窃奇之,遂朝友屠狗,夕客鸡鸣[3],短衣匹马,入北山中。谓当尽射猛虎,然后归见妻子,何其雄也!既而几蹈不测,潜遁行间,幸彼时无秦人十日之索耳,万一危及,阖门忠孝两失,永为罪人矣!吾至今每思之,犹可寒心也。然昔所以为此,犹曰:"幼好奇服[4]耳。"至于事既不成,遂来扬州,隐于鱼盐之市[5],先人产业尚足自给,乃复愤悁,不平无所寄托。则以饮酒、近妇人为事,谓"丈夫不得行胸怀,虽速死声色中可也"。志日奇而趣日卑,心日放而名日损,玩世不恭,狎及倡优。当此之时,岂复知有贫穷、老病之苦哉?年才四十,鬓发萧然,幸尚无疾病,不至速化[6]。然维忧用老,安能保其永年?即使有疾,亦无钱可求药饵。一棺之费,便须累及亲友,兄弟天涯,那易得一永诀?故吾时时常作此想,询[7]可哀也,亦可畏也。昔弃万金如敝屣[8],今谋一饭如登天。于是东奔西走,不以乞食为耻,见不愿见之人,强颜欢笑,行同优丐[9]。昔所欲骂欲唾者,一旦或且奉为恩人,视同漂母[10],期以异日酬之千金。子曰:"爱之欲其生,恶之欲其死[11]。"岂非大惑耶?前后矛盾,失其本心,乃至于此。推其所繇,岂非烈士之不易为,过高之能为累耶?后世且不可欺,况欺吾儿子?故吾具告儿,使闻吾少日之过。事关大节,勿藐藐[12]也。今吾又尝有经旬不答拜之客,客或出怒言,谓孙生何所挟而骄人。后又遇此客于其乡,客乃复为予且饮食,予心愧其厚道也。书札堆积,都久而不能裁答,往往至于失欢。每念昔陶侃于远近书疏,莫不手答,门无停客,[13]是真吾师也。凡此皆非小过,愿吾儿知之。吾既不可为训,儿复当效何人乎?《诗》云:"我思古人,俾无尤兮。[14]"又曰:"如临深渊,如履薄冰。[15]"此自处之道也。居今之世,惟多读书可以使人敬,惟至诚可以使人感,惟耕田可以不求人。此三者之外,吾不能为儿计也。吾尝中夜而起,呼婢索灯,婢云:"油尽。"目中不得见一物,深苦之,心有所得,不能即刻书之于纸,忧然烦乱,惟恐起而忘之也。及曙,豁然无所不见,然后知白日之难得。儿念无负寸阴也。昔王韶之[16]绝粮三日而不辍卷,家人诮之曰:"穷如此,何不耕?"韶之答曰:"我常自耕耳。"若以无田为虑者,砚可为田也。吾自三十以后,始谢去游侠声色之习,折节[17]读书,慨然慕陈憕[18]之为人。今吾至饥死者,赖学耳。生平多失,惟此为得,愿吾儿效其一节可耳。吾言虽繁,意不至杂碎,他人或笑其不达,冀儿勉为孝子足矣。

注释

[1] 闯寇:明末农民起义领袖李自成,或称"李闯王"。

[2] 张良潜身下邳故事:张良刺杀秦始皇未遂而潜匿至下邳一事。下邳:秦所置县名,故治在今江苏省睢宁县。

[3] 遂朝友屠狗,夕客鸡鸣:二句互文,意谓早晚与屠狗、鸡鸣之人为友,早晚以鸡鸣、屠狗之人为客。屠狗:原意为宰狗,这里指从事卑贱职业的人。鸡鸣:即"鸡鸣狗盗"的简称,这里指有卑微技能的人。

[4] 幼好奇服:幼年喜爱新奇的服装,这里引申为有远大的志向。屈原《九章·涉江》:"余幼好此奇服兮,年既老而不衰。"《注》:"奇,异也。或曰:奇服,好服也。"

[5] 鱼盐之市:盛产鱼盐的市井之地。

[6] 速化:突然死亡。

[7] 洵:确实。

[8] 敝屣:破鞋。

[9] 优丐:乞丐。

[10] 视同漂母:视如给韩信饭食的漂母一样。漂母:在水边漂洗衣物的老妇。《史记·淮阴侯列传》:"信钓于城下,诸母漂,有一母见信饥,饭信,竟漂数十日。信喜,谓漂母曰:'吾必有以重报母。'"后韩信为楚王,"召所从食漂母,赐千金"。

[11]爱之欲其生,恶之欲其死:爱一个人,希望他长寿;厌恶起来,恨不得他马上死去。语见《论语·颜渊》。

[12]勿藐藐:不要轻视忽略。藐藐:轻忽的样子。

[13]每念昔陶侃于远近书疏,莫不手答,门无停客:每每念及陶侃对无论远近的书札,没有不亲自答复的,门口没有停留等候的客人。《晋书·陶侃传》:"侃性聪敏,勤于吏职,恭而近体,爱好人伦。……远近书疏,莫不手答,笔翰如流,未尝壅滞,引接疏远,门无停客。"

[14]我思古人,俾无尤兮:我思念那已经亡故的妻子,使我不再犯什么过失。尤:当作"訧",过错。语见《诗经·邶风·绿衣》。

[15]如临深渊,如履薄冰:如同处于深渊边缘一样,如若在薄冰上行走一般。比喻存有戒心,行事极为谨慎。语见《诗经·小雅·小旻》。

[16]王韶之:字休泰,琅琊郡临沂县(今山东省临沂市)人。东晋大臣,荆州刺史王廙曾孙。

[17]折节:改变平日志向;谓强自克制。

[18]陈慥(zào):字季常,好佛道,宋永嘉人。其妻悍妒,苏轼曾以"河东狮吼"戏之。

与兄子伯镕①

[清]贺瑞麟

简介

贺瑞麟(1824—1893),原名贺均,榜名瑞麟,字角生,号复斋,又号清麓山人。清末著名理学家、教育家、书法家。清末西安府三原(今陕西省咸阳市三原县)人。编著有《朱子五书》《信好录》《蒙养书》《清麓文钞》及《三原县新志》《三水县志》等书。

《与兄子伯镕书》出自贺瑞麟《清麓文集》卷十五,这是贺瑞麟写给其二哥的长子(贺伯镕)的一封家书,书信中,句句真切,饱含了他对晚辈的殷切期望和深刻教

---

① 贺瑞麟.清麓文集.清光绪二十五年刘氏传经堂刻本.

诲。贺伯镕是贺家长子,他在十五岁时就随四叔贺堤到江南经商,因此荒废了学业。对此,贺瑞麟十分担心,于1856年写了这封书信给他,教他做人的道理。在这封信中,他从俭朴、诚实、谨慎、谦下这些基本的做人品行出发,告诫侄子为人处世的道理。此外,贺瑞麟还提到了吸食毒品和贩卖鸦片的危害,告诫侄子万万不可吸食鸦片,即使生意时的逢场作戏也不行,吸食鸦片,会害人害己、丧失人品、败坏家风。因为贺伯镕是贺家长子,将来有传承家风的责任,所以贺瑞麟不惜笔墨,再三告诫他。这份家信,今天读来,仍然具有强烈的震撼力和时代价值,具有重要的学习意义。

原文

贾事[1]吾不知,亦须有个道理,守身[2]总以俭朴为主,存心总以诚实为主,作事总以谨慎为主,接人总以谦下[3]为主。又要看得命是一定不可妄为求非分,只是平平地做了正事才是。更有最宜戒者,如今世所谓洋烟[4],万不可染此气习,一入其中便是坏了心术、丧了人品、犯了王法、败了家风。莫说市井[5]以此交易,不妨逢场作戏,难道未有洋烟时,便不交易耶?且以此致富到底何如?自古终是正道可行,纵然[6]贾事不成空手而归也,是气腾腾一个丈夫[7]。若行为不是,饶多财,成个甚人,亦只落得他人耻笑。人生在世,只要与天地父母争口气,成个人,吃不如人,穿不如人,全是淡事。莫学世人睁着两眼,只看银钱是好,他笑我贫,亦是他不识好歹,那样俗眼孔俗心肠,何足较量?况汝为吾伯兄后,将来有承家之责,苟不学个好人,上不足以事祖宗,下不足以教子弟,更成甚人家。即汝妻亦须说与知道,安贫守苦,异日可率家众成好规矩。若只为服美食甘,便道汝贾得钱,此念一开,渐入骄奢,万一失算,保不与汝反目,且必与家人争长竞短,都说不可他意,又焉能商量推让。教戒诸妇,到得此时,有明知其不是而不可制,悔之已晚。吾见如此妇人多矣。汝生居长[8],不可不深思自省,汝诸父都惟汝是望,千千言万万语只是要汝学个好人。远行牢记,勿负我一片心也。汝若置之罔闻,亦已焉哉。

注释

[1]贾事:经商的事。
[2]守身:保持自身的节操。

[3]谦下:谦逊。
[4]洋烟:鸦片,俗称大烟。
[5]莫说:不要说。市井:买卖商品交易时。
[6]纵然:即使。
[7]气腾腾一个丈夫:堂堂正正做人。
[8]汝生居长:贺伯镕身为贺家长子。

示子瑞骎①

[清]刘古愚

简介

刘古愚(1843—1903),名光蕡,字焕唐,号古愚,陕西省咸阳市天阁村(今属咸阳市秦都区)人。清末著名教育家、思想家,从教三十载,育人愈千,弟子中以于右任、李岳瑞等为代表。

《示子瑞骎(tú)》讲述刘古愚谆谆教导儿子瑞骎如何做一位合格的蒙师。刘氏从一个教师应当具备的素养谈起,详细就讲读、算学、体操、朴作教等问题详细说明教法和注意事项,并督促儿子要每日记录教学心得,供自己查验。告诫儿子不可责备学生的家长,应当宽以待人。末文提醒儿子带包茶叶以供消遣,体现出一个父亲对儿子的关爱。

原文

汝学问未成,即出为人师,是以童蒙励汝之学,非汝之道艺[1]、德行足为人师也。时时日日,当自勉学问,尽心竭力,不使一毫对不住人,问不过心。须知道,秀才为蒙师,即出身加[2]民之始,他日能为名儒,未有训童蒙不尽心竭力者。其教法须宽以容之,勤以督之。唐、虞教胄子[3],命乐官,不命刑官,固贵从容涵养,不贵束缚拘迫也。

一、讲读。童子已读之书,令照旧。读其生书,读一句须为讲一句,讲须极

---

① 刘古愚.刘光蕡集·烟霞草堂文集[M].西安:西北大学出版社,2014:240.

俗,令童子心中了然。每日须为童子认十字,逐字讲明写出,贴在墙上,令童子能写者各自钞[4]录。为童子教《等韵》[5],须讲口势,使童子心中了然。《等韵》学后,再认字。每认一字,即问童子此为何口势,在何韵,不能,汝为调之。天文、地舆、歌括[6]及近日新出幼学各书,并旧日《小儿语》之类,均为童子讲读。经书宜以俗话演讲,史事亦须演说。

一、学算。先使童子知数,倘不知,可就实物指示之。

一、习体操。每傍晚为之,汝须与之共学。

一、朴作教[7]。刑所以打犯命及不法者,非责童子以记诵也。童子诵读,汝须经管,使心不放,即易成诵。不可一认书后,置之不问,次早责以背过,其背不过者,横施鞭打,此即《论语》所谓"不戒视成,谓之虐也",汝其戒之。

每日功课,汝须自写于日记上,不可一日不写。每归,须将日记挐[8]上,我要看。每朔望[9],须谒[10]至圣,谒毕,汝为童子讲孔子学问,择童子易解者演说。至于东家,均为乡人,不足与之责礼。茶饭不可计较,汝往可带茶叶一包,乡间多半不饮茶也。

注释

[1]道:学问。艺:技能。

[2]加:超过。

[3]胄子:古代称帝王或贵族的长子。

[4]钞:通"抄"。

[5]《等韵》:传统音韵学审音辨字、阐明音理的著作。

[6]歌括:歌诀,用唱歌的方式记诵某些内容。

[7]朴作教:当为"扑作教"。语出《尚书·舜典》:"鞭作官刑,扑作教刑,金作赎刑。"扑是古代惩罚犯错学生的一种器具。

[8]挐(ná):拿。

[9]朔:阴历每月的初一。望:阴历每月的十五。

[10]谒:拜见。

给妻子的遗书[①]

[民国]刘愿庵

简介

刘愿庵(1895—1930),原名刘孝友,字坚予。陕西省咸阳市天阁村(今属咸阳市秦都区)人。中共四川省委书记,革命烈士。1911年辛亥革命爆发后,弃学奔赴南京,参加学生军,声讨袁世凯,后在川军任职。1923年在成都参加恽代英组织的"学行励进会",开始接受共产主义思想。不久,加入中国共产党,作兵运、工运工作。1928年4月任中共四川临时省委代书记。同年6月,赴莫斯科出席党的六大,当选为中共第六届中央候补委员,为发展四川的党组织,发动工农运动,组织武装斗争,进行了艰苦卓绝的工作。1930年5月5日上午,省委在重庆市浩池街一家酱园铺(当时省委一个秘密机关)楼上开会,由于叛徒告密,刘愿庵和省委秘书长邹敬贤、省委宣传部长陈攸生同时被捕。1930年5月7日上午,刘愿庵与邹、陈两人一起,在重庆市内巴县街门口英勇就义,时年三十五岁。这篇书信是刘愿庵临刑前在狱中为妻子写的绝笔信,信中表达出的,对妻子、孩子、父亲等亲人的万般歉意和无限留恋之情以及作为一名共产主义战士面对牺牲的大无畏精神,令人无比动容。我们要感恩、要缅怀像刘愿庵一样舍身成仁,为国捐躯的先烈们,是他们的血肉、他们的牺牲换来了我们今天和平安宁的时代,是他们的信仰、他们的精神照亮了新中国美好的未来。

原文

我最亲爱的[1]:

久为敌人所欲得而甘心的我,现在被他们捕获。当然他们不会让我再延长为革命致力的生命,我亦不愿如此拘囚下去。我现在准备踏着先烈们的血迹去就义,我已经尽了我的一切努力,贡献给了我的阶级,贡献给了我的党,我个人

[①] 中共四川省委党史研究室.四川党史人物传·第二卷[M].成都:四川人民出版社,2016:23-26.

的责任算是尽到了。所不释然的是此次我的轻易,我的没有注意一切,使我们的党受了很大损失。这不仅是一种错误,简直是一种对革命的罪过。我虽然死了,但还是应当受党处罚的。不过我的身体太坏,在这样烦剧的受迫害的环境中,我的身体和精神,表现非常疲惫,所以许多地方是忽略了。但我不敢求一切同志原谅,只有你——我的最亲爱的人,你曾经看见我一切勉强挣扎的困苦情形,只有希望你给我以原谅,原谅我不能如你的期望,很努力地,很致密地保护我们的阶级先锋队,我只有请求你的原谅。

对于你,我尤其觉得太对不住了。你给了我的热爱,给了我的勇气,随时鞭策我前进努力,然而毕竟是没有能如你的期望,并给以你最大的痛苦。我是太残酷地对你了。我唯一到现在还稍可自慰的,即是我再四的问你,你曾经很勇敢的答应我,即使我死了,你还是一并且加倍地为我们的工作努力。惟望你能践言,把死别的痛苦丢开,把全部的精神,全部爱我的精神,灌注在我们的事业上,不应该懈怠、消极。你的弱点也不少,所对一切因循、缺乏勇气与决心,加以极大的补救,你必须要象《士敏土》中的黛莎一样,有铁一样的心。

对于你的今后,必须要努力作一个改革的职业家,一切教书谋生活等个人主义的倾向,当力求铲除,这才是真正地爱我。……假如我死后有知,我俩心灵唯一的联系,是建筑在你能继续我们的工作与事业,而不是联系在你为我忧伤和忠贞不二上面,这是我理性的自觉,决不是饰词,或者故意如此说,以坚定你的信念,望你绝不要错认了!

对于我们的工作,如果能给我以机会,我或者可以写出许多话来,但现在是不可能。不过这一切问题,历来的决议说得很多了……然而我们的许多同志总是借口许多理由,说在实行上,事实上有某种困难,把他修改或者取消了,这充分表现出畏难苟安的小布尔乔亚的恶习。我们并不是说没有困难,但布尔什维克的精神,是需用一切的努力去战胜这些困难,决不是对于困难屈服(修改原则或取消主义)。这是我理应能够而又必须最后说的一句最重要的话。

对于我的家庭,难说,难说,尤其是贫困衰老的父亲……整个社会无量数的老人在困苦颠连中,我的家庭,我的父亲,不过(是)无量数之一分子而已。我的努力革命,也何尝不是如此。然而毕竟对于家庭,对于父亲是太不孝了。社会是这样,又复何说。此后你若有力,望你于可能时给父亲以安慰和孝养,尤其是小弟妹,当设法教之成立,这是我个人用以累你的一件事。不过对于我死的消息,目前对家庭,可暂秘密不宣,你写信去说我已到上海或出国去了,你随时缔造些消息去欺骗父亲好了。不过,可怜的父亲,是有两个儿子的生或死,永远不能知道了。五弟不自振作,可以说五弟媳当使工作,不需她始终有个依赖丈夫想做所谓太太的观念,你应在可能时,在教育方面帮助她。

端儿是我很喜欢的一个孩子,也是我们兄弟存留的一个独孩子,你在不妨碍工作范围内,可以抚养她,五弟媳是不会教育孩子的。只是我未免太累你了,然而这也是无法可想的,你能原谅我。

望你不要时刻想起我……更不要无谓的思量留念。这样足以妨害工作,伤害身体,只希望你时时刻刻记起工作,工作,工作!

我被捕是在革命导师马克思的诞生(日)晨9点钟。我曾经用我的力量想销毁文件,与警察搏斗,可恨我是太书生气了,没有力量如我的期望,反被他们殴伤了眼睛,并按在地上毒打了一顿,以致未能将主要的文件销毁,不免稍有牵连,这是我这两日心中最难过的地方。只希望同志们领取这一经验,努力军事化武装每个人的身体。

你的身体太弱,这是我不放心的。身体弱会影响到意志不坚决与缺乏勇气,望你特别锻炼你的身体。主要方法是习劳,吃药是不相干的,望切记。

我今日审了一堂,我勇敢地说话,算是没有丧失一个布尔什维克主义者的精神,可以告慰一切。在狱中,许多工人对我们表同情,毕竟无产阶级的意识是不能抹杀的,这是中国的一线曙光,我的牺牲,总算不是枉然的,因此我心中仍然是很快乐的。

再,我的尸体千万照我平常向你说的,送给医院解剖,使我最最后还能对社会对人类有一点贡献,如亲友们一定要装殓费钱,你必须如我自愿和嘱托,坚决主张,千万千万,你必须这样才算了解我。

别了,亲爱的……不要伤痛,努力工作,我在地下有灵,时刻望着中国革命成功,而你是这中间一个努力工作的战斗员!

你的爱人死时遗书

五月六日午后八时

注释

[1]我最亲爱的:这里指刘愿庵之妻周敦婉,时为中共四川省委委员、省委秘书处一科负责人。

武功县崔氏①

简介

武功崔氏族谱中的十条约法,主要体现了崔氏家族对子孙婚嫁丧事以及家风传承的重视。四条规定则是对子孙品德言行、礼法道义等方面的严格要求。事实上,其中多数训言不光对崔氏子孙有着重要的劝诫意义,对我们当代人的品德修养、为人处世也有着积极的教育意义。

原文

约法

藏谱版、守谱本、立族长、置义塾、继绝世、恤孤幼、绝大恶、谨婚嫁、葬婴骸、急外难。

规定

德业相劝:德谓见善必行,闻过必改。能治其身,能治其家,能事父兄,能教子弟,能御童仆,能事长工,能睦亲故,能导人为善,能规人过失,能择交游,能守廉介,能广施惠,能受寄托,能救患难,能为人谋事,能为众集事,能解斗争,能决是非,能兴利除害,能居官守职业。谓居家则事父兄,教子弟待妻妾;在外则事长工,接朋友,教后生,御童仆,至于读书治田营家济物,如礼乐射御之类,皆可

---

① 陕西省地方志编纂委员会.陕西省志·第77卷·民俗志[M].西安:三秦出版社,2000:292.

以为之,非此之类皆为无益。

过失相规:犯义之过六:一曰酗博斗讼,二曰行止逾违,三曰行不恭逊,四曰言不忠信,五曰造言诬毁[1],六曰营私太甚。不修之过五,一曰交非其人,二曰游戏怠惰,三曰动止无仪,四曰临事不恪,五曰用度不节。

礼俗相交:婚姻丧葬祭祀之礼,有往还,书问庆吊[2]之节。

患难相恤:一曰水火,二曰盗贼,三曰疾病,四曰礼丧,五曰孤弱,六曰诬枉,七曰贫乏。

注 释

[1]诬毁:诬蔑诋毁。

[2]庆吊:庆贺与吊慰。亦指喜事与丧事。

格言语录类

敕[1]室家①

[西汉]平 当

简介

平当(？—前5)，字子思，西汉大臣。祖父时自下邑(在今安徽省砀山县)徙居平陵(今咸阳市秦都区西北)，哀帝时，官至丞相。平当官至丞相，汉哀帝打算封他为关内侯，派使者召他。当时，平当身患重病，没能应召。家人劝说他要为子孙考虑，接受侯印，平当没有答应并说了下面这番话。在平当看来，无功受禄，只能害了子孙。这番话，为那些一心想福荫后代的父母们敲响了警钟。

原文

吾居大位，已负素餐[2]之责矣，起受侯印，还卧而死，死有余罪。今不起者，所以为子孙也。

注释

[1]敕(chì)：告诫。室家：夫妇。也泛指家庭或家庭中的人，如父母、兄弟、妻子等。

[2]素餐：不劳而食。

---

① 班固.汉书[M].颜师古，注.北京：中华书局，1962：3051.

先令书[1] ①

[西汉]何 并

简介

何并,字子廉。西汉人,生卒年不详。原籍平舆(今河南省东南部)。祖父以吏二千石自平舆徙平陵(今陕西省咸阳市西北)。何并初为郡中小吏,后历任大司空掾、长陵县令、陇西太守、颖川太守。其为人清廉,任职期间,妻子儿女不至官舍。能严于执法,每至任所,奸人都闻风逃匿。这则家训是何并临终前预先写给儿子何恢的遗令。在遗令中,他称自己生时无功而食禄,嘱咐儿子不要接受朝廷赠送的财物,丧事要从简。

原文

吾生素餐[2]日久,死虽当得法赙[3],勿受。葬为小椁[4],亶[5]容下棺。

注释

[1]先令书:遗书,遗嘱。
[2]素餐:不劳而坐食。
[3]法赙(fù):古代官吏死后,朝廷按规定赠给的治丧财物。
[4]椁:古代套在棺材外面的大棺材。
[5]亶(dàn):通"但",仅,只。

---

① 班固.汉书[M].颜师古,注.北京:中华书局,1962:3268.

与弟超书（节选）

[东汉] 班　固

简介

班固(32—92)，字孟坚。扶风安陵（陕西省咸阳市东北）人。东汉史学家、文学家，与司马迁并称"班马"。父亲班彪撰《史记后传》未成，卒后，固谋继父业。汉明帝永平五年(62)，被人诬告私改作国史，下狱。其弟班超辩明其冤，班固出狱后被任为兰台令史，转迁为郎，典校秘书，奉诏完成其父所著书。自永平中受诏，至章帝建初中，前后历二十余年，班固修成《汉书》，继司马迁之后，继承了纪传体史书的形式，并开创了"包举一代"的断代史体例。这篇家训出自班固的《与弟超书》，即班固给其弟班超写的家书。当时的班固得到了徐伯章的书稿，他的字笔势极为工巧，人们读了他的文字，没有不赞叹的。这篇家训篇幅虽短，但揭示了所有人成名成家的不变规律，即"艺由己立，名自人成。"章学诚曾大力称赞："此八字千古名言。"

原文

得伯章[1]书，稿势殊工，知识[2]读之，莫不叹息[3]。实亦艺由己立，名自人成。

注释

[1]伯章：徐干，字伯章。汉扶风平陵（今陕西省咸阳市西北）人。官至班超军司马。善章草，固与超书称之。

[2]知识：相知，相识。

[3]叹息：赞叹。

---

① 章学诚.乙卯札记 丙辰札记 知非日札[M].冯惠民，点校.北京：中华书局，1986：38.

马江诫子①

[明] 马 江

简介

马江(1425—1510),字文渊,初岁号云岩居士,中岁号浩然子,晚号竹园老人,西安府三原(今陕西省咸阳市三原县)人。正德元年(1506)应诏受耆德官。他是历史上著名的关学儒者,曾开馆授徒,编著有《小学论语直说》《遵述录》《通鉴节略》《云岩闲闲稿》《浩然子竹园近草》等书,在明代关学发展史上有着重要的作用。

《马江诫子》这段话出自另一位关学大师吕柟(nán)的《云岩先生耆德官马公墓志铭》,是马江教育儿子马理(1474—1556)的名言。马江总结父辈的家风,经常以"勤俭忠信"和"公正廉洁"教育儿子马理,形成了马家的家训。马江家学传统渊源颇深,其子马理也继承了良好的家风传统并成为明代著名理学家。马理为明弘治十年(1497)举人,正德九年(1514)进士,曾任吏部稽勋主事、稽勋员外郎、南京通政司右通政稻郎中、光禄卿等职。据载,弘治十一年(1498),马理中乡试,进入国子监读书,与高陵人吕柟相友善,常在一起讲论学问。高丽(今朝鲜)使者看过马理的《送康太史奉母还关中序》后,十分敬仰马理,将其抄录后带回国内,奏请国王将其文颁示全国,作为范文。后来马理因父亲去世,在家守孝,不能参加会试。安南(今越南)贡使问礼部主事黄清;"关中马理先生在何处? 他为何不出来做官呢?"可见马理还未出仕就声名远播了。马江训诫马理做人要勤俭、忠信,做官要公正、廉洁,这成为马理一生的信条,奠定了马理以后为学为人为官的基本风范。

原文

勤俭,起家之本,以富天下可也;[1]
忠信,修身之本,以化[2]天下可也。
正以居官,民斯可得而治[3]也;
廉以立身,心可得而正矣。

---

① 张天社.清风千年·西安家训故事集[M].西安:西安出版社,2021:27.

注释

[1]本:根本。以:凭借。
[2]化:教化。
[3]治:治理。

梁选橡诫子孙①

[明] 梁选橡

简介

梁选橡,生卒年不详,明代陕西著名盐商。梁选橡出生于盐商世家,梁家到梁选橡这一代时,盐业发展迅速,成为寓籍扬州、货雄广陵的大盐商。这则家训是梁选橡晚年训诫子孙的话,他希望子孙后代在拥有财富的同时不要忘记礼法和道义。

原文

仓廪[1]足而知礼义,礼义之行舍儒安归乎?子孙两用之。

注释

[1]仓廪:储藏粮食的仓库。

---

① 郎菁.馆藏善本探秘:明刊《三原焦吴里梁氏家乘》及清刊《三原梁氏旧谱》记载的一个陕西盐商家族发展史[J].当代图书馆,2008,93(1):18.

示儿燕(节选)①

[清] 孙枝蔚

简介

孙枝蔚(1620—1687),字豹人,号溉堂。明末清初三原(今陕西省咸阳市三原县)人。明亡后定居江都(今江苏省中部)发愤读书,成为清初著名诗人。著作有《溉堂文集》及诗集《溉堂前集》《续集》《后集》《诗余》等。本篇家训中,孙枝蔚要求其子在读古书时须在书上加以圈点勾画,进行深入研读,打下读古书的基础。

原文

初读古书,切莫惜书。惜书之甚,必至高阁。便须动圈点为是,看坏一本,不妨更买一本。盖惜书是有力之家藏书者所为,吾贫人未遑[1]效此也。譬如茶杯饭碗,明知是旧窑,当珍惜;然贫家止[2]有此器,将忍渴忍饥作珍藏计乎?儿当知之!

注释

[1] 未遑:没有时间,来不及。
[2] 止:仅,只。

礼泉县赵镇后鼓西村张氏②

简介

礼泉县赵镇后鼓西村张氏祖训涉及品德、言行、教育、从业、婚嫁、丧事等方面,

---

① 孙枝蔚.溉堂集.清康熙刻本.
② 张克俭,王惠琴.礼泉县赵镇后鼓西村张氏家谱.

体现了张氏先祖对子孙的严格要求、殷切期望以及对良好家风建设和传承的重视,对我们今天的家风建设具有重要的参考价值。

原文

笃忠敬言,急公守法,完粮息讼。营生业言,士农工商,各执其业。慎丧祭言,慎终追远[1],宜尽诚敬。慎婚姻言,娶媳嫁女,咸宜配择。严内外言,治内治外,不可易位。敦孝悌言,事事亲敬,敦宗睦族。笃教学言,养不废教,作养人才。厚风俗言,吉凶庆恤,孤寡有体。敦和睦言,捍忠御灾,协力同心。严杂禁言,奸盗赌博,占欺谋吞。

注释

[1]慎终追远:旧指慎重地办理父母丧事,虔诚地祭祀远代祖先。后来也指谨慎从事,追念前贤。终:人死。远:祖先。

对联类

三原县鲁桥镇孟店村周家大院

简介

周家大院,位于陕西省三原县城西北鲁桥镇孟店村,建于清代乾隆末年嘉庆初年(1787—1797),是时任清廷朝仪大夫、刑部员外郎周梅村的私人宅邸,距今已有二百多年的历史。这副对联教导子孙孝顺父母、友爱兄弟、守护家业、耕读传家,体现了周氏家族对家风建设和传承的重视。

原文

忠厚延年

守先辈家风惟孝[1]惟友[2]
教后人恒业曰读曰耕

注释

[1]孝:孝顺父母。
[2]友:友爱兄弟。

旬邑县太村镇唐家村唐家大院

简介

唐家大院位于陕西省咸阳市旬邑县城东北七公里处的唐家村,被称为渭北高原上的传统民居瑰宝。这几幅对联教导子孙培养品德、增强才干、不忘先祖、孝敬双亲、勤奋读书、勤俭持家等，体现了唐氏家族对家风守护和传承的重视，不仅对唐氏子孙有着重要的教育作用，也对新时代的家风建设具有借鉴和指导意义。

原文

一

乐观益长寿
贤达[1]则安宁

二

来四方有道之财
锡[2]万世无疆之福

三

报德报功，爱祖时思心不斁[3]
至诚至恳，敬亲如在孝无穷

四

祖德难忘，基业远遗恩泽大
孝思不匮[4]，藻蘋时荐水源香

五

以让为得，以屈为伸，忍三分物情自顺
知足不辱，知止不殆[5]，退一步乐意无穷

六

勤以补拙，俭以养廉，处身世须留心两字
书能破愚，诗能益智，愿儿孙常励志三余[6]

七

斯馆以公刘[7]之旧，先畴如昨，豳雅、豳颂、豳风，期不坠艰难事业
得氏自叔虞[8]以来，世得相承，思忧、思居、思外，愿勿忘勤俭家规

注释

[1]贤达:贤明通达。也用作名词,指贤明通达之人士,也泛指有才德有声望的人。

[2]锡:通"赐",赐给。

[3]斁(yì):厌倦;懈怠。

[4]匮:缺乏。

[5]殆:危险。

[6]三余:出自鱼豢《魏略·儒宗传·董遇》中董遇"三余"勤读的典故。所谓"三余"指"冬者岁之余,夜者日之余,阴雨者时之余也"。

[7]公刘:姬姓,名刘,"公"为尊称。姬刘在泾河中游的岐原谷(今长武县)一带创建了部落国家,是古代周部落的杰出首领。

[8]叔虞:姬姓,名虞,字子于,岐周(今陕西省岐山县)人。西周时期晋国始祖、周武王姬发之子,在封地唐国,史称唐叔虞。

宝鸡家训

散文类

保 训[①]

简介

《保训》是"清华简"中的一个篇章,为中国目前发现的最早的成文家书。《保训》的大致内容是:周文王得了重病,预感到自己将要离开人世,担心没有时间向继承者传授保(宝)训,于是把太子姬发找来,告诫他要恭敬做事,切勿放纵自己,耽误国事。

原文

惟王五十年,不豫,王念日之多历,恐坠宝训,戊子,自濆水[1],己丑,昧[爽][2]……[王]若曰:"发,朕疾壹甚[3],恐不汝及训。昔前人传[4]宝,必受之以诵,今朕疾允病,恐弗念终,汝以书受之。钦哉,勿淫![5]昔舜旧作小人,亲耕于历丘,恐求中,自稽厥志[6],不违于庶万姓之多欲。厥有施[7]于上下远迩,迺易位迩稽,测阴阳之物,咸顺不逆。舜既得中,言不易实变名,身兹备惟允,翼翼[8]不懈,用作三降之德。帝尧嘉[9]之,用受厥绪[10]。呜呼!发,祗[11]之哉!昔微假中于河[12],以复有易[13],有易服厥罪,微无害,迺归中于河。微志弗忘,传贻子孙,至于成唐,祗备不懈,用受大命。呜呼!发,敬哉!朕闻兹不旧,命未有所延。今汝祗备毋懈,其有所由矣。不及尔身受大命。敬哉!勿淫!日不足,惟宿不详。"

---

① 李学勤.清华简《保训》释读补正[J].中国史研究,2009(3):4.

注释

[1]蹟水:洵水,位于今陕西东南部的安康市旬阳县。

[2]昧爽:拂晓。

[3]朕疾壹甚:我的病已经很严重了。

[4]传:传诵。

[5]钦:恭敬。淫:放纵。

[6]稽:省察。厥:他的。

[7]施:施惠。

[8]翼翼:小心谨慎。

[9]嘉:认为(舜)很好。

[10]用受厥绪:让舜继承帝位。

[11]祗:敬。

[12]微假:上甲微,商的君主。河:河伯。

[13]有易:有易氏。

大开解第二十二(节选)①

简介

周文王开导后人修身敬戒,启导后人"八儆""五戒"。"八儆"的主要内容是教导人们诚信祈祷、时常自省;保节守义、维护安宁;以正当的方式谋取利益、求得和平。"五戒"的主要内容为谨慎谋划,办好内政,不可疏远宗族兄弟,不可吝惜祭祀与祷告的器物。

原文

八儆:一、□旦于开[1],二、躬修九过[2],三、族修九禁,四、无竞维义[3],五、习用九教[4],六、用守备[5],七、足[6]用九利,八、宁用怀[7]□。

---

① 黄怀信,张懋镕,田旭东.逸周书汇校集注[M].上海:上海古籍出版社,2007:213-215。

五戒：一、祗用谋宗[8]，二、经内戒工[9]，三、无远亲戚[10]，四、雕无薄□，五、祷无忧[11]玉，及为人尽不足。

王拜："儆我后人，谋竞不可以藏[12]。戒后人其用汝谋，维宿不悉[13]日不足。"

注释

[1]旦于开：早起处理政事。

[2]九过：九种过失，出自《逸周书·文政解》，分别是：在百姓面前傲慢无礼，处理民事粗暴，疏远诚实、亲近虚妄，法令矛盾混乱，诛杀仁人义士，不审查而杀戮，不思虑而行动，做事不思后果，不坚持正义而助纣为虐。

[3]无竞维义：没有比道义更重要的。

[4]九教：国君和三卿、五大夫的治国之道。

[5]守：戍卒。备：兵器。

[6]足：富足。

[7]怀：用德行让人归服。

[8]祗：恭敬地。谋宗：为国思虑的大臣。

[9]经内：加强内政。工：工匠。

[10]亲戚：宗族兄弟。

[11]忧：吝惜。

[12]藏：善，此处意为图谋竞争将不会有好下场。

[13]悉：尽。

文儆解第二十四（节选）①

简介

周文王姬昌（前1152—前1056），岐周（今陕西省岐山县）人。周朝奠基者，周太王之孙，季历之子，周武王之父。又称周侯、西伯、姬伯，周原甲骨文作周方伯。

---

① 黄怀信,张懋镕,田旭东.逸周书汇校集注[M].上海:上海古籍出版社,2007:231-235.

文王担心后嗣不能守住基业,特意告诫其子姬发要保本行善、谨慎小心、慎守勿失,他告诉太子发,统治者只能充当百姓的向导,坚守礼节、体察民意,将百姓引向善处。

原文

维文王告:"梦懼后祀之元保。"庚辰,诏太子发曰:汝敬之哉!民物多变,民何向非利?利维生痛[1],痛维生乐,乐维生礼,礼维生义,义维生仁。呜呼,敬之哉!民之适败[2],上察下遂。信何向非私[3]?私维生抗,抗维生夺,夺维生乱[4],乱维生亡[5],亡维生死。呜呼,敬之哉!汝慎守勿失,以诏有司,凤夜勿忘,若[6]民之向引。汝慎何非遂[7]?遂时[8]不远。非本非标,非微非煇[9]。壤非壤不高,水非水不流。呜呼,敬之哉!倍本者槁[10],汝何葆[11]非监?不维一保监顺时,维周[12]于民之适败,无有时盖[13]。后戒后戒,谋念勿择!

注释

[1]维:则。痛:疑当读作"通",通畅。

[2]适败:行动,行为。败:当作"迈"。

[3]私:私心。

[4]乱:违背,悖逆。

[5]亡:灭亡。

[6]若:顺应。

[7]遂:行动。

[8]时:时机。

[9]非本非标,非微非煇:人民为邦国之本,没有坚实的根基就没有繁茂的枝叶,治国之道始于微妙,没有最初的微妙,就没有往后的壮大。标:末。煇:显著。

[10]倍:通"背",背弃。槁:枯败,比喻国亡。

[11]葆:守护。

[12]周:全面预防。

[13]盖:遮蔽。

文传解第二十五(节选)①

简介

周文王受命的第九年,在镐京告诉其子姬发治国之道,并要求姬发将这些道理传给子孙后代。为君者要广施恩惠、体恤百姓、节约用度;捕猎和砍柴都要顺应天时,不能任意而为;要懂得因地制宜,不浪费每一块土地。周文王还用水、旱、饥、荒四种灾祸告诫太子姬发要未雨绸缪,懂得储蓄物资。

原文

太子发曰:"吾语汝我所保所守,守之哉!厚德广惠,忠信爱人,君子之行。不为骄侈,不为靡泰,不淫于美[1],括柱茅茨,为爱费。[2]山林非时不升斤[3]斧,以成草木之长;川泽非时不入网罟[4],以成鱼鳖之长;不麑不卵[5],以成鸟兽之长。畋渔以时,童不夭胎,马不驰骛[6],土不失宜。土可犯[7],材可蓄[8]。润湿不谷,树之竹、苇、莞、蒲;砾石不可谷,树之葛、木,以为絺绤[9],以为材用。故凡土地之间者,圣人裁之,并为民利。是鱼鳖归其泉,鸟归其林。孤寡辛苦,咸赖其生。山以遂其材,工匠以为其器,百物以平其利,商贾以通其货。工不失其务,农不失其时,是谓和德。土多民少,非其土也;土少人多,非其人也。是故土多,发政以漕四方,四方流之;[10]土少,安帑而外其务,方输。[11]《夏箴》曰:中不容利,民乃外次。[12]《开望》曰:土广无守,可袭伐;土狭无食,可围竭。二祸之来,不称之灾。天有四殃,水、旱、饥、荒,其至无时。非务积聚,何以备之?《夏箴》曰:小人无兼年[13]之食,遇天饥,妻子非其有也;大夫无兼年之食,遇天饥,臣妾舆马非其有也。戒之哉!弗思弗行,至无日矣!不明开塞禁舍[14]者,其如天下何?人各修其学而尊其名,圣人制之。故诸横生[15]尽以养从,从生尽以养一丈夫。无杀夭胎,无伐不成材,无堕四时。如此者十年有十年之积者王,有五年之积者霸,无一年之积者亡。生十杀一者物十重,生一杀十者物顿空。十重者王,顿空者亡。兵强胜人,人强胜天。能制其有者,则能制人之有;不能制其

---

① 黄怀信,张懋镕,田旭东.逸周书汇校集注[M].上海:上海古籍出版社,2007:237-250.

有者,则人制之。令行禁止,王始也。出一曰神明[16],出二曰分光[17],出三曰无适异[18],出四曰无适与[19]。无适与者亡。"

注释

[1]淫于美:贪图华美的器物。

[2]括柱:修建屋楹不加纹饰。茅茨:用茅草盖房屋,不加修剪。爱费:节约费用。

[3]斤:斧头。

[4]网罟(gǔ):捕鱼工具。

[5]麛(mí):捕杀初生的动物。卵:捕杀鸟卵。

[6]驰骛:驱赶。

[7]犯:通"范",用土烧制器具。

[8]蓄:积聚。

[9]缔:细葛布。绤:粗葛布。

[10]漕:转移。流:归服。

[11]帑:妻子儿女。通"孥"。输:向外输出。

[12]中:郊野之内。利:利益。次:居住。

[13]兼年:两年。

[14]开:发布政令,安置妻儿。塞:没有防守和存粮。舍:置之不取。

[15]横生:万物。

[16]出一曰神明:第一条政令是敬奉神明。

[17]出二曰分光:第二条政令是不可专权。

[18]出三曰无适异:第三条政令是臣子不可不忠信。异:通"翼"。

[19]出四曰无适与:第四条政令是百姓不可以不服从。

成开解第四十七(节选)①

简介

成王元年,周公大力开导成王并告诉其当实行的事。周公所言的"三极""五示""四守""六则""九功"和"五典"其实也是周文王留给后人的教诲:"三极"主要说明明君需要贤臣的辅助;"五示"表明行为举措应合乎世人的期待;"四守"指出保卫政权和国土的方法;"六则"阐释与人相处的原则;"九功"告诫人们须勤恳务实,切勿荒逸;"五典"是使内臣与外臣顺从忠信的法则。

原文

在昔文考,躬修五典,勉兹九功,敬人畏天,教以六则、四守、五示、三极,祗[1]应八方,立忠协义,乃作。

三极:一、天有九列[2],别时阴阳;二、地有九州[3],别处五行[4];三、人有四佐[5],佐官[6]维明;五示显允,明所望。

五示:一、明位[7]示士,二、明惠示众,三、明主[8]示宁,四、安宅示孥[9],五、利用示产[10]。产足穷[11],家怀思终。主为之宗,德以抚众,众和乃同。

四守:一、政尽人材,材尽致死;二、土守其城沟;三、障水[12]以御寇;四、大有沙炭[13]之政。

六则:一、和众,二、发郁[14],三、明怨,四、转怒,五、惧疑,六、因[15]欲。

九功:一、宾好在笴,二、淫巧破制[16],三、好危[17]破事,四、任利[18]败功,五、神巫动众,六、尽哀[19]民匮,七、荒乐无别[20],八、无制破教[21],九、任谋[22]生诈。

和集集以禁实有离莫逐通其[23]

五典:一、言父[24]典祭,祭祀昭天,百姓若[25]敬;二、显父登德,德降为则[26],则信民宁;三、正父登[27]过,过慎于武[28],设备无盈;四、机父[29]登失,修□□官,官无不敬;五、□□□□,制哀节用,政治民怀。五典有常,政乃重开[30]之守,内则顺意,外则顺敬,内外不爽[31],是曰明王。

---

① 黄怀信,张懋镕,田旭东.逸周书汇校集注[M].上海:上海古籍出版社,2007:499-508.

注释

[1]祗:敬。

[2]九列:九星。

[3]九州:扬州、荆州、豫州、青州、兖州、雍州、幽州、冀州、并州。

[4]五行:土在中央、木在东、金在西、火在南、水在北。

[5]四佐:肝、脾、肺、肾四脏。

[6]官:心脏。

[7]位:爵位。

[8]明主:明确主人地位。

[9]孥:妻子和儿女。

[10]产:产业。

[11]产足穷:产物丰富,用之不竭。"穷"上脱"不"字。

[12]障水:雍塞河水。

[13]大有:刘师培说为"矢石"之误,指箭矢、石块。沙炭:沙子和炭。

[14]发郁:发泄郁结在心头的烦闷。

[15]因:利用。

[16]破制:破坏法度。

[17]好危:好高骛远。

[18]任利:贪图财利。

[19]尽哀:厚葬之风。

[20]荒:荒废。无别:上下无别,丧失秩序。

[21]破教:教不立,民不从。

[22]任谋:权变。

[23]和集集以禁实有离莫逐通其:陈逢衡认为此十二字意义难晓,与上下文没有连属关系。

[24]言:能言善辩。父:对有威严的人的尊称。

[25]若:顺从。

[26]则:法典。

[27]登:指出。

[28]过慎于武:用刑就像用兵一样谨慎。

[29]机父:祈父,即司马。

[30]重开:四方通达归服。

[31]爽:违背。

本典解第五十七(节选)①

简介

周公是周王室的忠诚辅臣,一直帮助周王室治理朝政。四月十五日这天,周成王向周公请教治国的方针,周公告诉成王修明道德的依据,施行政教、养育百姓的措施以及礼乐产生于何处,成王后来决定把这些作为治国的根本法典。

原文

臣闻之文考,能督[1]民过者德也,为民犯难者武也。智能亲智,仁能亲仁,义能亲义,德能亲德,武能亲武,五者昌于国曰明。

明能见物,高能致[2]物,物备咸至曰帝。帝乡[3]在地曰本,本生万物曰世,世可则□曰至。

至德照天,百姓□惊。备有好丑[4],民无不戒。显父登德[5],德降则信。信则民宁,为畏为极[6],民无淫慝[7]。

生民知常利之道[8]则国强,序明好丑□必固其务。均分以利之则民安,□用以资之则民乐,明德以师之则民让。

生之乐之,则母之礼也;政之教之,遂以成之,则父之礼也。父母之礼以加于民,其慈□□。古之圣王,乐体[9]其政。士有九等,皆得其宜曰材多;人有八政[10],皆得其则曰礼服[11]。士乐其生而务其宜,是故奏鼓以章[12]乐,奏舞以观礼,奏歌以观和。礼乐既和,其上乃不危。

注释

[1]督:纠正。

---

① 黄怀信,张懋镕,田旭东.逸周书汇校集注[M].上海:上海古籍出版社,2007:753-756.

[2]致:聚集。

[3]乡:向,眷顾。

[4]备:具备。好丑:偏谓"丑",不好。

[5]登德:崇尚美德。

[6]畏:威严。极:通"亟",急。

[7]淫慝:淫邪。

[8]常利之道:固定的获利之法。

[9]体:体验,实行。

[10]八政:夫妻、父子、兄弟、君臣。

[11]服:施行。

[12]章:表现。

小开解第二十三(节选)[1]

简介

文王三十五年正月十五丙子日,发生了月食,君臣祭拜,周文王心有所思,担心人们不能很好地保卫国家,便开导后人修身敬戒。周文王给后人的建议有:顺从天命,自省其身;大事多谋,共同商议;大臣要用心辅佐,国家才能安康繁荣;行事须符合自然规律,不可悖逆天时。

原文

呜呼,于来后之人!余开[1]在昔曰:明明非常,维德曰为明。食[2]无时。汝夜何修非躬,何慎非言,何择非德?呜呼,敬之哉!汝恭闻不命,贾粥不雠[3]。谋念之哉!不索祸招[4],无[5]曰不免。不庸、不茂、不次。[6]人灾不谋,迷弃非人。[7]

朕闻用人不以谋说[8],说恶諂言。色不知适[9],适不知谋,谋泄,汝躬不允[10]。呜呼!敬之哉,后之人!朕闻曰:谋有共軷[11],如乃而舍[12]。人之好

---

[1] 黄怀信,张懋镕,田旭东.逸周书汇校集注[M].上海:上海古籍出版社,2007:219-229.

佚[13]而无穷,贵而不傲,富而不骄,两而不争,闻而不遥,远而不绝,穷而不匮[14]者,鲜矣。

汝谋斯何向非翼[15],维有共枳[16]?枳亡[17]重。大害小,不堪柯引。[18]维德之用,用皆在国。谋大,鲜无害。

呜呼!汝何敬非时,何择非德?德枳[19]维大人,大人枳维卿,卿枳维大夫,大夫枳维士,登登皇皇。囗枳维国,国枳维都,都枳维邑,邑枳维家,家枳维欲[20]无疆。动有三极,用有九因,因有四戚、五私[21]。极明与与有畏劝。汝何异非义[22],何畏非世[23],何劝非乐[24]?谋获三极无疆,动获九因无限。务用三德,顺攻奸囗,言彼翼,翼在意,忉时[25]德。春育生,素草肃,疏数[26]满;夏育长,美柯[27]华;务水潦,秋初艺[28];不节落,冬大刘[29]。倍信[30]何谋?本囗时岁,至天视。

呜呼!汝何监非时[31],何务非德[32],何兴非因[33],何用非极[34]?维周[35]于民人,谋竞不可以。后戒后戒,宿不悉日不足[36]。

注释

[1]开:诸本作"闻"。

[2]食:日食和月食。

[3]恭闻不命:恭敬地听从天命。不:通"丕",大。雠:售卖。

[4]不索祸招:不思考招致祸患的原因。

[5]无:勿。

[6]庸:用功。茂:努力。次:安居。

[7]人灾:祸患。迷:昏聩。弃:暴弃。

[8]谋说:谗言。

[9]色不知适:表面态度不知是否合于内心真意。

[10]允:信。

[11]谋有共鞧(rǒng):计谋有人共同推动。

[12]如乃而舍:就像在家一样。

[13]佚:安逸。

[14]匮:堕落。

[15]翼:边缘。

[16]枳:枳有刺,可以防御,用作屏障,此处喻臣下。

[17] 亡:勿。

[18] 害:妨害。柯引:比附。

[19] 枳:枝,此处有荫蔽之意。

[20] 欲:衣食。

[21] 四戚:与国君同休戚的人。五私:五大夫。

[22] 何异非义:为何不希冀正义。

[23] 何畏非世:为何不畏惧舆论。

[24] 何劝非乐:为何不劝勉乐观向上。

[25] 时:这。

[26] 素草:初生的草。肃:生长。疏数:稀疏和密集。

[27] 柯:枝干。

[28] 艺:成才。

[29] 节落:枝节脱落。大刘:百花凋零。

[30] 倍:通"背",违背。信:自然规律。

[31] 何监非时:为何不顺应自然。

[32] 何务非德:为何不致力于修德。

[33] 何兴非因:万物的兴起都有来由。

[34] 何用非极:为何不利用"三极"之才。

[35] 周:遍告。

[36] 宿不悉日不足:夜以继日地努力。

武王践阼第五十九(节选)[1]

简介

周武王(？—前1043),姬姓,名发,乃周文王姬昌与太姒的嫡次子,岐周(今陕西省岐山县)人,西周王朝的开国君主。约公元前1056年,文王崩逝,姬发继位,号为武王。武王继位后,继承父志,重用太公望、周公旦、召公奭等人治理国家,周国

---

[1] 戴德.大戴礼记.四部丛刊景明袁氏嘉趣堂本.

日益强盛。约公元前1046年,武王联合庸、蜀、羌、髳、卢、彭、濮等部族,进攻商纣,行至朝歌,讨伐暴君纣王统治下的商朝,是为牧野之战。殷商大败,纣王自焚于鹿台,殷商灭亡。周王朝建立,定都镐京(今陕西省西安市西南)。《武王践阼》选自《大戴礼记》,讲述周武王刚登基时,向姜太公询问治国之道的故事,周武王听了姜太公的教导后,退而作戒书,写在房屋的各个地方。

原文

席前左端之铭曰:"安乐必敬";前右端之铭曰:"无行可悔";后左端之铭曰:"一反一侧[1],亦不可以忘";后右端之铭曰:"所监[2]不远,视尔所代[3]。"

机之铭曰:"皇皇惟敬!口生诟,口戕口。"

鉴之铭曰:"见尔前,虑尔后。"

盥盘之铭曰:"与其溺于人也,宁溺于渊。溺于渊犹可游也,溺于人不可救也。"

楹[4]之铭曰:"毋曰胡残,其祸将然[5];毋曰胡害,其祸将大;毋曰胡伤,其祸将长。"

杖之铭曰:"恶[6]乎危?于忿疐[7]。恶乎失道?于嗜欲。恶乎相忘?于富贵。"

带之铭曰:"火灭修容,慎戒必恭,恭则寿。"

屦[8]履之铭曰:"慎之劳,劳则富。"

觞豆[9]之铭曰:"饮自杖,食自杖。戒之憍,憍则逃。"

户之铭曰:"夫名,难得而易失。无勤弗志,而曰我知之乎?无勤弗及,而曰我杖[10]之乎?扰阻以泥之,若风将至,必先摇摇,虽有圣人,不能为谋也。"

牖[11]之铭曰:"随天时地之财,敬祀皇天,敬以先时。"

剑之铭曰:"带之以为服[12],动必行德,行德则兴,倍[13]德则崩。"

弓之铭曰:"屈伸之义,废兴之行,无忘自过[14]。"

矛之铭曰:"造矛造矛,少间弗忍,终身之羞。予一人所闻,以戒后世子孙。"

注释

[1]一反一侧:一个转身和翻身。

[2]监:引以为戒的东西。

[3]代:所取代的殷商。

[4]楹:柱子。

[5]然:像火一样熊熊燃烧。

[6]恶:哪里。

[7]忿懥:愤怒。

[8]屦(jù)履:鞋子。

[9]笾豆:笾与豆都是古代盛酒的器具。

[10]杖:担负。

[11]牖:窗户。

[12]服:配饰。

[13]倍:通"背",违背。

[14]无:勿。自过:自省。

武儆解第四十五(节选)①

简介

周成王(？—前1021),姬姓,名诵,岐周(今陕西省岐山县)人,周朝第二位君主,周武王姬发的儿子,太师姜子牙的外孙,其母为王后邑姜。本文的主要内容为周武王做了噩梦后,让周公给他立后,并教导姬诵勤奋学习。

原文

王曰:呜呼,敬之哉！汝勤之无盖[1]。□周未知所周[2],不周商□无也。朕不敢望[3],敬守勿失,以诏宾[4]小子曰:允哉！汝夙夜勤,心之无穷也。

注释

[1]盖:懈怠。

---

① 黄怀信,张懋镕,田旭东.逸周书汇校集注[M].上海:上海古籍出版社,2007:486-488.

[2]□周未知所周:周初定天下,不知将来如何。周:至。

[3]望:忘。

[4]宾:各本作"寘",命令之意。

五权解第四十六(节选)①

简介

周武王生病时,告诉周公文王的治国方针,并以"三机""五权"告诫周公,嘱咐他以此辅佐太子姬诵。"三机":背离家族、违背礼法道义、不学无术。"五权":土地面积决定人口数量,事务多寡匹配官员冗简,行政区划衡量都邑居民范围,刑罚节制配合犒赏恩赐,俸禄多寡权衡爵位高低。

原文

维王不豫[1],于五日,召周公旦曰:呜呼,敬之哉!昔天初降命于周,维在文考,克致天之命。汝维敬哉,先后[2]小子[3]!勤在维政之失,政有三机五权,汝敬格[4]之哉!克中无苗[5],以保小子于位。

三机[6]:一疑家[7],二疑德,三质士[8]。疑家无授众[9],疑德无举士,质士无远齐[10]。吁,敬之哉!天命无常,敬在三机。

五权:一曰地,地以权[11]民;二曰物,物以权官;三曰鄙[12],鄙以权庶[13];四曰刑,刑以权常[14];五曰食[15],食以权爵。

注释

[1]不豫:不悦,这里指天子身体抱恙。

[2]先后:辅佐。

[3]小子:姬诵。

[4]敬格:好好研究。

[5]克中无苗:做到适中不偏,将祸患扼杀在摇篮里。克:"允"字之误。苗:通

---

① 黄怀信,张懋镕,田旭东.逸周书汇校集注[M].上海:上海古籍出版社,2007:489-492.

"谬"。

[6]机:同"几",事情征兆。

[7]家:至亲。

[8]质士:不学无术的人。

[9]授众:授予大权。

[10]远齐:委以重任。

[11]权:控制。

[12]鄙:行政区划。

[13]庶:百姓。

[14]常:赏赐。

[15]食:俸禄。

君 陈(节选)①

简介

君陈,姬姓,本名姬陈,君是尊称。依郑玄注《坊记》,君陈乃周公姬旦的次子,鲁公伯禽之弟。周成王任命君陈治理东郊成周,宣扬周公的教导,勉励大家日夜耕耘,不要安于享乐;也不能倚势做恶、侵害人民,要宽宏而有法,懂得忍耐。

原文

王若曰:"君陈!惟尔令德孝恭,惟孝友于兄弟,克施有政[1]。命汝尹[2]兹东郊,敬[3]哉!

"昔周公师保[4]万民,民怀其德。往慎乃司兹!率[5]厥常[6],懋[7]昭周公之训,惟民其乂!

"我闻曰:'至治馨香,感于神明。黍稷非馨,明德惟馨。'尔尚式时周公之猷训,惟日孜孜,无敢逸豫!

"凡人未见圣,若不克见;既见圣,亦不克由[8]圣。尔其戒哉!尔惟风,下民

① 佚名.尚书[M].陈戍国,导读、校注.长沙:岳麓书社,2019:175-176.

惟草。

"图[9]厥政,莫或不艰,有废有兴,出入自尔师虞;庶[10]言同则绎[11]。

"尔有嘉谋嘉猷,则入告尔后[12]于内;尔乃顺之于外,曰:'斯谋斯猷,惟我后之德。'呜呼!臣人咸若,时[13]惟良显哉!"

王曰:"君陈!尔惟弘周公丕[14]训,无[15]依势作威,无倚法以削[16]。宽而有制,从容以和。殷民在辟[17],予曰'辟[18]',尔惟勿辟;予曰'宥[19]',尔惟勿宥:惟厥中[20]。有弗若[21]于汝政,弗化[22]于汝训,辟以止辟[23],乃辟。狃[24]于奸宄[25],败常乱俗,三细[26]不宥。

"尔无忿疾[27]于顽[28],无求备于一夫。必有忍,其乃有济[29];有容,德乃大。简[30]厥修,亦简其或不修;进厥良,以率其或不良。惟民生厚,因[31]物有迁[32];违上所命,从厥攸好。尔克敬典在德,时[33]乃罔不变,允升于大猷[34]。惟予一人膺受多福,其尔之休,终有辞[35]于永世!"

注释

[1]克施有政:可以从政。

[2]尹:治理。

[3]敬:谨慎。

[4]师:施教。保:保护。

[5]率:遵循。

[6]常:常道。

[7]懋:努力。

[8]由:听从。

[9]图:谋划。

[10]庶:众人。

[11]绎:理出头绪,这里亦指施行。

[12]后:君主。

[13]时:这样。

[14]丕:大。

[15]无:勿。

[16]削:侵害人民。

[17]辟:刑法。

[18]辟:处罚。

[19]宥:赦免。

[20]中:适中。

[21]若:顺从。

[22]化:受教化。

[23]辟:(别人)犯法。

[24]狃:习惯。

[25]奸宄:作奸犯科。

[26]三细:奸宄、败常、乱俗罪行的小罪。

[27]疾:恨。

[28]顽:愚钝无知的人。

[29]济:事有所成。

[30]简:即"鉴",鉴别。

[31]因:依靠。

[32]迁:改变。

[33]时:这些人。

[34]大猷:治国大道。

[35]辞:赞扬。

康　诰(节选)①②

简介

《康诰》是周公封康叔(周文王之子,武王及周公之弟,名封。)时作的文告。周公在平定三监(管叔、蔡叔、霍叔)、武庚所发动的叛乱后,便封康叔于殷地。这个文告就是康叔上任之前,周公对他所作的训辞。本文也体现了周公"明德慎罚"的思想,他以文王建立霸业的过程为例,说明了"明德慎罚"的重要性。

① 顾颉刚,刘起釪.尚书校释译论·第3册[M].北京:中华书局,2005:1309-1357.
② 冀昀.先秦元典—尚书[M].北京:线装书局,2007:161-166.

原文

王曰:"呜呼!封,汝念哉!今民将在[1]!祇[2]遹[3]乃文考[4],绍闻[5]衣[6]德言[7]。往敷[8]求于殷先哲[9]王,用保乂[10]民。汝丕远[11]惟[12]商耇成人[13],宅[14]心知训[15]。别[16]求闻由古先哲王,用康保民[17]。宏[18]于天若德[19],裕乃身不废在王命[20]。"

王曰:"呜呼!小子封,恫瘝[21]乃身,敬哉!天畏[22]棐忱[23],民情大可见,小人难保,往尽乃心,无康好逸[24],乃其乂民。我闻曰:'怨不在大,亦不在小。惠不惠[25],懋[26]不懋。'"

"已[27]!汝惟[28]小子[29],乃服[30]惟弘。王应保殷民[31],亦惟助王宅天命,作新民[32]。"

王曰:"呜呼!封,敬[33]明[34]乃罚。人有小罪,非眚[35],乃[36]惟终[37],自作不典[38],式尔[39],有厥罪小,乃不可杀。乃有大罪,非终,乃惟眚灾[40],适[41]尔,既道[42]极[43]厥[44]辜[45],时[46]乃不可杀。"

王曰:"呜呼!封,有叙[47]时,乃大明服,惟民其勑[48]懋和。若有疾,惟民其毕弃咎[49]。若保赤子[50],惟民其康乂[51],非汝封刑人杀人,无或刑人杀人,非汝封又曰劓刵[52]人,无或劓刵人。"

王曰:"外事,汝陈[53]时臬[54]司[55],师[56]兹殷罚有伦[57]。"又曰:"要[58]囚,服念五六日,至于旬时,丕蔽[59]要囚。"

王曰:"汝陈时臬事,罚蔽殷彝[60],用其义[61]刑义杀,勿庸[62]以次[63]汝封。乃汝尽逊[64],曰时叙,惟曰未有逊事。已!汝惟小子,未其有若汝封之心,朕心朕德,惟乃知。凡民自得罪[65]:寇攘[66]奸[67]宄[68],杀越[69]人于[70]货,暋[71]不畏死,罔弗憝[72]。"

王曰:"封,元恶大憝,矧[73]惟不孝不友。子弗祇服厥父事,大伤厥考心;于父不能字[74]厥子,乃疾[75]厥子。于弟弗念天显[76],乃弗克[77]恭厥兄;兄亦不念鞠子[78]哀[79],大不友于弟。惟吊[80]兹不于我政人[81]得罪,天惟与我民彝大泯乱[82]。曰:乃其[83]速由[84]文王作罚,刑[85]兹无赦。不率大戛[86],矧惟外庶子、训人[87]惟厥正人[88]越小臣诸节。乃别播敷[89],造[90]民大誉,弗念[91]弗庸,瘝[92]厥君。时乃引[93]恶,惟朕[94]憝。已!汝乃其速由兹义率杀。

亦惟君惟长[95]不能[96]厥家人,越[97]厥小臣外正。惟威惟虐,大放[98]王命,乃非德用乂。汝亦罔不克敬典乃由。裕[99]民惟文王之敬忌[100],乃裕民曰:'我惟有及[101]。'则予一人[102]以怿[103]。"

王曰:"封,爽惟[104]民迪吉[105]康。我时其惟殷先哲王德用康乂民作求。矧今民罔迪,不适不迪,则罔政在厥邦。"

王曰:"封,予惟不可不监[106],告汝德之说于罚之行。今惟民不静[107],未戾[108]厥心,迪屡[109]未同[110];爽惟天其罚殛[111]我,我其不怨,惟厥罪无在大,亦无在多,矧曰其尚显闻于天?"

王曰:"呜呼,封,敬哉!无作怨,勿用非谋非彝蔽时忱,丕[112]则敏德[113]。用康乃心,顾[114]乃德,远乃猷[115],裕乃以[116]民宁,不汝瑕[117]殄[118]。"

王曰:"呜呼!肆[119]汝小子封,惟命[120]不于常,汝念哉!无我殄享。明[121]乃服命[122],高[123]乃听,用康乂民。"

王若曰:"往哉,封!勿替[124]敬,典[125]听朕诰,汝乃以殷民世享[126]。"

注释

[1]在:哉。

[2]祗:恭敬。

[3]遹:遵循。

[4]考:父。

[5]闻:旧闻。

[6]衣:通"殷"。

[7]德言:德教。

[8]敷:普遍。

[9]哲:圣明。

[10]乂:治理。

[11]丕远:不远。丕:不。

[12]惟:语词。

[13]商耇(gǒu)成人:殷商遗民。

[14]宅:度量。

[15]知训:知道听取教训的重要。

[16]别:通"遍",周全。

[17]用康保民:保民因而安康。

[18]宏:发扬。

[19]德:德政。

[20]王命:周的统治。

[21]恫(tōng):痛。瘝(guān):疾病。

[22]天畏:天威,"畏"通"威"。

[23]棐(fěi)忱:不可测知。棐:通"非"。忱:通"谌",可知。

[24]逸:安康。

[25]惠:施惠。

[26]懋:勉励。

[27]已:叹词。

[28]惟:虽。

[29]小子:年轻人。

[30]服:责任,职务。

[31]应保殷民:接受和保有殷民。

[32]作新民:重新改造殷民。

[33]敬:恭谨。

[34]明:严明。

[35]眚(shěng):悔过。

[36]乃:竟然。

[37]终:始终。

[38]不典:做事不合乎法律。

[39]式尔:故意那样做。

[40]宎:通"哉"。

[41]适:偶然。

[42]道:"迪",用也。

[43]极:责罚。

[44]厥:犯罪者。

[45]辜:罪行。

[46]时:这。

[47]有:能。叙:顺应。

[48]勃:勤劳地从事生产。

[49]咎:疾,疾病。

[50]赤子:小孩。

[51]惟民其康乂:人民就会因安乐而被治理得很好。

[52]劓刵:古代刑罚。劓:割掉鼻子。刵:割掉耳朵。

[53]陈:列,安排。

[54]臬:准则,法度。

[55]司:治理。

[56]师:效法。

[57]伦:法理。

[58]要:监禁。

[59]蔽:判断。

[60]彝:法则。

[61]义:应该。

[62]勿庸:不用。

[63]次:即。

[64]逊:顺从。

[65]得罪:犯罪。

[66]攘:盗取。

[67]奸:在外作乱。

[68]宄:在内作乱。

[69]越:于。

[70]于:取。

[71]暋(mǐn):强横。

[72]憝(duì):怨恨。

[73]矧:也。

[74]字:爱。

[75]疾:讨厌。

[76]天显:上天的命令。

[77]克:能。

[78]鞠子:稚子。

[79]哀:隐痛。

[80]吊:善。

[81]政人:掌握政权的人。

[82]泯乱:遭到破坏。

[83]其:语词。

[84]由:从。

[85]刑:惩罚。
[86]戛:法则。
[87]外庶子、训人:古代掌管教育的官。
[88]正人:掌握政权的人。
[89]播敷:播布条教。
[90]造:迎合。
[91]念:考虑。
[92]瘝(guān):病,损害。
[93]引:助长。
[94]朕:我。
[95]长:掌握政权的人。
[96]能:善。
[97]越:和。
[98]大放:大大地背弃。
[99]裕:通"欲"。
[100]敬忌:尊敬应受尊敬的人,惩罚应受惩罚的人。
[101]及:语词。
[102]予一人:国王自称。
[103]怿:高兴。
[104]爽惟:发语词,无实义。
[105]迪吉:走上正道。
[106]监:总结经验。
[107]不静:不太平。
[108]戾:安置。
[109]迪屡:屡次教导。
[110]未同:不和谐。
[111]殛(jí):罚。
[112]丕:语气词。
[113]敏德:勉行德教。
[114]顾:回顾。
[115]猷:谋略,打算。
[116]以:与,给予义。
[117]遐:通"遘",久远。

[118] 殄:灭绝。

[119] 肆:语词,可表示"所以"。

[120] 命:统治地位。

[121] 明:勉力。

[122] 服命:职责。

[123] 高:广阔。

[124] 替:废弃。

[125] 典:常。

[126] 世享:世世代代地统治。

酒 诰(节选)①②

简介

殷商贵族嗜好喝酒,王公大臣酗酒成风,荒于政事。周公担心这种恶习会造成大乱,所以周公旦谆谆告诫受命坐镇旧殷地的亲弟弟康叔,让康叔在卫国宣布戒酒令,不许酗酒,规定了禁酒的法令。《酒诰》是周代一篇著名的带有政令性质的文献,也可以称得上是中国第一篇禁酒令。

原文

王曰:"封!予不惟若兹多诰[1]。古人有言曰:'人无于水监[2],当于民监。'今惟殷坠厥[3]命,我其可不大监抚于时[4]!予惟曰:汝劼毖[5]殷献臣,侯、甸、男、卫,矧[6]太史友、内史友越献臣百宗工[7],矧惟尔事,服休、服采[8],矧惟若畴——圻父薄违、农父若保、宏父定辟[9],矧汝刚制[10]于酒!厥或诰曰:'群饮。'汝勿佚[11],尽执拘[12]以归于周,予其杀!又惟殷之迪诸臣惟工[13]乃湎于酒,勿庸杀之,姑惟教之。有斯明享,乃不用我教,辞惟我一人弗恤[14]、弗蠲[15]乃事,时同于杀。"

---

① 陈戍国.尚书校注[M].长沙:岳麓书社,2019:133.

② 顾颉刚,刘起釪.尚书校释译论·第3册[M].北京:中华书局,2005,1410-1417.

王曰:"封!汝典听朕毖,勿辩乃司[16]民湎于酒!"

注释

[1]惟:只。若兹:如此。诰:告诫。

[2]监:明鉴。

[3]坠:毁灭。厥:殷。

[4]抚:根据。时:这。

[5]劼(jié):诰,诰令。毖:教令。

[6]矧(shěn):与。

[7]越:与。宗工:尊贵的官吏。

[8]事:办理政务的官员。服休:官吏国王游宴与休息的近臣。服采:为国王管理朝祭的近臣。

[9]圻父:司马,掌管军事的大官。薄违:对人民的反抗进行镇压。农父:司徒,掌管农业生产。若保:对奴隶们加强统治并使其安于生产。宏父:司寇,管理司法事务的官员。辟:法。

[10]刚:强。制:断。

[11]佚:放纵。

[12]执拘:逮捕加以讯问。

[13]惟殷之迪:被殷任用过的官吏。工:官。

[14]我一人:国王自称。恤:忧虑。

[15]蠲(juān):严明廉洁。

[16]辩:使。司:统治。

梓　材(节选)①②

简介

梓材,指梓人(古代木工的一种,专造乐器悬架、饮器和箭靶等)制作的选材,

---

① 陈戍国.尚书校注[M].长沙:岳麓书社,2004:135-136.
② 顾颉刚,刘起釪.尚书校释译论·第3册[M].北京:中华书局,2005,1422-1427.

即优质的木材。这一篇是周公以周成王的名义教育周武王同母少弟康叔的诰词，康叔当时年幼，在他即将赴任之时周公作《梓材》给予指导，向他传授治国安邦的经验，阐明其为政之道，示以君子可为法则之理。

原文

王曰："封[1]！以厥庶民暨厥臣达大家[2]，以厥臣达王惟邦君[3]，汝若[4]恒[5]越[6]曰：'我有师师[7]：司徒、司马、司空、尹、旅。'曰：'予罔厉[8]杀人。'亦厥君先敬劳[9]，肆徂[10]厥敬劳。肆往奸宄[11]、杀人、历人[12]宥。肆亦见[13]厥君事戕[14]人宥。'王启监[15]厥乱[16]为民，曰：'无胥[17]戕，无胥虐。至于敬寡，至于属妇[18]，合由[19]以容。'王其效邦君越御事[20]，厥命曷以[21]？引养引恬[22]。自古王若兹监[23]，罔攸辟[24]。

"惟曰：若稽田，既勤敷菑[25]，惟其陈修[26]，为厥疆畎[27]。若作室家，既勤垣墉[28]，惟其涂塈茨[29]。若作梓材[30]，既勤朴斫[31]，惟其涂丹雘[32]。

"今王惟曰：先王既勤用明德[33]怀，为夹[34]庶邦享[35]作。兄弟方[36]来，亦既用明德，后式典集[37]，庶邦丕[38]享。皇天既付[39]中国民越厥疆土于先王，肆王惟德用和怿先后迷民[40]，用[41]怿先王受命。已！若兹监，惟曰：欲至于万年，惟王子子孙孙永保民！"

注释

[1]封：康叔，周武王同母弟。

[2]大家：巨室，世家望族。古指卿大夫之家。

[3]邦君：诸侯国君。

[4]若：顺从。

[5]恒：恒常。

[6]越：于。

[7]师师：较高级的官称的复数。

[8]厉杀人：杀戮无辜曰厉，指杀戮无罪的人。

[9]敬劳：敬慎勤劳。

[10]徂：且，此也。

[11]奸宄：为非作歹的人。

[12]历人:奴役。

[13]见:得知。

[14]戕:残害人的肢体。

[15]监:监察。

[16]乱:治理。

[17]胥:互相。

[18]属妇:地位低下的妇女。

[19]由:《诗》传云:"用也。"容:《广雅·释诂》云:"宽也。""合由以容"言穷民无告,有罪宽之。

[20]效:考察。御事:办理政务的官吏。

[21]曷以:以什么。

[22]恬:安康。

[23]监:视察。

[24]罔:没有。辟:邪僻,叛乱之类恶事。

[25]敷:播种。菑(zī):刚刚耕起的田地。

[26]陈修:修治。

[27]疆:边界。畎:田间水渠。

[28]垣:矮垟。墉:高垟。

[29]涂:涂塞。茨:以茅草盖房屋。

[30]梓材:上等木材。

[31]朴:没有制成器具的原材料。斫:加工。

[32]丹雘:上等颜色。丹:油漆用的红色颜料。雘:青色颜料。

[33]明:光明,伟大。德:德政。

[34]怀:怀徕。夹:挟,通达。

[35]庶:许多。享:纳贡。

[36]兄弟方:兄弟国。

[37]后:"司"之反文,语词。式:用。典:常。集:完成。

[38]丕:斯。

[39]付:给予。

[40]和怿:心悦诚服。迷民:周的统治者称殷商遗民中的顽固派为迷民。

[41]用:因为。

毋　逸（节选）①

简介

《毋逸》出自《尚书》，为周公创作的一篇散文，成王年长之后，周公怕成王"有所淫佚"，写《毋逸》以诫成王。"君子所，其无逸"应当为本篇的宗旨要义，以此为题，表明了作者的思想观点。文章主要记载了周公多次告诫成王不能贪图安逸，学习周文王勤政节俭的品质。

原文

为人父母，为业[1]至长久，子孙骄奢忘之，以亡其家[2]，为人子可不慎乎！故昔在殷王中宗，严恭敬畏天命，自度[3]治民，震惧不敢荒宁，故中宗飨[4]国七十五年。其在高宗，久劳于外[5]，为与小人[6]，作其即位，乃有亮阴[7]，三年不言，言乃讙[8]，不敢荒宁，密靖殷国，至于小大[9]无怨，故高宗飨国五十五年。其在祖甲，不义惟王[10]，久为小人于外，知小人之依[11]，能保施[12]小民，不侮鳏寡，故祖甲飨国三十三年。

注释

[1] 为业：创业。

[2] 亡：毁坏。家：家业。

[3] 度：用法度。

[4] 飨：通"享"，拥有。

[5] 外：民间。

[6] 小人：平民。

[7] 亮阴(àn)：通"暗"，这里指居丧。

[8] 讙：通"欢"，因君王出言令臣民喜悦，遂受到爱戴。

[9] 小大：小民大臣。

---

① 司马迁.史记[M].北京：中华书局，1959：1520－1521.

[10]不义惟王:殷王祖甲觉得自己不是长子,不宜为王。

[11]依:需求。

[12]施:施惠。

大戒解第五十(节选)①

简介

正月十五日,成王询问周公"维时兆厥工"的意思,周公先用周武王的话语为其解答。周武王强调要微言入人心,做出榜样打动别人。居高位的人不要骄纵,要施恩惠给居下位的人,人们才不会畏惧。只要大家团结起来,治国理政的谋略便可施行。

原文

微言[1]入心,夙喻[2]动众,大[3]乃不骄。行惠于小,小[4]乃不慑。连官集乘[5],同忧若一,谋有不行[6]。予惟重告尔。庸厉□以饵[7]士,权[8]先申之,明约必遗[9]之,□□□□。其位不尊,其谋不阳[10]。我不畏敬,材在四方[11]。无擅[12]于人,塞匿[13]勿行,患戚咸服,孝悌乃明。明立威耻乱使众之道,抚之以惠,内姓无感[14],外姓无谪[15]。人[16]知其罪,上[17]之明审。教幼乃勤,贫贱制□。设九备,乃无乱谋。

九备:一、忠正不荒美好[18],乃不作恶;四、□说声[19]色,忧乐盈匿[20];五、硕信[21]伤辩,曰费□□;六、出观好怪[22],内乃淫巧;七、□□谋躁[23],内乃荒异[24];八、□□好威[25],民众日[26]魋;九、富宠极足是大极[27],内心其离。

注释

[1]微言:精微的话语。

---

① 黄怀信,张懋镕,田旭东.逸周书汇校集注[M].上海:上海古籍出版社,2007:564-568.

[2]凤喻:一向都以身作则使他人知晓。

[3]大:大臣。

[4]小:小臣。

[5]连官集乘:官吏们办理事务相互佐助。

[6]行:施行。

[7]庸厉:功绩与奖励。饵:引诱。

[8]权:赋予权力。

[9]明约:赏罚。遗:赠予。

[10]阳:显露。

[11]材:人才。四方:边野。

[12]擅:专断。

[13]匿:奸慝。

[14]内姓:同姓同宗。无感:无憾。

[15]外姓:异姓。谪:过错。

[16]人:百姓。

[17]上:上官。

[18]荒:沉湎。美:美酒。好:玩物。

[19]说:通"悦",喜欢。声:音乐。

[20]盈匿:乐极生悲,物极必反。

[21]硕信:说大话。

[22]怪:奇异的事物。

[23]谋躁:谋事急躁。

[24]荒异:偏激。

[25]威:耍威风。

[26]日:日益。

[27]是大极:过度。

大开武解第二十七（节选）①

简介

周武王元年二月，武王询问周公如何才能很好地统率全国、上下一心，周公首先告诉武王要重视德行，不可荒逸无度，然后周公又为武王提出了"四戚""五和""七失""九因""十淫"的训诫，从各个方面教导武王如何安邦治国。

原文

周公拜曰："兹顺天。天降瘥于程，程降因于商。商今生葛，葛右有周。维王其明用《开和》之言言，孰敢不格？

四戚：一、内同外，二、外婚姻[1]，三、官同师[2]，四、哀[3]同劳。

五和：一、有天维国[4]，二、有地维义[5]，三、同好维乐，四、同恶维哀，五、远方不争[6]。

七失：一、立[7]在废，二、废在祇[8]，三、比在门[9]，四、諂在内，五、私在外[10]，六、私在公[11]，七、公不违[12]。

九因：一、神有不飨[13]，二、德有所守，三、才有不官[14]，四、事有不均，五、两有必争，六、富有别，七、贪有匿，八、好[15]有遂，九、敌有胜。

十淫：一、淫政破国。动[16]不时，民不保。二、淫好[17]破义。言不协[18]，民乃不和。三、淫乐破德。德不纯，民乃失常[19]。四、淫动[20]破丑[21]。丑不足，民乃不让。五、淫中[22]破礼。礼不同，民乃不协。六、淫采[23]破服。服不度[24]，民乃不顺。七、淫文[25]破典。典不式[26]教，民乃不类。八、淫权破故[27]。故不法官，民乃无法。九、淫贷[28]破职，百官令不承。十、淫巧[29]破用。用不足，百意不成。"

注释

[1] 外婚姻：与外姓联姻。

---

① 黄怀信,张懋镕,田旭东.逸周书汇校集注[M].上海:上海古籍出版社,2007:262-268.

[2]同师:同僚。

[3]哀:丧葬之礼。

[4]有天维国:顺应天时。

[5]有地维义:因地制宜。

[6]争:欺凌。

[7]立:任用。

[8]祗:受尊敬的人。

[9]比在门:近小人。

[10]私在外:家臣在外擅权。

[11]私在公:假公济私。

[12]公不违:公物不爱护。

[13]飨:祭祀。

[14]才有不官:君子在野,指人才没有担任官职。

[15]好:嗜好。

[16]动:役使百姓。

[17]淫好:过度的嗜好。

[18]协:合于道义。

[19]失常:失去本心。

[20]淫动:轻佻好动。

[21]丑:羞耻心。

[22]淫中:苛求礼仪。

[23]淫采:不正之色。

[24]度:合法度。

[25]淫文:巧言。

[26]式:适用。

[27]故:制度。

[28]淫贷:过多的副职破正职。贷:"贰"字之误。

[29]淫巧:过度工巧,指过于精巧而无益的技艺与制品。

小开武解第二十八（节选）①

简介

周公用文王的治国之法训诫武王,以修正武王的不足,提出了"三极""四察""五行""七顺""九纪"的治国方针,强调应该通晓"三极",端正"四察",遵循"五行",谨慎看待"七顺",依照"九纪",这样国家方能安康。

原文

周公拜手稽首[1]曰:"在我文考,顺[2]明三极,躬是[3]四察,循用五行,戒[4]视七顺,顺道九纪。三极既明,五行乃常;四察既是,七顺乃辨[5];明势天道,九纪咸当;顺德以谋,罔[6]惟不行。

三极:一、维天九星[7];二、维地九州[8];三、维人四左[9]。

四察:一、目察维极;二、耳察维声;三、口察维言;四、心察维念。

五行:一黑,位[10]水;二赤,位火;三苍,位木;四白,位金;五黄,位土。

七顺:一、顺天[11]得时;二、顺地得助;三、顺民得和;四、顺利财足;五、顺得助明;六、顺仁无失;七、顺道有功。

九纪:一、辰以纪日;二、宿以纪月;三、日以纪德;四、月以纪刑[12];五、春以纪生;六、夏以纪长;七、秋以纪杀;八、冬以纪藏;九、岁[13]以纪终。时候[14]天视[15],可监。时不失,以知吉凶。"

王拜曰:"允哉!余闻在昔,训典中[16]规。非时[17],罔有格言,日正余不足。"

注释

[1]稽首:古代一种跪拜礼,叩头到地。

[2]顺:顺应。

---

① 黄怀信,张懋镕,田旭东.逸周书汇校集注[M].上海:上海古籍出版社,2007:273-278.

[3] 躬:亲。是:端正。

[4] 戒:谨慎。

[5] 辨:分明。

[6] 罔:没有。

[7] 九星:星、辰、日、月、四时、岁。

[8] 九州:扬州、荆州、豫州、青州、兖州、雍州、幽州、冀州、并州。

[9] 左:佐助。

[10] 位:位置,属于,用五色表示五行。

[11] 天:天理。

[12] 刑:法度。

[13] 岁:岁星。

[14] 时候:季节物候。

[15] 视:揭示。

[16] 中:合乎。

[17] 时:是也,即今之"这"。

宝典解第二十九(节选)[①]

简介

　　成王亲政三年二月丙辰,周公告诫他要修养自身,因为人有四种境界和九种美德;用人时要加以选择,因为人有十种恶习;计谋要不断完善,因为有十种能使计谋失败的因素;说话需要谨慎,因为说话必须言而有信。成王虚心接受了周公教诲,并决定让百姓也认真学习这些教诲。

原文

　　四位:一曰定[1],二曰正[2],三曰静,四曰敬[3]。敬位丕[4]哉,静乃时非[5]。正位不废[6],定得安宅。

[①] 黄怀信,张懋镕,田旭东.逸周书汇校集注[M].上海:上海古籍出版社,2007:282-292.

九德:一、孝。子畏哉,乃不乱谋。二、悌。悌乃知序,序乃伦。伦不腾[7]上,上乃不崩。三、慈惠[8]。兹知长[9]幼。知长幼,乐养老。四、忠恕。是谓四仪。风言大极[10],意定不移。五、中正。是谓权断。补损知选。六、恭逊。是谓容德。以法从权,安上无慝[11]。七、宽弘。是谓宽宇。准[12]德以义,乐获纯碬[13]。八、温[14]直。是谓明德。喜怒不郄[15],主人乃服。九、兼武。是谓明[16]刑。惠而能忍,尊天大经[17]。九德广备,次世[18]有声。

十奸:一、穷□干[19]静;二、酒行干理;三、辩惠干智[20];四、移[21]洁干清;五、死勇干武;六、展允干信;七、比[22]誉干让;八、阿众[23]干名;九、专愚[24]干果;十、愎孤干贞。

十散:一、废□□□行乃泄□□□□□□;三、浅薄间瞒,其谋乃获[25];四、说咷[26]轻意,乃伤营立[27];五、行恕[28]而不愿,弗忧其图[29];六、极言不度[30],其谋乃费[31];七、以亲为疏,其谋乃虚;八、心思虑适,百事乃僻;九、愚而自信,不知所守;十、不释太约[32],见利忘亲。

三信:一、春生夏长无私,民乃不迷[33];二、秋落冬杀有常,政乃盛行;三、人治百物,物德其德[34],是谓信极[35]。而其余也,信既[36]极矣,嗜欲□在。在不知义。欲在美好有义,是谓生宝。

注释

[1]定:志有定向,一说定居。

[2]正:心无偏私。

[3]敬:恭敬。

[4]丕:大。

[5]时非:待时不妄动。

[6]不废:不坏事。

[7]腾:超越。

[8]慈:对后人慈爱。惠:关爱长辈。

[9]长:养育。

[10]风言:流言。大极:多。

[11]慝:作恶。

[12]准:规范。

[13]纯嘏(gǔ)：大大的福报。

[14]温：温厚。

[15]郤：嫌隙。

[16]明：昭示。

[17]经：常道。

[18]次世：活在世上，次：居。

[19]干：影响。

[20]辩惠：敏锐有口才。智：智慧。

[21]移：当作"侈"，过度。

[22]比：互相标榜。

[23]阿众：迎合大众。

[24]专愚：愚昧专横。

[25]乃获：不获，不能成功。

[26]说咷：哀乐。

[27]营立：经营创立。

[28]行恕：行动疏忽。恕：当为"疏"之误。

[29]图：图谋。

[30]不度：不合法度。

[31]费：受损。

[32]释：解决。约：重点。

[33]迷：困惑。

[34]物德其德：顺应事物的天性。

[35]极：极致。

[36]既：已经。

官人解第五十八（节选）①

简介

　　周成王想要为民求官,于是向周公请教,周公从不同方面为成王讲述了六种识人的方法。一是无论对方贫穷窘迫还是富贵发达,要看其是否有礼、守德;二是与之交谈,了解对方的志向;三是通过对方的说话方式来看他的本心;四是通过对方的外表观察他的本质;五是注重反复审查;六是用道德的标准去衡量一个人的本质。

原文

　　一曰:富贵者,观其有礼施[1];贫贱者,观其有德守;嬖宠[2]者,观其不骄奢;隐约[3]者,观其不慑惧;其少者,观其恭敬好学而能悌;其壮者,观其廉洁务行而胜私[4];其老者,观其思慎而□,强[5]其所不足者观其不愉[6]。父子之间,观其和友;君臣之间,观其忠惠;乡党之间,观其诚信。省[7]其居处,观其方□;省其丧哀,观其贞[8]良;省其出入[9],观其交友;省其交友,观其任廉[10]。设之以谋,以观其智;示之以难,以观其勇;烦之以事,以观其治;临之以利,以观其不贪;滥之以乐,以观其不荒[11]。喜之,以观其轻[12];□[13]之,以观其重;醉之酒,以观其恭;从[14]之色,以观其常;远之,以观其不二[15];昵之,以观其不狎[16];复征其言,以观其精[17];曲[18]省其行,以观其备[19]。此之谓观诚。

注释

[1]礼施:有礼并施惠。
[2]嬖:国君喜爱的人。宠:承受国君之恩的人。
[3]隐约:在下位者。
[4]胜私:克己。
[5]强:努力增强。

---

① 黄怀信,张懋镕,田旭东.逸周书汇校集注[M].上海:上海古籍出版社,2007:759-792.

[6]愉：苟且。

[7]省：观察。

[8]贞：诚信。

[9]出入：出入的人家。

[10]任廉：可信任的程度和廉洁的程度。

[11]荒：放纵。

[12]轻：轻浮。

[13]□：《〈周书〉治要》作"怒"，卢辩从《大戴》亦补"怒"。

[14]从：放纵。

[15]二：有二心。

[16]狎：不庄重。

[17]精：本质。

[18]曲：侧面，委婉。

[19]备：细节。

原文

二曰：方[1]与之言，以观其志。□以渊，其器宽以悌[2]。其色俭而不谄[3]，其礼先人[4]，其言后人[5]，见其所不足，曰益者也。好临人以色，高人[6]以气，贤人[7]以言，防其所不足，发其所能[8]，曰损者也。其貌直□□□[9]，其言正而不私，不饰其美，不隐其恶，不防其过[10]，曰有质[11]者也。其貌曲媚，其言工巧，饰其见物，务其小证[12]，以故[13]自说，曰无质者也。喜怒以物其色不变，烦乱以事而志不营[14]，深导以利而心不移，临慑[15]以威而气不卑，曰平心而固守者也。喜怒以物而心变易，烦乱以事而志不治[16]，导[17]之以利而心迁移，临摄以威而气慄[18]惧，曰鄙心[19]而假气者也。设之以物而数[20]决，敬之以卒而度应[21]，不文而辩[22]，曰有虑者也。难决以物，难悦以守，一而不可变[23]，因而不知止，曰愚依人也。营[24]之以物而不误，犯之以卒而不惧，置义而不可迁，临之货色而不过，曰果敢者也。移易以言，志不能固，已诺无决[25]，曰弱志者也。顺予之弗为喜，非夺之弗为怒，沉静而寡言，多稽而险貌[26]，曰质静者也。屏言弗顾[27]，自顺而弗护，非是而强之，曰始诬[28]者也。微而能发，察而能深，宽顺而恭俭，温柔而能断，果敢而能屈，曰志治者也。华废而诬，巧言令色，皆以无为有者也。此之谓考言。

注释

[1]方:通"旁",广。

[2]器:气度。宽以悌:宽厚而温柔。

[3]俭:谦卑;诒:阿媚。

[4]先人:在别人之前。

[5]后人:在别人之后。

[6]高人:凌驾于别人之上。

[7]贤人:胜过别人。

[8]发其所能:彰显长处使大家都知道,是骄傲自大的表现。

[9]□□□:卢辩作"而不止",即直率不克制。《大戴礼记》"不止"作"不侮"。

[10]过:过错。

[11]质:诚信。

[12]小证:小节。

[13]故:通"固",维护。

[14]营:惑乱。

[15]愋:逼迫。

[16]志不治:意志动摇、混乱。

[17]导:诱惑。

[18]惵:恐惧。

[19]鄙心:鄙陋贪心。

[20]数:快速。

[21]卒:仓促。度应:揆度应对。

[22]辩:智慧。

[23]一而不可变:不知变通。

[24]营:治理。

[25]已诺无决:面对别人的请求而迟迟无法做出回应和许诺。

[26]多稽:博学。险:清廉。

[27]弗顾:不听他人意见。

[28]始:或为"妒",嫉妒贤能的人。诬:诽谤。

原文

三曰:诚在其中,必见诸外。以其声,处[1]其实。气初生物,物生有声,声有刚柔清浊好恶,咸[2]发于声。心气华设[3]者,其声流散[4];心气顺信者,其声顺节[5];心气鄙戾[6]者,其声醒丑[7];心气宽柔者,其声温和。信气中易,义气时舒[8],和气简备[9],勇气壮力。听其声,处其气,考其所为,观其所由。以其前,观其后;以其隐,观其显;以其小,占其大,此之谓视声。

注释

[1]处:判断。

[2]咸:都。

[3]华设:"设"字或为"诞"。华诞指虚妄不实。

[4]散:飘忽。

[5]顺节:流畅而有节奏。

[6]鄙戾:鄙陋乖戾。

[7]丑:恶。

[8]时舒:应时而舒展。

[9]简备:简略而完备。

原文

四曰:民有五气,喜、怒、欲、惧、忧。喜气内蓄,虽欲隐之,阳[1]喜必见;怒气内蓄,虽欲隐之,阳怒必见;欲气、惧气、忧悲之气皆隐之,阳气必见。五气诚[2]于中,发形于外,民情不可隐也。喜色犹然[3]以出,怒色荐然[4]以侮;欲色妪然[5]以愉,惧色薄然以下[6],忧悲之色瞿然[7]以静。诚智[8]必有难尽之色,诚仁必有可尊之色,诚勇必有可新[9]之色,诚洁必有难污之色,诚□必有可信之色。质浩然[10]固以安,伪蔓然[11]乱以烦,虽欲改之,中色[12]弗听。此之谓观色。

注释

[1]阳:真。

[2]诚:积蓄。

[3]犹然:欣喜舒和的样子。

[4]荐然:"荐"或作"茀"。茀然:愠怒的样子。

[5]妪然:好色的样子。

[6]下:卑下。

[7]瞿然:惊慌失措的样子。

[8]诚智:真正的智慧。

[9]新:当为"亲"。

[10]质:真实。浩然:盛大流行的样子。

[11]蔓然:纠葛纷纭的样子。

[12]中色:内心。

原文

五曰:民生则有阴有阳。人多隐其情,饰其伪,以攻[1]其名。有隐于仁贤者,有隐于智理者,有隐于文艺[2]者,有隐于廉勇者,有隐于交友者:如此,不可不察也。小施而好德[3],小让而争大,言愿[4]以为质,□爱以为忠,尊其得以改其名:如此,隐于仁贤者也。前总唱[5]功,虑诚弗及,佯[6]为不言;内诚不足,色示有余;自顺而不让,措辞而弗遂:此隐于智理者也。动人以言,竭[7]而弗终;问则不对,佯为不穷;□貌而有余,假[8]道而自顺;因之□初,穷则托深:如此者,隐于文艺者也。□言以为廉,矫厉[9]以为勇,内恐外夸[10],亟[11]称其说,以诈临人:如此,隐于廉勇者也。自事其亲,而好以告人;饰其见物,不诚于内;发名以事亲,自以名私其身:如此,隐于忠孝者也。比周[12]以相誉,知贤可征,而左右不同[13]。不同而交,交必重□,心说而身弗近,□□而实不至,惧不尽见于众而貌克[14]:如此,隐于交友也。此之谓观隐。

注释

[1]攻:猎取。

[2]艺:文采。

[3]好德:喜欢别人感恩。

[4]愿:谨慎。

[5]唱:倡导。

[6]佯:假装。

[7]竭:通"揭",举,开始。

[8]假:借。

[9]矫厉:故作粗暴。

[10]内恐外夸:内心恐惧而口出狂言。

[11]亟:极。

[12]比周:比党周徧,此指与人亲善,互相标榜。

[13]不同:不合。

[14]貌克:这里指做出亲密的样子。克:"充"之误。

原文

六曰:言行不类[1],终始相悖,外内不合,虽有假节[2]见行,曰非成质者也。言忠行夷[3],争靡[4]及私,□弗求及,情忠而宽,貌庄[5]而安,曰有仁者也。事变而能治,效穷而能达[6],措身立方[7]而能遂,曰有知[8]者也。少言以行,恭俭以让,有知而言弗发,有施而□弗德,曰谦良者也。微忽[9]之久而可复,幽间[10]之独而弗克,其行亡如存,曰顺信者也。贵富恭俭而能施,严威有礼而不骄,曰有德者也。隐约而不慑,安乐而不奢,勤劳而不变,喜怒而有度,曰有守者也。直方[11]而不毁,廉洁而不戾,强立而无私,曰有经者也。虚以待命,不召不至,不问不言,言不过行,行不过道,曰沈静[12]者也。忠爱以事亲,欢以尽力而不回[13],敬以尽力而不□,曰忠孝者也。合志而同方,共其忧而任[14]其难,行忠信而不疑,□隐远而不舍[15],曰□友者也。志色乱气[16],其人甚偷[17],进退多巧,就[18]人甚数,辞不至,少其所不足,谋而不已,曰伪诈者也。言行亟变,从容克易[19],好恶无常,行身不笃,曰无诚者也。少[20]知而不大决,少能而不大成,规[21]小物而不知大伦,曰华诞者也。规谏而不类,道行而不平[22],曰窃名者也。

注释

[1]不类:不一致。

[2]节:节操。

[3]行夷:行为平和。

[4]靡:没有。

[5]庄:严肃。

[6]效穷而能达:事情受困而能解决。

[7]措身立方:立身处世。

[8]知:智慧。

[9]微忽:细微。"微忽之"下脱"言"字。

[10]幽间:隐蔽。"幽间之"下脱"行"字。

[11]直方:正义。

[12]沈静:性格沉稳而宁静。沈:通"沉"。

[13]回:邪。

[14]任:担负。

[15]舍:舍弃。

[16]色:面容。气:气质。

[17]偷:苟且。

[18]就:靠近。

[19]易:改变。

[20]少:稍。

[21]规:合乎。

[22]平:正派。

祭公解第六十(节选)①

简介

周穆王姬满(约前1026—约前922),姬姓,名满,又称"穆天子",周昭王之子,西周第五位君主。在位五十五年,是西周在位时间最长的君主。这是祭公对周穆王的告诫,祭公为周王室卿士、周公之后人祭公谋父的省称,乃周穆王的叔祖。

原文

公曰:"呜呼! 天子,我不则寅[1]哉寅哉!"汝无以戾□罪疾[2],丧时二王大

---

① 黄怀信,张懋镕,田旭东.逸周书汇校集注[M].上海:上海古籍出版社,2007:936-941.

功。汝无以嬖御固庄后[3],汝无以小谋败大作,汝无以嬖御士疾大夫卿士,汝无以家相[4]乱王室而莫恤[5]其外。尚皆以时中乂[6]万国。

呜呼三公,汝念哉!汝无泯泯芬芬[7],厚颜忍丑[8],时维大不吊[9]哉。昔在先王,我亦维丕[10]以我辟险于难[11],不失于正,我亦以免[12]没我世。

呜呼,三公!予维不起朕疾。汝其皇敬哉!兹皆保之,曰:"康子之攸保,勖[13]教诲之,世祀无绝。不,我周有常刑。"

注释

[1]寅:敬。

[2]无:勿。戾:乖戾。罪:罚罪。疾:嫉妒。

[3]嬖御:宠妾。固:通"锢",蔽塞。一说通"姻",嫉妒。庄后:周穆王的正宫。

[4]家相:内臣。

[5]恤:忧虑。

[6]乂(yì):治理。

[7]泯泯芬芬:昏聩糊涂。

[8]丑:耻辱。

[9]吊:善。

[10]丕:大。

[11]险于难:或为"陷于难"。

[12]免:免于罪。

[13]勖:鼓舞。

横渠语录①

[北宋]张 载

简介

张载(1020—1077),字子厚,凤翔眉县(今陕西省宝鸡市眉县)横渠镇人,北宋

① 程水龙.《近思录》集校集注集评[M].上海:上海古籍出版社,2019:281-306,847-848.

思想家、教育家、理学创始人之一。世称横渠先生,尊称张子,封先贤,奉祀孔庙西庑第三十八位。其"为天地立心,为生民立命,为往圣继绝学,为万世开太平"的名言被当代哲学家冯友兰称作"横渠四句"。

张载一生大部分时间和精力都用于著书立说、教书育人,他继承和发挥了孔子的教育思想,强调"以德育人",认为教育是达到圣人境界的重要途径。《父子异宫》就是张载的一篇家训,文章首先介绍了古时房屋的构造,有东西南北四宫,将房屋进行分割,以确保基本的隐私,避免出现失礼的局面,以此告诫后人要学习古人的居住模式,既不过分疏远,又有各自的私人空间。这是礼教在居住模式中的体现,张载对于礼的重视程度可见一斑。

原文

四为

为天地立心[1],为生民立道,为去圣继绝学,[2]为万世开太平。

六有

言有教,动有法;昼有为,宵有得[3];息有养,瞬有存[4]。

东铭

戏言出于思也,戏动作于谋也。发于声,见乎四支[5],谓非己心,不明也。欲人无己疑,不能也。过[6]言非心也,过动非诚也。失于声,谬迷[7]其四体,谓己当然,自诬[8]也。欲他人己从,诬人也。或者谓出于心者,归咎为己戏;失于思者,自诬为己诚。不知戒其出汝者,归咎其不出汝者。长傲且遂非[9],不智孰甚焉!

西铭

尊高年,所以长[10]其长;慈孤弱,所以幼[11]其幼。圣其合德;贤其秀[12]也。凡天下疲癃[13]、残疾、惸独[14]鳏寡,皆吾兄弟之颠连[15]而无告者也。于时保之,子之翼[16]也;乐且不忧,纯乎孝者也。违曰悖德,害仁曰贼,济恶者不才,其践形[17]惟肖者也。

父子异宫

古者有东宫[18],有西宫,有南宫,有北宫,异宫而同财。此礼亦可行。古人虑远,目下虽似相疏,其实如此乃能久相亲[19]。盖数十百口之家,自是饮食衣服难为得一。又异宫乃容子得伸其私,所以避子之私也。子不私其父,则不成为子。古之人曲尽人情。必也同宫,有叔父伯父,则为子者何以独厚于其父?为父者又乌[20]得而当之?父子异宫,为命士以上,愈贵则愈严。故异宫犹今世有逐位,非如异居也。

注释

[1]立:确立。心:道。

[2]道:使命。去圣:南宋《文山集》作"往圣"。

[3]得:收获。

[4]存:养精蓄锐。

[5]四支:四肢。

[6]过:错误。

[7]谬迷:荒谬迷乱。

[8]诬:欺骗。

[9]长傲:助长傲气。遂:顺从。

[10]长:尊重。

[11]幼:爱护。

[12]秀:灵秀。

[13]疲癃:年老衰弱多病的人。

[14]惸(qióng)独:孤苦伶仃的人。

[15]颠连:困顿。

[16]翼:小心翼翼。

[17]践形:出现人的天赋品质。

[18]宫:房屋。

[19]相亲:和睦。

[20]乌:哪里。

诗 歌 类

别妻王韫秀①

[唐]元 载

简介

元载(713—777),本姓景,字公辅,凤翔府岐山县(今陕西省宝鸡市岐山县)人,唐朝宰相。成为宰相前,娶名门王韫秀为妻。后来,元载决定去长安求仕途,写下此诗与妻作别。元载抒发了自己虽在侯门,但因身份卑微而无法被妻子的家人所接纳的苦闷之情,同时也宣泄出郁郁不得志的愁苦。

原文

年来谁不厌龙钟[1],虽在侯门[2]似不容。
看取海山寒翠树,苦遭霜霰[3]到秦封。

注释

[1]龙钟:身体衰老、行动不便的样子。
[2]侯门:显贵人家。
[3]霰(xiàn):高空中的水蒸气遇到冷空气凝结成的小冰粒,多在下雪前或下雪时出现。

---

① 陈梦雷,蒋廷锡.古今图书集成·家范典:八十五卷[M].上海:中华书局,1934:13.

格言语录类

诫伯禽书(节选)①

简介

伯禽,姬姓,名禽,伯是其排行,尊称禽父,周文王姬昌之孙,周公旦长子,周武王姬发之侄,周朝诸侯国鲁国第一任国君。周成王亲政后,营造新都洛邑,大封诸侯。当时周公旦受封鲁国,但因周公旦在镐京辅佐周成王,故派伯禽代其受封鲁国。这一篇文章为周公告诫伯禽修身治国之事。

原文

君子不施[1]其亲,不使大臣怨乎不以[2]。故旧[3]无大故[4],则不弃也,无求备于一人。又云:"君子力如牛,不与牛争力;走[5]如马,不与马争走;智如士,不与士争智。"又云:"德行广大而守以恭者,荣;土地博裕而守以俭者,安;禄位尊盛而守以卑者,贵;人众兵强而守以畏者,胜;聪明睿智而守以愚者,益;博文多记而守以浅者,广。去矣,其毋以鲁国骄[6]士矣。"

注释

[1]施:怠慢。
[2]以:任用。
[3]旧:旧臣。
[4]故:过错。
[5]走:飞跑。
[6]骄:对……表现出骄傲。

---

① 楼含松.中国历代家训集成[M].杭州:浙江古籍出版社,2017:432.

周公诫康叔(节选)①

简介

姬姓卫氏,周文王姬昌与正妻太姒所生第九子,周武王姬发同母弟,因获封畿内之地康国(今河南禹州西北),故称康叔或康叔封。卫国第一代国君。本文选自《史记·卫康叔世家》,周公担心弟弟康叔年纪太小,无法担负治国重任,因此告诫康叔要爱护百姓、礼待贤人、并向殷民请教兴亡的缘由。

原文

周公旦惧康叔齿少[1],乃申告康叔曰:"必求殷之贤人君子长者,问其先殷所以兴,所以亡,而务爱民。"

注释

[1]齿少:年幼。

鲁公诫成王(节选)②

简介

成周建成之后,便把顽抗的殷民迁到这里来,周公怕成王年轻,为政荒淫放荡,因此作《多士》以诫成王。从汤到帝乙,殷代诸王无不遵循礼制去祭祀,勉力向德,都能上配天命。后来到殷纣时,荒淫逸乐,不顾天意民心,万民都认为他该杀。周公让周成王引以为戒,不可荒逸。

---

① 司马迁.史记[M].北京:中华书局,2014:1924.
② 司马迁.史记[M].北京:中华书局,1959:1521.

原文

《多士》称曰:"自汤至于帝乙,无不率[1]祀明[2]德,帝无不配天者。在今后嗣王纣,诞淫厥佚[3],不顾天及民之从也。其民皆可诛。""文王日中昃[4]不暇[5]食[6],飨国五十年。"

注释

[1]率:遵循。
[2]明:彰明,显明。
[3]厥佚:放纵。
[4]昃:太阳西斜。
[5]不暇:无暇。
[6]食:进食。

成王诫子钊(节选)①

简介

周康王姬钊,姬姓,名钊,岐周(今陕西省岐山县)人。周朝第三任君主,周武王姬发的孙子,周成王姬诵的儿子。周成王临终前,担心太子姬钊不能胜任君位,于是命令召公奭和毕公高率诸侯辅佐太子姬钊登基,并写下《顾命》。周成王去世,召公奭和毕公高率领诸侯,引导太子姬钊拜见先王庙,反复告诫他周文王、周武王能够成就王业,实属不易,最重要的是在于节俭,没有贪欲,以专志诚信来统治天下。本文的内容出自刘清之《戒子通录》。

原文

"呜呼,疾大渐[1],惟几[2],病日臻[3]。既弥留[4],恐不获誓[5]言嗣,兹予审[6]训命汝。昔君文王武王宣[7]重光,奠丽陈教[8],则肄肄[9]不违,用克达[10]

---

① 楼含松.中国历代家训集成[M].杭州:浙江古籍出版社,2017:432-433.

殷集大命。在后之侗[11]，敬迓天威，嗣守文、武大训，无敢昏逾。今天降疾，殆[12]弗兴弗悟[13]。尔尚明时[14]朕言，用敬保元子钊弘济[15]于艰难，柔远能迩，安劝小大庶邦，思夫人自乱[16]于威仪，尔无以钊，冒贡于非几[17]！"

注释

[1]渐：恶化。
[2]几：危险。
[3]臻：到来。
[4]弥留：病重将死。
[5]誓：誓约。
[6]审：谨慎。
[7]宣：彰显。
[8]丽：礼法。教：教令。
[9]肆肆：努力的样子。
[10]用：因而。克：能够。达：这里指讨伐。
[11]侗：年幼无知。成王谦称。
[12]殆：几乎。
[13]悟：清醒。
[14]明：明白。时：通"是"，这。
[15]济：度过。
[16]乱：管理。
[17]冒贡于非几：陷于不合法度和礼的境地。

陇县边氏①

简介

　　边氏起源于春秋宋国都城河南商丘一带，得姓后很长一段时间繁衍于中原地区，直到宋国灭亡。后来逐渐散居在全国各地。陕西边姓主要分布在西安市的边

---

① 边玺荣.边氏家谱.2014.

家村,咸阳市所属兴平市的边家村、留位村,以及宝鸡市的陇县边家庄和梁家村。《边氏家谱》记录了边氏钧凤祖以下遇隆祖一支的传承史实,其时间跨度约两个世纪左右。

原文

热爱祖国,服务群众;不假公济私,欺侮百姓。恪尽职守,忠勤任事;不敷衍塞责,见异思迁。修身养德,公平正义;不骄奢淫逸,自私自利。诚实守信,表里如一;不弄虚作假,口是心非。襟怀坦白,作风正派;不两面三刀,阳奉阴违。清正廉洁,两袖清风;不贪赃枉法,腐化堕落。勤读诗书,砺志成才;不虚度年华,碌碌无为。谦虚谨慎,戒骄戒躁;不骄傲自满,忘乎所以。严于律己,宽以待人;不文过饰非,求全责备。孝敬父母,善待长幼;不虐待老人,亲亲疏疏。夫妻恩爱,白头偕老;不反目成仇,骨肉离散。严教子女,茁壮成长;不娇生惯养,迁就纵容。团结和睦,宽厚包容;不反唇相讥[1],斤斤计较。亲和友善,说话谦和;不盛气凌人,恶语中伤。邻里相帮,守望相助;不拨弄是非,挑拨离间。克勤克俭,省吃俭用;不铺张浪费,大手大脚。文明礼貌,为人正直;不酗酒赌博,吸毒嫖娼。食饮有节,起居有度;不暴食暴饮,大喜大悲。遵纪守法,清白做人;不滋事生非,斗殴行窃。勤劳致富,以诚取胜;不坑蒙拐骗,敲诈勒索。

注释

[1]反唇相讥:收到指责时不服气,反过来讥讽对方。

麟游县万氏[①]

简介

万氏源于姬姓,乃芮伯万与晋毕万之后。万氏源出一地,即今山西芮城。春秋时期,芮国占据今山西、陕西间地,故早期万氏当发源于山西、陕西省境。此二省亦后世万氏支系的主要源头。据《陕西三水万氏》记载,"麟游万氏"于明洪武年奉旨自平阳府洪洞县入陕西。万氏家族注重德育,强调优良品格对人的成长过程的重

---

① 万博荣.麟游普润堂万氏族谱.2019.

要作用,因此万氏家规中大部分内容都是对后代言行举止的要求和鞭策。

原文

一　传承祖德

耕读[1]传家,重视教育。勤劳朴实,爱护耕地。植树护树,造福后人。

二　践行族规祖训

忠厚传家,知书达理。立德重教,尊祖敬孝。守土有责,勤劳淳朴。敦睦宗族,以诚为本。

三　禁戒非为

主要反对和戒除下列不良行为:好吃懒做,说事弄非,坑蒙拐骗,小偷小摸,仗势欺人,虐老辱小,打庄骂社,赌博吸毒。

注释

[1]耕读:农耕和读书。

岐山县蒲村镇邢氏[①]

简介

岐山县蒲村镇位于周原故地,当地邢氏家族深受周礼文化熏陶,逐渐形成了"懂大礼、勤耕作、和待人、善行事、知章法、听政令、孝宗长、亲幼下"的家规家训,数百年来,邢氏家族以家规家训为做人处事的准则,培养出许多杰出的人物,在当地树立起良好的口碑。

原文

懂大礼、勤耕作、和待人、善行事、知章法、听政令、孝宗长[1]、亲幼下。

---

① 中共陕西省纪委,中共陕西省委宣传部.三秦家规[M].西安:陕西人民出版社,2018:167.

注释

[1]宗长:宗族长辈。

扶风县温家大院

简介

温家大院位于陕西省宝鸡市扶风县城小西巷,该院坐北朝南,占地面积八百余平方米,始建于民国二十七(1938)年,是一座仿明清风格建筑。院内所有建筑全系砖木结构,雕梁画栋、镶玉嵌珠,华丽异常。其最大的特色是以木刻、石雕、砖雕、竹刻、骨刻为院内主要装饰。大院的老主人是扶风县著名的"四大瘟神"之一的温玉珊,院里保留许多刻有家训的牌匾。资料显示,扶风温家大院由温良儒、温雅儒、温润儒(即温玉珊)、温鸿儒兄弟四人共同建造,1952年土改之时,被当地政府收回;2004年,温家大院被扶风县政府公布为"县级重点文物保护单位",2008年9月,升格为"陕西省文物保护单位"。

原文

一

福缘善庆[1]

二

德泽[2]乡间

注释

[1]福缘善庆:福运福气是多行善而得到的回报。
[2]泽:泽被。

对联类

凤翔县周家大院

简介

这是凤翔县周家大院门上的四副对联。旨在告诫后人勤俭持家,杜绝骄奢淫逸。告诫子孙养育后代要重视耕读,强调了立志的重要性。

原文

一

唯勤唯俭传家宝
日耕日读教子方

二

闲观世事如修史
细嚼方俗始信书

三

念先祖积厚流光尚俗务本
期后昆正心立志守真敦行

四

经训不荒真富贵
家庭有礼自平安

岐山县故郡镇郑家桥村

简介

这是岐山故郡镇郑家桥村祠堂的对联,旨在告诉后人遇事要学会忍让谦卑,安分守己,为后人谋福报。

原文

忍人让人莫去害人,行一片公道增福增寿
修己克己安分守己,存半点天理积子积孙

商洛家训

散 文 类

丹凤县老君川陈氏[①]

简介

《老君川陈氏家训》是陈家村祖先留给子孙为人处事、做人正己的准则,是历代陈姓族人垂训子孙、家庭教育的行为规范。陈家村位于丹凤县城西五公里的古城岭凤鸣岗西北隅,当地陈姓家族因世代居住在商州老君河畔,故被称作老君川陈氏家族。老君川陈氏是江西义门陈的后裔,北宋宋仁宗年间奉旨由江西迁居山西,明初又由山西迁居商州老君川,历经数百年的发展,清末民初时,陈氏已成为当地最大的家族之一。

老君川陈氏家族的兴衰与其家训、家规的制定密不可分。据族谱残片记载和族人口口相传,明末时陈氏家训就已经制定,后经历了战乱和多次重订,乾隆七年(1742)长门十世祖陈慕楷在原《东园陈氏家训》的基础上,修漏订讹,删繁就简,重新命名为《老君川陈氏家训》,其基本内容大约分为十方面,俗称"陈门十训",这是一部完整的家族管理和修身立德规范。

原文

一曰敦孝悌,要求"为子弟者要知孝,当体父母生我之恩情,要知悌,当思长上待我之友爱,奉养无违隅坐徐行,恭让而不懈"。

二曰睦宗族,要敬祖宗,族人之间要团结和睦,对鳏寡孤独[1]要悉心照顾。

三曰勤本业,要"耕田保本,各勤乃业","苟恶劳而好逸,必舍正而趋邪。失业则渐至丧心,损人究未能利己也。吾宗弟子,宜知所从"。

四曰崇节俭,"不节则嗟,惟俭乃足","谨其出以慎入,既可养廉;酌其余以济人,又足种德"。

---

① 陈明清,陈俊清.丹凤老君川陈氏家训家风[N].商洛日报,2020-10-15(06).

五曰和兄弟,要"思手足之义",不能"重资财而丧友爱,自剪其枝叶","吾宗子弟,如有以弟犯兄,以兄凌弟者,即经族长处责"。

六曰训子弟,"凡宗族子弟均当以读书为上,毋志温饱而自隘远猷,毋侈浮华而不务实用。即或赋质不齐,亦须为之谋成,断不可溺于姑息,听其放浪形骸","教子读书,须趁光阴,不可太迟。顽子切勿诿[2]以家道艰难,逐渐往荒误子弟而不教也。凡我族人,共体此意",才能"格致诚正,以立其体,齐治均平,以致其用"。

七曰慎交友,要求宗族弟子结交正直高尚的贤德之人,不结交放浪形骸的朋友。

八曰戒争讼,"居家戒争讼。凡是非之来,退一步,让三分,自然少事"。

九曰遵法律,不做"一切不法之事"。

十曰禁非为,"人生斯世须趋正道,始为正人。毋游手好闲,而失本业;毋博弈饮酒,以废居诸;毋身陷不法,以身罹于刑章;毋肆态胡行,而见憎于乡党。修其身,安其分,勤其业"。

注释

[1]鳏寡孤独:泛指老弱无依的人。鳏:老而无妻。寡:老而无夫。独:老而无子。孤:幼而无父。

[2]诿:推卸责任。

格言语录类

泉企诫子[①]

[北魏]泉　企

简介

泉企(？—537),字思道,北魏、西魏大臣。上洛郡(今陕西商洛市)丰阳县(今陕西山阳县)人。生于地主官僚家族,祖辈、父辈在北魏朝担任过郡守和县令。泉企九岁丧父,三年丧期满除服,继承其父丹水伯爵的爵位。泉企一生廉洁谨慎,深受朝廷信任和百姓爱戴。

这则家训是泉企率兵抵御东魏军队失败被俘后,对其子泉元礼、泉仲遵的告诫,他希望兄弟二人能够互相勉励,效力朝廷。泉企后被押送到邺城(今河南安阳市)身亡。

原文

汝等志业方强,堪[1]立功效。且忠孝之道,不可两全,宜各为身计,勿相随寇手。但得汝等致力本朝,吾无余恨。不得以我在东,遂亏臣节也。尔其勉之!

注释

[1]堪:能够,可以。

---

① 陕西省地方志编纂委员会.陕西省志·人物志·上册[M].西安:三秦出版社,1998:148.

商南县朱氏①

简介

商南朱氏于清乾隆年间先后自安徽、湖北两省迁至商南县。朱氏族人遵循祖训,严格要求子孙立言立身,忠孝、诚信做人,代代传承,形成了良好的家风。

原文

报国家、睦乡邻、尊长上、敦[1]孝行、笃族群、和夫妻、重幼教、尚勤俭、济贫困、慎丧祭、正嫁娶、崇师友。

注释

[1]敦:勉也,尽力去做。

百鸡岭何氏②

简介

百鸡岭村在商南县试马镇以南十三公里处,主要居住着刘氏、何氏、柯氏和姚氏家族。《百鸡岭何氏家训》记载于百鸡岭的《何氏宗谱》之中,据悉这本宗谱修订于清代,距今已有百余年的历史。百鸡岭何氏从清油河镇何家湾迁徙而来,至今已有大约二百六十余年的历史。《百鸡岭何氏家训》影响着十几辈人,对子孙教育颇有积极影响。

---

① 胡中华.代代传承的朱氏家规家训[N].商洛日报,2020-08-06(08).
② 鹿城通.百鸡岭何氏家训家风[OL].(2018-06-25)[2022-04-23].https://www.sohu.com/a/237746368_162013.

原文

忠国家,敦孝弟;重丧祭,培[1]祖坟;崇诗书,勤稼耕;急国稞,训子弟;明闺戒,饬[2]婚骗;戒嫖赌,申[3]酒诫;惩暴戾,禁抵赖。

注释

[1]培:加固。
[2]饬:谨慎。
[3]申:约束。

李穆姜临终敕[1]诸子①

简介

李穆姜,生卒年不详,南郑(今陕西省汉中市南郑区)人。她是东汉直臣李法(字伯度)的姐姐,安众令程文矩的后妻。《后汉书·列女传》中有关于穆姜教子的记载。《后汉书·列女传》是我国正史中的第一篇女性类传,共塑造了十七位古代女性形象,穆姜是其中之一。穆姜在面对继子的憎恶与诋毁时,仍以慈祥仁爱,温和宽厚抚养他们,纠之过错,教之正义。启示我们要始终保持善良,遵守贤明之法,坚持正义,不与世俗混同。

原文

穆姜年八十余卒。临终敕诸子曰:"吾弟伯度,智达[2]士也。所论薄葬[3],其义至[4]矣。又临亡遗令,贤圣法也。令汝曹遵承,勿与俗同,增吾之累[5]。"诸子奉行焉。

注释

[1]敕:告诫。

---

① 范晔.后汉书[M].李贤,等注.北京:中华书局,1965:2794.

[2]智达:智慧通达。
[3]薄葬:从简办理丧事。
[4]义至:意义深刻。
[5]累:负担。

侯鸣珂诫子①

简介

侯鸣珂(1834—1898),字韵轩,生于湖南澧州永定(今湖南省张家界市永定区)县。生性聪慧,学业超群。后任陕西署孝义厅抚民,咸阳、平利、白河等县知县。侯鸣珂为官体恤百姓,常解囊相助,为官三十载年负债万贯。卸任后,变卖庄园、家产偿还债务。但他不以为困,反以为乐,这则家训就是侯鸣珂在这样的处境之下对自己儿子们的告诫。

原文

知民、助民、解民倒悬[1],系吾为官之道。此乃吾留给尔等"家产",虽系无形之物,但胜似万贯。

注释

[1]倒悬:处境非常艰难,危急。

---

① 陕西省地方志编纂委员会.陕西省志·人物志·中册[M].西安:陕西人民出版社,2005:13.

陈士能训子孙[1]

简介

清朝陈士能,字维卿,言语爽直,赋性豪侠,注重读书取仕,为了买书将家中田产变卖。在他的影响下,家族内形成了读书明理的良好家风。

原文

子孙不读书,马牛而襟裾,苟[1]读书明理,贫不为病。

注释

[1]苟:如果。

任纶训语[2]

简介

"商略"指"举商之大略"。《商略》是商州历史上的首部志书。体例编排上按照先州志,次为下属镇安、洛南、山阳、商南四邑之简志,各县简志称"集"。内容涉及地理、建置、学校、典礼、官师、选举、人士、杂述等。任纶,商州东季里(今陕西省商洛市)人,父亲任英为知府同知。《商略》卷七有对其家训的简略记叙。

原文

非义之财,一毫不取。

---

① 陕西省山阳县地方志办公室.山阳县志点释[M].西安:山阳县地方志办公室,1985:192.
② 商略·商南县集,明嘉靖三十一年刻本.

何性仁伯父训语①

简介

《洛南县志》第十二卷中记载的这则家训告诫子孙可以通过科举取得更高的地位和权力,但为官者切忌一味地追求个人私利,只有心中装着百姓,关爱人民,才是一个好官,才能不辜负十年寒窗苦读,不辜负人民所托。

原文

科名进身阶也。倘克[1]由此为官,切勿专事利禄,能以爱民为心,方可无负。

注释

[1]克:能够。

---

① 洛南县志.清乾隆十一年刻本.

对联类

巩姓宗祠通用联①

简介

巩氏是一个古老的姓氏,兴盛堂商州巩氏家族是其中的一条分支。兴盛堂商州巩氏家族虽非官宦绅士,也非显达之门,但一直秉承祖宗遗德,严格教育子孙后代,以期光耀门楣。从巩氏宗祠通用联可以看出,"忠""义"是商州巩氏家训的重要主题。

原文

一

沉勇统制[1],忠贞侍中[2]

二

姓启巩邑,望出山阳[3]

注释

[1]沉勇统制:典指南宋巩信,任荆湖都统,爱国志士,沉勇而有谋。元兵南下时,与元军战于方石岭,受重伤投崖而死。

[2]忠贞侍中:典指汉代人巩伋,秉性忠贞,官至侍中,始终保持忠贞的气节。侍中:古代职官名,又称侍内,始于秦代,南宋时废除。

[3]姓启巩邑,望出山阳:指出了商州巩姓的来源。

---

① 巩正好.兴盛堂商州巩氏家谱.2012.

原文

三

侍中忠节[1]，卿士名家[2]

注释

[1]侍中忠节：典指汉代人巩伋。

[2]卿士名家：典指东周敬王时卿士巩简公，受封于巩邑，史称巩简公、巩简伯，封畿内侯。巩氏族人大多尊奉巩简公为得姓始祖。

原文

四

畿甸系侯封之胤[1]，湖山撰游览之书[2]

五

中外驰名番国志，古今咸赞东平诗[3]

注释

[1]畿甸系侯封之胤：典指巩简公。

[2]湖山撰游览之书：典指明代巩珍，号养素生，宣宗时随郑和出使西洋，著《西洋番国志》。

[3]古今咸赞东平诗：宋代进士、诗人巩丰，字仲至，号栗斋，师从南宋理学家朱熹。为官期间，政事从简，刑罚从宽，深受百姓爱戴。

原文

六

侃直任事，民咸留驾[1]

身受国恩，义不可辱[2]

注释

[1]侃直任事,民咸留驾:典指明代正统间黑盐井提举司副提举巩珪,为官侃直。

[2]身受国恩,义不可辱:典指明代驸马巩永固,字洪图,具有侠义之士的风骨。崇祯末年,李自成破城时,巩永固以黄纯系五女于公主柩前,纵火焚之,大书"身受国恩,义不可辱"八字,自刎而死。

原文

七

钱塘牧民,新撰湖山妙记[1]

金笼放鹤,恭祝台鼎长年[2]

注释

[1]钱塘牧民,新撰湖山妙记:典指宋代官吏巩廷均。

[2]金笼放鹤,恭祝台鼎长年:典指宋代巩大卿。

安康家训

散 文 类

旬阳县范氏[①]

简介

清乾隆三十年(1765)左右,范仲淹次子范纯仁的后裔范风连及其子翼太、翼顺、翼中等,迁居到陕西旬阳县仙河镇及湖北郧西一带。范仲淹治家甚严,亲定《六十一字族规》和《义庄规矩》,并撰写《诫诸子书》教育子弟要正心修身、积德行善,族人要和睦共处、相扶相助。

原文

始祖考[1]训诫诸子孙曰:凡人之生,同禀天地之气,与万物无异。所以异于禽兽者,以其得所性之全,能知礼义,笃[2]厚人伦而已。人如不知礼义,亏坏人伦,与禽兽奚异哉!此圣人所以神道设教,为法于天下后世,不过是提撕警觉,欲人之归于至善以成人也。况人之祖宗于子孙乎?今将训汝十条开列于后,庶有以警汝之心,成汝之德,以昌大吾之门闾也。

第一条

凡人欲知礼义,厚人伦,非崇教化不能也。勉汝子孙:生子当寻师以教之。八岁入小学,十五岁入大学,使知礼义之方,人伦之道也。

第二条

知礼义莫大于尊祖敬宗也。勉尔子孙:凡祖宗虽远必追祀之,坟墓必世守之,以尽报本之道也。

第三条

厚人伦莫大于爱亲敬兄也。勉尔子孙:事父母必尽其孝,事兄长必尽其弟,

---

① 《安康优秀传统家训注译》编委会. 安康优秀传统家训注译[M]. 戴承元,注译. 西安:陕西人民出版社,2017:211-219.

以敦五伦之首也。

第四条

宗族乃祖宗之裔,同根共本。勉尔子孙:富贵者不可骄,遇患难当相救之,贫贱者固其守,至饿死莫作非为也。

第五条

夫妇乃人伦之始,家道所关。勉尔子孙:于夫妇当慎择配,无以妾为妻,毋娶仇盗也。

第六条

兄弟乃一气而分,痛痒相关。勉尔子孙:处兄弟当念其天显[3],无以财伤恩,无以小害大也。

第七条

尊长乃父兄之侪[4],尔当敬之礼之,无敢慢也。

第八条

乡党宗族所在,有孤贫懦弱者,尔当赒[5]之恤之,毋凌辱也。

第九条

祖宗坟墓,体魄所藏,尔当世守之,毋贪利以求售,见凌豪强,必合力以明理可也。

第十条

一族纲纪,盛衰所关,汝当振举之,毋以私怨而害公议,有作邪僻者,必极力而惩斥之也。

右十事皆修身齐家之道,若遵吾之教,天必佑之,神必护之。穷则必能善其身以隆其家,达则必能忠其君以显其亲。若有不肖子孙,不尚教化,于祖宗不能尊礼之,坟墓不能世守之,事父母不能孝,事兄长不能弟,宗族不厚,夫妇不和,子孙不教,纲纪不扶,凌犯尊长,蔑弃礼义,此乃不肖之子孙也。天必殃之,神必祸之,生则有辱门闾,死则黜[6]其后裔。当我在之日,特示斯言,尔当敬之慎之,毋违!

注释

[1]祖考:祖先。

[2]笃:忠诚,专一。

[3]天显:上天的旨意。

[4]侪:辈。

[5]赒(zhōu):周济,救济。

[6]黜:罢免,废除。

石泉县、汉阴县冯氏①

简介

陕南石泉、汉阴等县有许多祖籍湖南的移民后裔,冯姓家族就是其中一支。根据《始平堂石、汉冯氏族谱》记载,冯氏家族在湖南长沙定居约五百年后,有两个分支迁居到了陕南。乾隆年间编纂的《始平堂冯氏族谱》上制定了详细的族规,其中《十必惩遂》里有:忤逆不孝、盗窃、刁奸、聚匪于家、恐吓打骂、设故制骗、诽谤等。冯氏家族迁居石泉、汉阴后,严格遵守这些族规。

原文

训家十则

一曰敬天地

王者,父天母地,固与庶民无与,然处覆载[1]之中,人为至灵,动履处岂无感格[2]!晦冥风雨,正宜修省之时,五腊三元当戒酒色,财气毋冒犯,戊社毋裸露,三光庚申甲子及本命生辰尤宜洗心涤虑,以迓天庥[3]。

二曰敬祖宗

物本乎天,人本乎祖,豺獭当知报本,可以人而不如物乎?盖祖宗乃后人命脉,如雨露之资生物,自然化育长养。故人于高曾祖考,《礼》载,忌日必祭泣,生旦亦然。春夏秋冬无失礿祀烝尝[4],清明挂扫,腊月修茔[5],其设神主与建祠堂,此子孙之孝思不忘,奚可不加之意焉?

---

①《安康优秀传统家训注译》编委会.安康优秀传统家训注译[M].戴承元,注译.西安:陕西人民出版社,2017:31-41.

三曰孝父母

父兮生我,母兮鞠我,欲报深恩,昊天无极。为人子者,非父母不生,若不晨昏定省,视膳问寝,何以报生成之德?使徒以酒食供养,敬意不诚,是养犬马以待父母,罪莫大焉。且出入必禀命,言语必听从,若反言抵触,忤逆悖常,即幸免葵丘初命之诛[6],亦难逃子孙还生忤逆之报,可不慎欤?

注释

[1]覆载:天地。
[2]感格:感化。
[3]迓:迎接。庥:庇佑。
[4]礿(yuè)祀烝尝:皆为古代祭祀名称。礿:夏祭。祀:春祭。烝:冬祭。尝:秋祭。
[5]茔:坟墓。
[6]葵丘初命之诛:齐桓公葵丘会盟第一条盟誓为"诛不孝"。

原文

四曰爱兄弟

兄弟者,分形连气,同一首体而生,只宜友恭,不可斗狠。若只图一己安全,不顾手足情重,是忘父母遗体以戕骨肉之亲。或因财产不均生怨,或听妻言结仇,伤悖天伦,遏绝人道,禽兽不如也。且一年相见一年老,安得几时为弟兄,可不思乎?

五曰信朋友

人之相知,贵相知心,若以口角之交而无责善之道,何足以言朋友哉!所以古人托妻寄子,以为身可杀而信义不可移,故鸡黍[1]之约,千载称奇,管鲍之交,至今不泯,通财之义虽视己之盈虚,而谋害之心无变起于旦夕。若面是背非,到底不能长久,贪财利己终成嫉妒奸顽,各宜知之以存忠厚。

六曰和妻妾

前生缘分,今世婚姻。故孔子曰:"妻也者,主身之后,敢不敬欤?"今人有妻不以恩爱相加,而以婢役是使,非丈夫也。甚至鞭挞不堪,凌虐无礼,于义既无,则是夫不夫,反言相诋,则是妇不妇。至于妾,则反加甚矣,稍施其怒,彼即难堪。故身修而后家齐,夫义自然妇顺。

七曰训子女

父兄之教,不先子弟之率不谨。故有子教谦恭,无逞其骄性,无肆其诡奸,休临赌博之场,莫放花酒之地,毋学拳棒,无教讼词。俊秀者早入书堂,谨厚者习熟农桑。若家无恒产,使薄艺以荣身,此在父母看子着为自能克全门户。至若女在娘边,多学针指纺绩,莫学歌曲浮词,立身端正,自不败坏门风。各宜思之以正其始。

八曰笃宗教

五服之内,惟宗族最是关情,一本分枝,百世不艾[2]。以今观之,则有伯叔兄弟疏远之别。以祖宗视之,原是一体父母而生,故患难相顾,吉凶相扶,此古人之恤宗族而置义田以培本也。岂可因小故而伤情,为财利而成怨。或子孙有过失必当惩戒,毋曰不干事而不矢心,有孤弱则亟[3]扶助,毋曰自己保守、休念他人。若夫以大压小、以强凌弱、虐寡欺孤,是人道与禽兽同心,天地神明不容矣。

九曰重戚谊

人生天地,有父母妻子,故有诸亲六眷,皆宜亲敬也。勿以富而趋炎附势,勿以贫而绝义寡恩,毋好胜而热闹一时,惟清淡而长流似水。有过必当劝诫,有事务宜周全。常往常来,不失朱陈之好[4];自宽自解,无为吴越之仇。

十曰和邻里

千金买邻,百两买产,此古人之厚道存焉。今人有邻里,不问贫富,不论贤愚,既在近居,即为一体。他有故,我必往问。我有事,彼自来观。莫因些小见利,务宜少许周全。古云:"一家有事,百家不安。"盖以远亲不如近邻也。贤者可以引带,愚者可以提携,如此和邻,焉有不洽。

注释

[1]鸡黍:借指深厚的情谊。

[2]艾:停止。

[3]亟:赶快。

[4]朱陈之好:表示两家结成姻亲。出自白居易《朱陈村》:"徐州古丰县,有村曰朱陈,……一村唯两姓,世世为婚姻。"

汉阴县沈氏[①]

简介

汉阴沈氏,祖籍浙江吴兴(今湖州),于明、清两代分两次迁入汉阴。明天顺五年(1461),沈株山举家定居汉阴县。清朝后期,与沈株山同宗的浙江吴兴竹墩沈氏也迁居汉阴。汉阴沈氏故居西起汉阴县平梁镇,东至安康市汉滨区梅子铺镇,当地以沈姓命名的地名有沈家院、沈家砭、沈家堡子、沈坝镇、沈家寨等。世代相传的《沈氏家训》是沈氏族人的传家宝,也是陕南地区传统家规的典范。

原文

第一则 祭祀不可不殷也

祭祀不可不殷[1]也。祖宗往矣,所恃以有子孙者,以其有时食之荐、拜祭之勤耳。况岁时伏腊尚与家人为欢,而春露秋霜不忘水源木本之报,祖宗亦安,赖有此后人也。宗庙明禋[2],北邙[3]祭扫,其慎勿忽!

第二则 侍亲不可不孝也

古之圣贤谆谆教导,百行之原莫大于孝,虽圣帝、明王亦必以孝治天下。而士庶敢不定省问视,以各致敬尽诚乎?且衣衾棺椁之必齐,瘞[4]埋荐祭之必诚,古之道也。族中子姓,但于力之所能为,分之所当为者,即勉力以为之,庶几乎稍尽子职矣。《诗》云:"欲报之德,昊天罔极。"又云:"永言孝思,孝思维则。"其朝夕诵之。

第三则 天显不可不念也

同胞兄弟犹如手足。乃有小而参商,长而阋墙[5],甚而终身仇敌。友于之爱不讲,父母之忧莫释,而祖宗之目何自瞑乎?故敬宗者必孝父母,孝父母者必爱兄弟。苟听枕畔之言,骨肉之间必有不堪问者。为兄者与弟言友,为弟者与

[①]《安康优秀传统家训注译》编委会.安康优秀传统家训注译[M].戴承元,注译.西安:陕西人民出版社,2017:103-132.

兄言恭,庶亲心顺。而兄弟翕[6]然太和,元气岂不在门内乎?

第四则　身者不可不修也

身者父母所属望,而子孙所观型者也。故必敬以持己,恕以接物。视听言动,决去非礼;喜怒哀乐,务求中节,庶身可修,而家可齐矣。《书》云:"慎厥身,修思永。"子姓[7]当各置一通于座右。

第五则　持家不可不勤俭也

不勤则业荒,不俭则财耗,必也。男耕女织,食时用礼,庶财源开、财流节,仓箱之实基于此矣。谚云:"黄金无种,偏生勤俭人家。"诚能取是言思之,家道兴隆,于此卜矣!

注释

[1]殷:恳切。
[2]禋:诚心祭祀。
[3]北邙:北邙山在今河南洛阳。
[4]瘗(yì):埋葬。
[5]阋(xì)墙:比喻兄弟相争。阋:争吵。
[6]翕(xī):聚合,引申为和顺。
[7]子姓:子孙后辈。

原文

第六则　尊卑不可不辨也

家门之间,亲而五服,疏而九族,皆祖宗一脉也。凡遇尊长,坐必起立,步必徐行,庶彝[1]伦之有序。苟倚富而欺贫,恃贵而傲贱,仗才学而忽椎鲁[2],逞强大而凌弱小,均为祖宗之罪人也。慎之!慎之!

第七则　择师不可不慎也

师者,子弟之仪型。今何师乎?年未及冠,目仅识丁,读书明理之说邈矣。未闻躬行,实践之学全然不讲,得皋比[3]而坐之谆谆,以沽名钓誉为事,并句读之不知,复鱼鲁[4]之传讹。即日用言动之间,悉不知其仪则之具。则择师不慎,贻害匪小。语云:"盘圆则水圆,盂方则水方。"斯言虽浅,可以喻大。

第八则　教子不可不严也

子弟之正邪,每视父母之严忽,严则比匪[5]可入端方,忽则端方必流于比匪。自古迄今,大抵然也,必也!毋姑息,毋纵容,毋听妇言,毋喜称道。虽父子之间不责善,而义方可不训哉!

第九则　养女不可不训也

四德三从之道,朝夕劝谕。针线纺绩,晨昏督责,使性情即于中和,动履底于勤慎,则异日庶免讥诮叫于他门矣,而况乎福禄之多由于贤淑也。

第十则　择配不可不谨也

女子之德贵乎幽闲贞静。苟贪其父兄之贵,以为一时之荣,而性情规模、频繁中馈[6]之务,一问不知;于归之后,妒嫉成性,几不知其舅姑、夫婿为何如人矣。古云:"娶妻须不若吾家者,始能执妇道也。"诚哉是言!

注释

[1] 彝:法理,常理。
[2] 椎鲁:愚钝。
[3] 皋比:虎皮。古人坐虎皮讲学,后指教师的讲席。
[4] 鱼鲁:误将鱼写成鲁,指文字讹传。
[5] 比匪:勾结匪类。
[6] 中馈:妇女在家中职司饮食的事。

原文

第十一则　交游不可不审也

择善而从之,其不善者而改之。否则,必至失身匪类,将犯朝廷之法纪,危累父母兄弟者有之。可不慎于择交者哉?

第十二则　志节贵乎坚贞也

人无论读书与否,皆以志节定人品,苟守之不定,势将纵其情欲,任意所为,机械变诈,利己损人,不堪述矣。即富贵胜人,学问足羡,奚足重耶!善相士者,原在人之志节上定评,不徒苟俗也。"士先器识而后文艺",学者当三复斯言。

第十三则　志行不可刻薄也

祭先必致其丰洁,置业毋容以勒掯[1]。人过不可以显扬;用财须审乎义理。厚有厚报。若一味刻薄,必至损人。重则绝后裔,轻则生败子。可不畏哉?

第十四则　邻里不可不和也

出入相友,守望相助,疾病相扶持,古有明训。凡兹同里,毋以小隙而构大怨,毋以微忿而结世仇。为父兄者,则训诫其子弟;为子弟者,则劝谏其父兄。庶几里有仁风,而乡邻多惠爱矣。

第十五则　输粮不可不先也

朝廷首重催科[2],故守令之黜陟[3],每视征解之完否。富者发囊,贫者称贷,以足正额[4],此保家之道也。不然,浪费故在不免,桁杨[5]亦所难宽。凡在家门者慎之。

注释

[1]掯(kèn):强迫,刁难。
[2]催科:催收赋税。
[3]黜陟(zhì):官职升降。
[4]正额:正式规定的数额。
[5]桁(héng)杨:古代套在囚犯脖子或脚踝的一种刑具。此处借指法律。

原文

第十六则　穷难不可不周也

宗族日繁,不无穷而倚赖、急而望救者。以我视之,固有亲疏;以宗视之,则皆子孙也。其无能者周济之,有能者提携之,使振其业,庶族属不致怨怼,而祖宗亦含笑九泉矣。

第十七则　出仕不可不清也

致君泽民,吾儒分内事耳。苟以援上之不工、剥下之不巧为虑,凡足以肥囊橐而贻子孙者,尽力而为之,即眼前幸漏法网,子孙有不受其报者;然则出而治国,不思循分尽职,以光前裕后,而贪黩[1]之鄙,夫岂非衣冠之盗贼也哉!

第十八则　忍耐不可不讲也

好勇斗狠,以违父母,皆不忍所致。古云:"杀人之父,人亦杀其父;杀人之兄,人亦杀其兄。"斯言诚足鉴矣!

第十九则　奢华游惰当惩也

无常业,必至为非。凡人纵耳目之欲者,每不顾己之身家性命以赴之,将见富贵必失其富贵,贫贱益流为贫贱。故《书》有《无逸》之篇,《礼》载谨省之典,可不念哉?

第二十则　赌博不可不戒也

夫贪而赌,赌而负,负而贱,势所必至也。无论朝廷之功令可畏,即祖宗父兄之蝇积亦可惜!苟沉溺不返,沙里淘金,将见岁暖而妻号寒,年丰而子啼饥,必果忍乎?能不惧哉?

注释

[1]贪黩:贪污。

诗 歌 类

万氏派行录(自十二代始)①

简介

安康西路万氏,据史籍考证当属毕万之后,其先祖以名定氏为万姓之起源。春秋初受封居魏国都城(今山西省芮城县北)。至魏晋移居扶风郡槐里县(今陕西省兴平市)。后因战争、饥荒经陕西关中迁往河南开封陈州。至隋朝,开派始祖獬(字豸山),居陈州东门池。初唐平定天下有功,继封槐里侯,管辖扶风郡(今陕西省兴平一带),治所设槐里。故有万姓称之为扶风郡、槐里堂者,即源于此。豸山子孙繁多,或居陕西,或居河南。其后历经宋元明三朝,至明嘉靖年间,先祖万全公由湖南衡阳中经湖北麻城、孝感迁于今之陕西安康西路神仙街民兴村。

原文

仁义安行善应天,祖宗德化永联绵。
基开广厚丰盈继,心养和平吉庆延。
源远流长如晓日,本荣枝秀兆[1]松年。
兴隆茂盛家声振,正大光明百代传。

注释

[1]兆:预示。

---

① 安康万氏家谱编修委员会.万氏家谱.2007.

格言语录类

李袭誉诫子孙①

简介

李袭誉,字茂实,金州安康(今陕西省安康市)人。隋时任冠军府司兵。唐高祖李渊平定长安后,召入朝廷授任太府少卿、安康郡公。唐太宗李世民讨伐王世充时,授任潞州总管。后升迁至扬州大都督府长史、江南巡察大使、凉州总管、太府卿等。

原文

吾性不喜财,遂至窭[1]乏。然负京有赐田十顷,能耕之,足以食;河内千树桑,事之可以衣;江都书,力读可进求宦。吾殁后,能勤此,无资于人矣!

注释

[1] 窭(jù):贫穷。

白河县桂花村黄家大院

简介

安康黄家大院位于白河县南麓的卡子镇境内,黄家大院平面呈长方形,占地约一千五百平方米。用中轴线从东向西依次分为大门、前庭、中堂、后室、甬道和两个

---

① 欧阳修,宋祁.新唐书·卷九十一[M].北京:中华书局,1975:3791.

天井，两侧为厢房、耳房。大宅院拥有房屋三十六间。据悉，安康黄氏家族先祖来自湖北武汉。

原文

树德务滋[1]

注释

[1]滋：滋长。

汉滨区袁家台袁氏民居

简介

袁氏民居位于汉滨区河镇红霞村东南约一公里的袁家台，建于清咸丰年间。袁氏民居有上房五间，庭房五间，厢房左右各二间。院内门窗、檐、挑等木质构件雕刻有人物、鸟兽、花果等图案，正门镶嵌"燕翼诒谋"的石额。

原文

燕翼诒谋[1]

注释

[1]燕翼诒谋：典出《诗经·大雅·文王有声》："诒厥孙谋，以燕翼子。"郑玄作笺云："传其所以顺天下之谋，以安敬事之子孙。"后以诒谋、诒燕表示为子孙谋划，使其安乐。

白河县卡子镇友爱村张家大院

简介

张家大院位于白河县卡子镇友爱村七组，宅院分上、下两院，建于清中期。张家大院主体建筑为砖木结构，封火墙木林立，飞檐以龙、凤等为主要造型，简洁别致。回廊、栏杆、窗棂均为镂雕，大门为石雕门坊，额题"振否鼓家"四字。大门两侧雕刻楹联："两岸绿杨一湾芳草即此是江陵胜概""庭前孝养门内书声何处访珂里名家"。

原文

正品[1]立身

注释

[1]正品：端正品德。

对 联 类

白河县卡子镇友爱村张家大院

原文

振否鼓家

两岸绿杨,一湾芳草,即此是江陵胜概

庭前孝养,门内书声,何处访珂里[1]名家

注释

[1]珂里:对他人家乡的敬称,美称。珂:白色的美玉。

汉中家训

散文类

刘泰瑛敕二珍[①]

简介

刘泰瑛(生卒年不详),西汉南郑(今陕西省汉中市南郑区)人,大鸿胪刘巨公之女,杨拒的妻子。杨拒与刘泰瑛育有四男二女,子女皆贤良淑德。泰瑛对子女的教育极为重视,她崇尚礼德,家教严明,为世人所称赞。本文节选自东晋常璩撰写的《华阳国志》,这是一部专门记述古代中国西南地区历史、地理、人物等的地方志著作。全书共十二卷,约十一万字,记录了从远古到东晋永和三年(347)间巴蜀史事和历史人物故事。《华阳国志·先贤士女总赞》中记录了蜀郡、巴郡、汉中、犍为、广汉等地区的五十三位妇女的光辉事迹,刘泰瑛教子即为其中之一。泰瑛教子悔过,使子女结交贤良之人的事迹广为流传,她的教育方法值得我们学习和借鉴。

原文

泰瑛,南郑杨拒妻,大鸿胪[1]刘巨公女也。有四男二女。拒亡,教训六子,动有法矩[2]。长子元珍出行,醉,母十日不见之,曰:"我在,汝尚如此;我亡,何以帅[3]群弟子?"元珍叩头谢过。次子仲珍白[4]母请客,既至,无贤者,母怒责之。仲珍乃革行[5],交友贤人。兄弟为名士。泰瑛之教,流于三世;四子才官,隆于先人。故时人为语曰:"三苗止,四珍[6]复起。"

注释

[1]大鸿胪:古代官职名,九卿之一。
[2]法矩:法则,规则。

---

① 常璩.华阳国志·卷十[M].北京:中华书局,1985:164.

[3]帅:率领。

[4]白:告诉。

[5]革行:改正错误的行为。

[6]四珍:刘泰瑛的四个儿子。

杜泰姬教子及妇^①

简介

杜泰姬(生卒年不详),东汉南郑(今陕西省汉中市南郑区东)人,犍为(今四川省乐山市犍为县)太守赵宣的妻子。赵宣与杜泰姬育有七男七女,子女品行端正,以德著闻。杜泰姬是中国贤母的典范,她善知礼仪,教子成才,为时人所称道。杜泰姬教子的故事今仅存文两篇,见《全后汉文》和《华阳国志》。文中,杜泰姬告诫后人怎样教育子女,她针对男女不同的个性特征,采取不同的教育方法,以伦理道德为主,忠、孝、礼、义为本,通过自身的言行举止去感化、熏陶、规劝子女,使其在耳濡目染中逐渐形成良好的道德观念、品质和习惯。杜泰姬教子之法对我们今天的教育和人生发展仍有很大的借鉴和启发作用。

原文

杜泰姬,南郑人,赵宣女[1]也。生七男七女,若元珪、稚珪有望,五人皆令德。其教男也,曰:"中人[2]情性,可上下[3]也,在其检[4]耳;若放[5]而不检,则入恶也。昔西门豹佩韦[6]以自宽[7],宓子贱带弦以自急[8],故能改身之恒,为天子名士。"戒诸女及妇曰:"吾之妊身,在乎正顺[9]。及其生也,恩存于抚爱。其长之也,威仪以先后之,体兒以左右之,恭敬以监临之,勤恪以劝之,孝顺以内[10]之,忠信以发之。是以皆成,而无不善。汝曹[11]庶几[12]勿忘吾法也。"后七子皆辟命察举[13],牧州守郡。而汉中太守、南郑令多与七子同岁季孝上订,无不修也,泰姬,执子孙礼。

---

① 常璩.华阳国志·卷十[M].北京:中华书局,1985:164.

注释

[1]赵宣女:一作"赵宣妻"。

[2]中人:普通人。

[3]上下:人的脾气秉性即可变好,也可变坏。

[4]检:检讨。

[5]放:放纵。

[6]韦:皮质柔软的皮带。

[7]自宽:告诫自己遇事冷静。

[8]自急:鼓励自己行事果断,行动迅速。

[9]正顺:顺产。

[10]内:熏陶。

[11]曹:等,辈。相当于现代汉语中的"们"。

[12]庶几:语气词,表示某种希望。

[13]辟命察举:文中指七子均被任命官职。辟命:征召,任命。察举:中国古代选拔官吏的一种制度。

南郑青山沟袁氏①

简介

据修纂于民国二十七年(1928)的《南郑青山沟袁氏族谱》记载,清乾隆十一年(1746)青山沟袁氏始祖袁自上为摆脱原籍湘南早禾岭"地狭族众,终岁勤耕,仅果腹,鸿图无所展"的困境,携配偶及子侄从湖南郴州永兴县垭塘十九都早禾岭(今湖南省郴州市永兴县七甲乡南湾村早禾组),由湘经蜀迁徙至陕西省汉中市南郑区牟家坝镇青山沟,并在此创立基业,繁衍发展两百七十余年。《南郑青山沟袁氏族谱》共十二条内容,分别是孝父母、和兄弟、谨夫妇、教子孙、慎婚嫁、正继嗣、重丧祭、睦宗族、厚姻里、勤职业、崇节俭、慎交游。青山沟袁氏家族族人始终秉承优良

---

① 南郑青山沟袁氏阖族.南郑青山沟袁氏族谱.1928.

的家风,与村内蓝姓、刘姓等家族喜开姻亲、互帮互助、和睦相处,逐渐发展成为远近闻名的大家族,如今族人已达八百余人。南郑青山沟袁氏家训是袁氏先祖智慧经验的总结和袁氏家族做人处世的行为准则,对于我们有很大的借鉴和启迪作用。

原文

孝父母

念父母生育之恩之重,推父母爱子之心之深,而为子孝者,仅以善事报之。是父母之慈及于子者厚,而子之孝及于父母者薄。然而不孝者将禽兽之不若矣。举足不慎毁伤发肤,出言不慎遭人反詈[1],非孝也。显与违悖[2],遗弃失养,非孝也。抑或变起伦常、或嫡庶偏爱、或严慈务非、不能斡旋[3]其中,善事感动,亦非孝也。孝为百行原[4],胡[5]不勉而行之?

和兄弟

父母之子,先生者为兄,后生者为弟,谓之同胞,又谓之骨肉手足。义至重,情至深。兄之于弟,当如何友爱,方不愧于为兄;弟之于兄,当如何恭顺,方不愧于为弟。然有坐视贫苦不相通融、争取肥甘[6]不让分寸者,甚有侵没财产因而斗讼、暗计倾害、视同仇敌者,丧心病狂,莫此为甚。和之之道,公也、忍也、让也、不听妇谗也。

谨夫妇

夫妇造端[7],人伦之始。今日之夫妇即将来之父母必也。鸡鸣戒旦[8],黾勉[9]同心,内外有则,倡随和谐,举齐家之责任,荷[10]之于夫妇之肩,可不谨欤?然或偏溺私情不顾父母,妄听细言离间兄弟,任信继室凌虐前子,宠爱偏房欺压正室,嫌妻丑拙动加非礼,容妻把持惟所欲为,抑或阃范[11]不严日闻嘻嗃[12],内政不修祇图安逸,破家计、殒家声、构家祸,胥于此发生,可不戒哉?

教子孙

己幸而生子,子幸而生孙,人莫不爱其子与其子之子,故教之也,必严训之也,必正方[13]在孩提。凡应对进退礼节,谆谆[14]惟恐其不知也,必教之相习,以守衣服饮食。体干恻恻[15]惟恐其不洁不健也,必教之保守卫生。稍长,使其就学求知,朝必警夕必戒,策励无少懈,重托诸师严加教导,以促其成学就业。

家虽贫,不可不令子孙读书,子孙虽愚钝,尤不可不令其读书。然若富而不读,祇知求舍问田,坐令老大无成。读而务势,只知攀华附贵,必将贪污取祸,是失教矣,戒之!

注释

[1]詈(lì):责骂。

[2]违悖:违背。

[3]斡旋:调解。

[4]原:开端。

[5]胡:疑问代词,相当于"何",为什么。

[6]肥甘:肥美的食物,文中指利益。

[7]造端:发端。

[8]鸡鸣戒旦:怕起晚而耽误正事,天没亮就起身。

[9]黾(mǐn)勉:尽力,努力。

[10]荷:扛,背。

[11]阃(kǔn)范:妇女的道德规范。

[12]嘻嚆(xiào):大声嬉笑。

[13]正方:刚正不邪佞。

[14]谆谆:恳切地教导。

[15]恻恻:悲痛,凄凉。

原文

慎婚嫁

子长为之择婚,女长为之择嫁,父母之责也。考虑终身,匹偶必求平衡,子女之责也。早婚必弱子而寡嗣,早嫁必弱女而鲜甥,不可不慎也。子女贤而妇婿愚则非嘉耦[1],妇婿贤而子女愚则非良缘。琴瑟失调,离异堪虞。子贫贱而妇家富贵,骄妒在所难免。女丑拙而婿美扬,弃出亦所常有,尤不可不慎也。至若效颦[2]比富,称贷[3]以备奁装,废产以供花烛,累债耗财,徒苦子女,事后追悔,噬脐[4]难及,戒哉!

正继嗣

一脉血统，相传继嗣，务循正道。幸而有子，勿宠少而逐长，勿宠长而逐少，勿溺爱庶出而废嫡出，勿偏重嫡出而废庶出。不幸无子，立继必同父同祖同族之子，勿抚螟蛉[5]而乱血统，勿赘类我而紊宗系。继所当继，生前必须早立，勿待身后纷争，早立则恩深，恩深则亲爱，亲爱则孝敬，同于所生或胜于所生。既出继，勿挟私而废继，或藉继并产而废继，须知废其继则斩其祀，立其继则立其祀，立继者凛[6]之！

重丧祭

孝行万端，丧祭宜重。丧必尽其礼，所以慎终也。祭必尽其诚，所以追远也。丧尽其礼者，非徒尚仪式，三献祭品而已也。对于衣衿棺椁，必求洁固，勿事潦草；择地而葬，必求高燥，勿临卑湿。惟诚惟敬，惟信惟谨，不愧于孝道而后止。祭必尽其诚者，非仅奠未葬之祭曰奠、虞既葬而虞曰丧祭、卒哭三虞卒哭曰吉祭而已也。尤当敦崇[7]时享[8]，春夏秋冬各循旧礼，虔其祝宗[9]，道其顺辞，以昭祀先祖。更于正月元旦，临墓恭祭，如拜年状。至十四十五两夜，明灯炳烛于墓，如献灯状。至清明前旬，临墓祭扫，供献齐备，仪容整肃，勿使疏怠。至七月临望[10]之辰，十二、十三、十四三日，必设席供化冥包[11]，勿使遗渎。至除腊之夕，必临墓祭奠，如辞年状，所以报本也。倘自奉丰裕而于丧祭简略悭吝，是忘本矣。戒之！

睦宗族

尊祖故敬宗，敬宗故收族[12]，收族故修谱。睦族有三要，曰尊尊[13]，曰老老，曰贤贤。有四务，曰恤幼弱，扶孤寡，周穷急，解纷竞。举三要则悖逆[14]狎侮[15]之风息矣，循四务则刻薄嚣陵之风息矣。族安有弗睦者乎？至于引伸触类，置义田[16]，立义仓[17]，设义学[18]，置义冢[19]，使教养有资，生死无憾，俱宜视力所能为者为之。庶几于葛藟[20]之庇无歉焉？

注释

[1]嘉耦：互敬互爱、和睦相处的夫妻。
[2]效颦：不善模仿，弄巧成拙。
[3]称贷：向他人借钱。
[4]噬脐：自噬腹脐，比喻后悔不及。

[5]螟蛉:一种绿色小虫。古人用"螟蛉"比喻义子。

[6]凛:严肃,有威势。

[7]敦崇:崇尚。

[8]时享:太庙四个季节的祭祀。

[9]祝宗:主持祭祀活动的祈祷者。

[10]临望:登高远望。

[11]冥包:民间祭祀祖先的一种形式,将冥钱、冥衣等物包装成一个包裹寄往阴间。

[12]收族:按照亲疏远近、上下尊卑的次序来团结族人。

[13]尊尊:第一个"尊"是动词,尊敬;第二个"尊"是名词,受尊敬的人。后文的"老老""贤贤"同理。

[14]悖逆:违背正道。

[15]狎侮:形容人物言行举止轻慢,戏弄。

[16]义田:为赡养族人或贫困者而设置的田产。

[17]义仓:为防备荒年而设置的公益粮仓。

[18]义学:用公款或私资创办的公益学校。

[19]冢:坟墓。

[20]葛藟(lěi):植物名,又称"千岁藟"。落叶木质藤本,叶广卵形,夏季开花,圆锥花序,果实黑色,可入药。《诗经·王风·葛藟》讲述了流浪者求助不得的哀怨,此处比喻流离失所的人。

原文

厚[1]姻里

谊联姻里,情感宜笃,故视之也必重,遇之也必厚。毋以小嫌疏至戚,毋以新怨忘旧亲,毋以富贵嫌贫贱之姻,毋以势力虐孤独之娅亚[2]。至于邻里相近,凡牲畜之侵害,童仆之争斗,言语之相角,行事之错误,势不能免。当情恕礼遣[3],相忍以让,勿以小忿构衅,集恨闾里。平居必须守望相助,有无相通,患难相恤,则德邻仁里之风长矣。愿共勉之。

勤职业

人群演进,谋生维急,勤其职则生活可保,失其业则冻馁[4]立至,可不勉哉!

为士必坚定乃志,踔厉[5]奋发,专攻学科,力行力知,作群众表率。为农必健全乃身,终岁辛勤,善治亩畦,改进种植,加增生产力量。为工必善其事,利其器,精巧制造,发明机械,使物质逐渐进步。为商必全信用,计赢奇[6],亿则屡中[7],决胜市场,使利权不至外溢他。若供职在公,勿尸位[8],勿渎职,勿废事,兢兢业业,必求利于国家社会人民者,勉力而行之,是亦勤其职业也。

崇节俭

俭者,人之美德,其益有六。无非分之求可以养廉,无暴殄[9]之物可以惜福,减自奉[10]以济贫苦,可以广德,留有余以备缓急,可以免患,不开奢靡之习,可以厚俗,不启骄侈之心,可以正家。盖俭非悭吝刻薄之谓,加厚于根本,虽千金不为妄费;浪用于无益,即一金已属虚縻[11]。崇俭之道有二,曰量入以为出,曰薄己而厚人。

慎交游

朋友为五伦之一,四伦中或有隔阂缺憾,而朋友能斡旋匡救[12]其间,济其所不及。且能以朋友之长补己之短,以己之短取朋友之长,故无论何人,无朋友则独立无与、孤陋寡闻。虽然,不可不择也。盖人性皆善,而所习不同,习与善人居则善,习与恶人居则恶,近朱者赤,近墨者黑。直谅多闻[13],益友也,非是皆滥交。劝善规过,良友也,非是皆燕朋[14]。此其功,先从少年始。少年见识未明,嗜欲初启,柔佞邪僻[15]最易引诱,当慎择师友。师分尊,尚存忌惮,惟友情狎[16],最易熏陶。与居与游,必择纯朴安详之侣,日事箴规[17],使所见所闻皆是正大事务。倘友之性行伶俐,谬为[18]恭敬以奉承者,尤宜防,闲而远之。勿接不正之人,行不正之地。跟脚既立,基础始建,若幼习恶劣,长大改行者少矣。慎哉!

注释

[1]厚:重视,推崇。

[2]娅:连襟,姊妹二人丈夫的互相称谓。亚:原文朱笔圈出,结合上下文,该字当为衍文。

[3]情恕礼遣:以情相恕,以礼排遣,待人接物宽厚和平,遇事不加计较。恕:原谅。遣:排遣。

[4]冻馁:过分的寒冷与饥饿。

[5]踔(chuō)厉:精神振奋。

[6]计赢奇:掌握稀罕的货物,计算盈利。赢:盈利。奇:奇货。

[7]亿则屡中:意料之事总能与实际相吻合。

[8]尸位:空占着职位而不做事。

[9]暴殄:任意浪费、糟蹋。

[10]自奉:自身日常生活的花销。

[11]虚糜:白白地损耗、浪费。

[12]匡救:扶正并挽救。

[13]直谅多闻:为人正直信实,学识广博。直:正直。谅:信实。

[14]燕朋:轻慢朋友。燕:亵渎,轻慢。

[15]柔佞:伪善谄媚。邪僻:乖谬不正。

[16]狎:亲近而不庄重。

[17]箴规:忠告。

[18]谬为:假装。

洋县东韩刘氏《堂训》①

简介

洋县东韩刘氏《堂训》为洋县东韩村刘调伯(燮德)堂圌训言。该圌由刘调伯题于民国三十六年(1947)闰二月十六日,现存于刘调伯老宅院内。

原文

"父兄之教不先,子弟之率不谨",[1]司马相如《谕巴蜀檄》[2]已先我而言之。间尝历览《颜氏家训》《朱子家训》,欲取其持身治家者,编为子弟法嗣[3]。因建屋日不暇给,遂得目疾,蒐辑[4]为难,兹记平日所读张敦复[5]《聪训斋语》,得"读书者不贱,守田者不饥,积德者不倾,择交者不败"四语,拳拳服膺[6],尤较约而易守。在昔承乏[7]陕西模范小学堂、榆林中学校、汉中中学校,叠举[8]我训学生,而会有学生之特达者来相问,曰:"昔年学问,目击身历,如不能择交,则读书者仍贱,守田者仍饥,积德者仍倾,若欲不倾不饥不贱,请自择交始。"予应

---

① 王继胜.汉中家训[M].西安:三秦出版社,2018:7-8.

之曰:"择交为四者之纲领,《聪训斋语》言之綦详[9],诚一开卷冰解的破[10]矣。"问者唯唯而退后。撮[11]四语悬于两楹,俾资[12]借鉴而垂家训云。

注释

[1] 父兄之教不先,子弟之率不谨:语出司马相如《谕巴蜀檄》。意思是父兄教育没有率先垂范,子弟遵循教导就不会严谨。

[2]《谕巴蜀檄》:司马相如斥责巴蜀吏民的一篇政府文告。

[3] 法嗣:佛教语,禅宗指继承祖师衣钵而主持一方丛林的僧人,也指学艺等方面的继承人。

[4] 蒐(sōu)辑:搜求辑录。蒐:通"搜"。

[5] 张敦复:张英(1637—1708),字敦复,号乐圃,安徽桐城人,官至文华殿大学士。有六子,其中四子均显贵。与次子张廷玉同为相,人称父子宰相。

[6] 拳拳服膺:牢牢地谨记在心。拳拳:牢牢抓住的样子,引申为诚恳、深切。服膺:谨记在心。膺:胸。

[7] 承乏:继承空缺的职位,后多用作任官的谦辞。

[8] 叠举:迭举,屡次、接连举荐。

[9] 綦(qí)详:详细,仔细。綦:极,很。

[10] 冰解的破:冰冻融解,箭靶射中。比喻问题解决,疑惑消除。

[11] 撮:取,摘取。

[12] 俾:使。资:供给。

洋县东韩刘氏《箴言》①

简介

洋县谢村镇东韩村刘氏是当地的名门望族,曾富甲一方。刘氏祖辈留给子孙最重要的并非是财富,而是融于血脉的行为规范、道德准则。刘氏五世祖兄弟二人受业于本村名儒岳震川之后,六氏、七世子孙中有很多贡生、举人、进士。民国时

---

① 王继胜.汉中家训[M].西安:三秦出版社,2018:8-54.

期,很多后人在高等学府深造,或者走出国门负笈求学。他们怀才抱德,无论是从政从商,从教从医,还是务农做工都能省身克己,尽心竭诚,使得家殷人足,子孙昌盛。《箴言》《志戒》与《嘱子》是刘氏家训中非常具有教育意义的内容。刘氏家训中倡导的尊师重教、乐善好施、克俭克勤的行为准则,教育我们加强个人道德修养,勤学上进,成为德才兼备之人,为社会主义建设竭忠尽智。

原文

法圣贤

《易》曰:"善不积不足以成名,恶不积不足以灭身[1]。小人以小善为无益而弗[2]为也,以小恶为无伤而弗去[3]也。故恶积而不可掩,罪大而不可解。"

注释

[1]灭身:毁灭一个人。

[2]弗:不。

[3]去:除去,去掉,引申为改正。

原文

子曰:"弟子入[1]则孝,出[2]则悌,谨[3]而信,泛爱众而亲仁,行有余力,则以学文。"

注释

[1]入:在家学习或做事。古时候子女来到父母亲居住的房间叫"入"。

[2]出:在外学习或做事。古时候子女离开自己居住的房间来到庭院叫"出"。

[3]谨:说话少。

原文

子曰:"非[1]礼勿视[2],非礼勿听,非礼勿言[3],非礼勿动。"

注释

[1]非:不,不是。

[2]视:看。

[3]言:说。

原文

子贡问曰:"有一言[1]而可终身行之者乎?子曰:其恕[2]乎!己所不欲,勿施于人。"

注释

[1]一言:一个字。

[2]恕:推己及人,即"己所不欲,勿施于人"。

原文

子曰:"笃[1]信好学,死守善道。"

注释

[1]笃:忠实,一心一意。

原文

曾子曰:"吾日三省[1]吾身,为人谋而不忠乎?与朋友交而不信乎?传不习乎?"

注释

[1]三省:多次检查反省。

原文

所谓诚其意者,毋自欺也,如恶恶臭,如好好色,此之谓自慊[1]。故君子必慎其独也。

注释

[1]自慊:自足,自快。

原文

薛敬轩[1]曰:"心每有妄发即以经书圣贤之言制之,此克己复礼之学也。"

注释

[1]薛敬轩:薛瑄(1389—1464),字德温,号敬轩,谥号文清。河津(今山西省运城市万荣县)人,明代著名思想家、理学家、文学家,河东学派的创始人。

原文

汉昭烈[1]敕后主[2]曰:"勿以恶小而为之,勿以善小而不为。"

注释

[1]汉昭烈:汉昭烈帝刘备。
[2]后主:刘禅。

原文

善恶之原皆起于心,治心之功莫先于敬,平日将理义以明此心,取先哲之嘉言懿行以触发此心,则一点灵明[1]如于浊水中取出明珠,宝光复现。自此一善一恶才发念时,便炯然烛照矣。盖为恶之人其心常昏,为善之人其心常醒也。然人为气质所偏,当念之初发走熟路最易。此际最要着力,须一刀两断,纤恶必除,方是大勇猛力。若此际稍忽,则燎原之势遂不可遏,此独知之,不可不慎也。古人暗室不欺[2],若颜叔子之达旦秉烛[3],杨伯起之暮夜却金[4],司马公之无一事不可对人言,皆由平日治心克己工夫。有以胜之,真能慎独者。

注释

[1]灵明:王阳明心学体系中的一个重要的概念。指人心的认识作用,同时也是一种人生图景。
[2]暗室不欺:在没有人看见的地方,也不做见不得人的事。
[3]颜叔子之达旦秉烛:在一个风雨之夜,颜叔子接纳了一位因暴风而房屋倒塌的邻家寡妇,孤男寡女独处一室,他让寡妇手执火烛取暖,以示清白。
[4]杨伯起之暮夜却金:杨伯起即杨震,字伯起,他上任路过昌邑,昌邑的县令

王密是他曾举荐的人。王密晚上怀中揣了十斤金子去拜见他。杨震说:"我了解你,你却不了解我,这是怎么回事呢?"王密说:"这么晚了,没有人能知道这件事。"杨震说:"天知道,神知道,我知道,你知道。怎么没人知道!"王密羞愧地退出去了。

原文

范忠宣[1]公戒子弟曰:"人虽至愚,责人则明;虽有聪明,恕己则昏。尔曹但常以责人之心责己,恕己之心恕人,不患不到圣贤地位也。"

注释

[1]范忠宣:范纯仁(1027—1101),字尧夫,谥忠宣,吴县(今江苏省苏州市)人,范仲淹次子,北宋大臣,人称"布衣宰相"。

原文

攻其恶,无[1]攻人之恶。盖自攻其恶[2],日夜且自点检,丝毫不尽则歉于心矣,岂有功夫点检他人耶?

注释

[1]无:不。
[2]恶:需要纠正的、极坏的行为。

原文

陈忠肃[1]公曰:"幼学之士,先要分别人品之上下。何者是圣贤所为之事,何者是下愚所为之事,向善背恶,去彼取此,此幼学所当先也。"

注释

[1]陈忠肃:陈文龙(1232—1277),福建兴化(今福建省莆田市)人,初名子龙,字德刚,南宋状元,在保卫兴化城的战斗中战败被俘,留下了"须信累臣堪衅鼓,未闻烈士树降旗"的诗句。

敦孝行

> 原文

子游[1]问孝。子曰:"今之孝者是谓能养,至于犬马皆能有养,不敬何以别乎?"

> 注释

[1]子游(前506—前443):姓言,名偃,字子游,"孔门七十二贤"之一。

> 原文

子夏问孝。子曰:"色难[1]。有事弟子服其劳,有酒食先生馔[2],曾是以为孝乎?"

> 注释

[1]色:脸色。难:不容易。
[2]馔(zhuàn):饮食,吃喝。

> 原文

子曰:"事父母,几[1]谏;见志不从,又敬不违,劳[2]而不怨。"

> 注释

[1]几(jī):轻微,婉转。
[2]劳:劳心,担忧。

> 原文

曾子曰:"孟庄子[1]之孝也,其他可能也。其不改父之臣与父之政,是难能也。"

> 注释

[1]孟庄子(?—前550):名速,鲁国大夫,孟献子的儿子。

原文

曾子曰:"孝子之养老也,乐其心,不违其志;乐其耳目,安其寝处,以其饮食忠[1]养之,孝子之身终。终身也者,非终父母之身,终其身也。是故父母之所爱亦爱之,父母之所敬亦敬之,至于犬马尽然,而况于人乎?"

注释

[1]忠:尽心。

原文

孟子曰:"吾闻之也,君子不以天下俭[1]其亲[2]。"

注释

[1]俭:俭省。
[2]亲:父母。

原文

孟子曰:"世俗所谓不孝者五。惰其四肢,不顾父母之养,一不孝也;博弈好饮酒,不顾父母之养,二不孝也;好货财,私妻子,不顾父母之养,三不孝也;纵耳目之欲,以为父母戮[1],四不孝也;好勇斗狠,以危父母,五不孝也。"

注释

[1]戮:羞辱。

原文

《朱子家训》:"重赀财[1],薄父母,不可以为人子。"

注释

[1]赀(zī)财:钱财,财物。赀:通"资"。

原文

老年人大都迂阔[1]惜财、尪弱[2]昏耄、偏爱为子孙者。倘于此起一厌心,入不孝不自知,急宜回省。又有前后之间、嫡庶之际,父母或有偏向,而为子者亦易生嫌怨。此当委心付之,期于必得欢心而后已,大略销化最急。处此者,直须渣滓全融,不存一毫火性[3]。比平常为子者,逊志[4]承欢,倍加谨慎。有仁心之亲,自然转而怜我;若其无仁心者,感之不能,况可触[5]之?亦惟自尽子道,以无陷于忤逆斯已耳。若一意见亲不是,火性填胸,消遣不能,摆脱不下,必将有遏抑[6]不住之时,微根不除,遂致横决[7]。吾恐其时责亲者轻,而为子之罪莫可逭[8]也。

注释

[1]迂阔:思想行为迂腐而不切合实际。

[2]尪(wāng)弱:衰弱。尪:脊背骨骼弯曲,瘦弱。

[3]火性:暴躁易怒的脾气。

[4]逊志:顺心。

[5]触:触犯,冒犯。

[6]遏抑:阻止,抑制。

[7]横决:大水冲破堤岸横溃而出现决堤。此处指人发脾气时,可能会口出恶言,伦理、常规被破坏掉。

[8]逭(huàn):宽恕,免除。

原文

赵简子之子长曰伯鲁,幼曰无恤。将置后[1]不知所立,乃书训诫之辞于二简[2],以授二子曰:"谨识之。"三年而问之伯鲁,不能举[3]其辞,求其简,已失之矣。问无恤,诵其辞甚习[4],求其简,出其袖中而奏[5]之,于是简子以无恤为贤,立为后。

注释

[1]置后:选立继承人。

[2]二简:两片竹简。

[3]举:列举,说出。

[4]甚习:很熟。习:熟悉,熟练。

[5]奏:上呈。

原文

笃友爱

上治祖祢[1],尊尊也;下治子孙,亲亲也;旁治昆弟,合族以食,序以昭穆[2],别之以礼义,而人道竭矣。

注释

[1]祖祢(mí):祖庙与父庙,或者先祖和先父,亦泛指祖先。祢:古代对已在宗庙中立牌位的亡父的称谓。

[2]昭穆:中国古代宗庙制度之一。宗法制度对宗庙或墓地的辈次排列规则和次序。二世、四世、六世,位于始祖之左方,称"昭";三世、五世、七世,位于始祖之右方,称"穆"。

原文

史佚有言曰:"兄弟致美。救乏、贺善、吊灾[1]、祭敬、丧哀,情虽不同,毋绝其爱,亲之道也。"

注释

[1]吊灾:慰问遭灾受难的人。

原文

象至不仁,封之有庳[1],有庳之人奚罪焉?仁人固如是乎!在他人则诛之,在弟则封之。曰:"仁人之于弟也,不藏怒焉,不宿怨焉,亲爱之而已矣。"

注释

[1]有庳(bì):地名,旧说在今河南道县之北。

原文

《朱子家训》:"兄弟叔侄,须分多润[1]寡;长幼内外,宜法肃辞严。"

注释

[1]润:使得到好处,扶助。

原文

后汉薛包[1]好学笃行。父娶继母,憎包,逐出。包不得已庐舍外,旦入洒扫。父母又逐之,乃庐里门,晨昏问安岁余。父母感悟命还。及父母亡,哀痛成疾。诸弟子求异居,包不能止,任弟所欲。奴婢引其老弱者,曰:"与吾共事久,使令所熟也。"器物取其朽败者,曰:"吾素所服习,身口所安也。"田产取其荒芜者,曰:"吾少时所理,意所恋也。"后诸弟子不能立,包复赈给。安帝闻其名,征拜侍中,不受,赐谷千石。

注释

[1]薛包:生卒年不详。东汉汝南人,汉安帝时以孝出名。

原文

范文正公云:"吾宗族甚众,于我虽有亲疏,然自吾祖视之,均是子孙。且自祖宗来,积德百年,始发于吾。若独享富贵,不恤宗族,他日何以见祖宗于地下,今日何颜[1]入家庙乎?"故其恩例俸赐必均及宗族。又买良田为"义庄"[2],族之贫乏者,每人日给米一升,岁给绢一疋[3],及至嫁娶丧祭,皆有周给。其子纯仁,克继父志,俸禄尽广义庄,至今子孙科弟仕宦不绝。

注释

[1]颜:脸色,脸面。

[2]义庄:古代中国宗族所有之田产,兴于北宋。仁宗时范仲淹在苏州用俸禄置田产,收地租,用以赡族人,固宗族。义庄设有义宅,供族人借居,若房舍需要修理则自行设法。范氏义庄有八九百年的历史,在中国历史上是独一无二的。

[3]疋:通"匹"。

原文

夏邑陈世恩,万历己丑进士。兄弟三人,惟季弟好游狎[1],早出暮归,长兄规止不改。公曰:"伤爱无益。"每夜亲守外户,待弟入,手自扃钥[2];问以寒暖饥饱,尤恤之情形与言貌。如是者数夜,弟乃大悔,不复暮归。

注释

[1]游狎:交往亲密。
[2]扃(jiōng)钥:门户锁钥。

原文

王侍御复斋夫人甚妒,侍御买妾生子,潜[1]育于张总兵家。及侍御卒,嫡子毓俊抚爱弟特至。母曰:"彼占汝一半家资,吾每恨之。"答曰:"贫富有命,岂在兄弟之多寡,且人贵在自立耳!读书节用自能起家。若不成人,如魏家表兄,非独子乎?恃财淫荡,家资数万,今无立锥[2]矣。"母意渐解,宗族甚敬之。

注释

[1]潜:秘密地。
[2]立锥:插锥尖的一点地方。形容极小的一块地方,也指极小的安身之处。

原文

《颜氏家训》曰:"兄弟之间,譬[1]犹居室也。一穴即塞之,一隙即涂之,则无倾覆之患。如雀鼠不防,风雨不蔽,壁陷楹[2]倾,无可救矣。婢仆之为鸟鼠,妻妾之为风雨,甚哉!"

注释

[1]譬:比如,比方。
[2]楹:本义为厅堂前部的柱子。作量词为古代计算房屋的单位。

原文

法照禅师[1]曰:"同气相连枝更荣,些些言语莫伤情;一回相见一回老,能得几时为弟兄。兄弟同居忍便安,莫因毫末起争端;眼前生子又兄弟,留与儿孙作样看。"

注释

[1]法照禅师(747—821):俗姓张,唐代高僧,中国佛教净土宗第四代祖师,闻名于长安,唐代宗李豫以礼迎宫中,赐号"供奉大德念佛和尚""五会念佛法事般若道场主国师",居长安章敬寺。公元821年在长安圆寂,谥大悟禅师。

原文

宏度量

《书》曰:"必有忍[1],其乃有济[2];有容[3],德乃大。"

注释

[1]忍:含忍。
[2]乃:就。济:成功。
[3]容:包容。

原文

子曰:"巧言[1]乱德,小不忍则乱大谋[2]。"

注释

[1]巧言:花言巧语。
[2]谋:计谋,计策。

原文

子曰:"以直[1]报怨,以德报德[2]。"

注释

[1]直:公正无私,坦诚面对。
[2]德:第一个"德"是动词,表示感激;第二个"德"是名词,表示恩德,恩惠。

原文

祁奚[1]请老,晋侯问嗣焉。称解狐,其仇也,将立之而卒。又问焉,对曰:"午也可。"于是羊舌职死矣。晋侯曰:"孰可以代之?"对曰:"赤也可。"于是使祁午为中军尉,羊舌赤佐之。君子谓祁奚于是能举善矣,称其仇不为谄,立其子不为比,举其偏不为党。《商书》曰:"无偏无党,王道荡荡。"其祁奚之谓也。

注释

[1]祁奚(前620—前545):姬姓,祁氏,名奚,字黄羊,晋国大臣。

原文

其自反而仁矣,自反而有礼矣,其横逆[1]犹是也。君子曰:"此亦妄人也矣。如此则与禽兽奚择哉?于禽兽又何难焉?"

注释

[1]横逆:横暴无理的行为。

原文

秦王会赵王于河内渑池,王与赵王饮。酒酣,秦王请赵王鼓瑟,赵王鼓之。蔺相如复请秦王击缶,秦王不肯。相如曰:"五步之内臣请得以颈血溅大王矣。"左右欲刃相如,相如张目叱之,左右皆靡。王不怿,为一击缶。罢酒,秦终不能有加于赵,赵人亦盛为之备,秦不敢动。赵王归国,以相如为上卿,位在廉颇之右[1]。廉颇曰:"我见相如必辱之。"相如闻之,每朝常称病,不欲争列[2]。出而望见,辄引车避匿[3],其舍人[4]皆以为耻。相如曰:"子视廉将军孰与秦王?"曰"不如秦王。"曰:"夫以秦王之威而相如庭斥之,辱其群臣,相如虽驽[5],

独畏廉将军哉？顾吾念之，强秦之所以不敢加兵于赵者，徒以吾两人在也。今两虎共斗，其势不俱生。吾所以为此者，以先国家之急而后私仇也。"廉颇闻之，肉袒负荆，因[6]宾客至蔺相如至门谢罪，曰："鄙贱之人，不知将军之至此矣！"卒相与欢，为刎颈之交[7]。

注释

[1]右：右边。古人以右为尊。

[2]争列：争位次的高下。

[3]引车避匿：将车子调转躲避。

[4]舍人：蔺相如的门客。

[5]驽：愚笨，拙劣。

[6]因：通过。

[7]刎颈之交：能够共患难、同生死的朋友。刎颈：杀头。刎：割。

原文

处世须耐烦，居官尤甚。能耐烦便有识量，着一急性不得。盖事多在忙中错也。

原文

张参政曰："某自守官已来，常持四字：勤谨和缓。"或问曰："'勤谨和'既闻命矣，'缓'之一字，某所未闻。"张正色[1]作气曰："何尝教贤缓不及事，且道世间甚事，不因忙后错了？"

注释

[1]正色：态度严肃，神色严厉。

原文

于铁樵曰："人当暴怒勃发，以为不如是则不快。迨[1]事过气平之后，我则抱歉，人则饮恨[2]，何所利焉？"又曰："无论人之尊卑，事之曲直，常使不安，在人而无歉，在我则此中之受用无穷矣。"

注释

[1]迨：等到，及。

[2]饮恨：含恨无法陈诉、发泄。

原文

吕文穆[1]初为相，有朝士[2]曰："此子亦参政耶。"同列不平，诘其姓名。公止之曰："若一知姓名便恐不能忘，不如不知。"

注释

[1]吕文穆(944—1011)：吕蒙正，字圣功，河南洛阳人。曾三次登上相位，卒后谥文穆。

[2]朝士：朝中官僚。

原文

临江胡秘校，与客围棋，忽有乡民恶声甚厉。问之，曰："来算簿。"公曰："少待。"其人直前推局大骂，客不能堪。公徐曰："无怒。"即取簿勾之，又与斗米遣归。明日闻其人死矣，盖以计服毒而来，无隙可乘而去也。当时若少不忍，其能免祸乎？前辈云："逆我者，只消宁省片时，便到顺境，方寸寥廓[1]矣。"又云："非意相加，便有所恃，可与较乎？"

注释

[1]寥廓：空旷深远。

原文

淮阴强富，持身谨慎，接物谦和。时值元日[1]，有小人逞酒辱骂，富闭门不理，家人邻右俱不平。富曰："当此佳节，谁不饮酒？醉后发狂，人之恒情，若与之较，量何小也？"

注释

[1]元日：一年的第一天，旧指农历正月初一。

原文

世间冤怨,若非君亲,大雠[1]过后,便当释然。郭子仪与李光弼,同为朔方牙将,后因禄山乱,拜子仪朔方节度使。光弼肉袒谢曰:"一死固甘,乞免妻子?"子仪趋下,持抱上堂而泣曰:"国乱主迁,非公不能东伐,岂怀私忿时耶?"执其手相持而拜,即荐之。遂合破贼,后俱为名将封王。

注释

[1]雠(chóu):通"仇",仇恨,仇怨。

原文

不独自己冤怨宜释,凡遇两边冤怨,或以杯酒释之,或以善言解之,使不至冤怨相结。息无已之争端,保太和[1]之元气,皆在于此。

注释

[1]太和:阴阳会和、冲和的元气,指达到一种很高的境界。太:形成天地万物的元气。

原文

裴行俭曰:"士之致远,先器识[1]而后文艺。"

注释

[1]器识:对于具体对象整体或全面的认知,引申为对气度和见识的培养。

原文

林尚书退齐,临卒,子孙求遗训[1]。公曰:"无他言,汝等只学吃亏耳!"李临川闻而叹曰:"有味乎其言之,从古英雄只为不能吃亏,盖吃亏正是便宜[2]也。"

注释

[1]遗训:前人遗留下来的训示、教诲。

[2]便宜:得到便宜。

原文

室淫荡

万恶淫为首[1],防淫之念要有定力。平日操持严切,念起即除。我心既定,自然守身如玉。一任妖姬美女引诱百端,绝不转动分毫,是何等定力!若欲心既萌,猛不可遏。当思相在尔室,如《感应篇》中所谓:"司过之神在我旁也。三尸[2]在身,五祀[3]之神在宅,日月三光在天记录者有之、瞋视者有之、含怒者有之、照临者有之。片时之欲念易消一生之功名。性命为甚重,何苦以百年名节、毕世前程、祖宗之积累、子孙之福禄,断送于半刻之迷惑也?"

注释

[1]万恶淫为首:万般的罪恶中,贪婪是最邪恶的。

[2]三尸:道书《重修纬书集成》中讲到,三尸是分别叫彭倨、彭质、彭矫的三种虫,居住在上中下丹田之中,它们一方面诱惑人贪食、好色、喜杀,一方面又上天汇报宿主的罪恶,从来不说好话,而且它们巴不得人早点死,总之是代表着私欲、食欲、性欲,集监视、告密、教唆、破坏为一体的附身幽灵。

[3]五祀:风水学中指祭门神、户神、井神、灶神、中溜(土地神和宅神)。王充《论衡》:"门、户,人所出入;井、灶,人所欲食;中溜,人所托处,五者功钧,故俱祀之。"

原文

唐皋[1]少时读书,灯下有女子调之,将纸窗搯[2]破,公补讫[3]。题诗云:"搯破纸牍容易补,损人阴德最难修。"后大魁天下。

注释

[1]唐皋(1469—1526):字守之,号心庵,别号紫阳山人,南直隶徽州府歙县(今安徽省黄山市徽州区岩寺镇)人。明正德年间状元,官至侍讲学士兼经筵讲官。

[2]搯:通"掏",挖。

[3]讫(qì):完结,终了。

原文

太仓陆公,容美丰仪。天顺三年,应试南京。馆人有女,善吹箫,夜奔公寝。公绐[1]以疾,与期后夜。女退,公作诗云:"风清月白夜牕[2]虚,有女来窥笑读书;欲把琴心通一语,十年前已薄相如。"迟明托故去。秋预乡荐[3],二十四成进士,官至参政。

注释

[1]绐(dài):通"诒",欺骗,欺诈。

[2]牕(chuāng):通"窗"。

[3]秋预乡荐:乡试由于是在秋季举行,所以乡试叫秋闱、乡荐,即推荐童生考取生员,进入府、县学读书。意指在秋天乡试中被举荐。

原文

会稽陶文僖[1]大临,年十七岁赴省试。邻女夜半奔公,公三却之,遂徙居。未几,联科榜眼及弟,官大宗伯。

注释

[1]陶文僖(1526—1574):即陶大临,字虞臣,号念斋,浙江会稽人。三十岁中榜眼。去世后,赠吏部尚书,谥文僖。

原文

余姚王华[1]馆于宦家,宦多妾无子。夜深有一妾出奔,公不纳。妾出一帖,乃主人亲笔云:"欲乞人间种。"公批其后曰:"恐惊天上神。"次日即辞馆去,明年状元及弟,位至大宗伯。

注释

[1]王华(1446—1522):字德辉,号实庵,晚号海日翁。人称龙山先生,浙江余姚人。明宪宗成化十七年(1481)辛丑科进士第一人。其长子为明代著名哲学家王守仁(王阳明)。

原文

守礼节

《诗》曰:"相[1]鼠有皮,人而无仪。人而无仪,不死何为?相鼠有齿,人而无止。人而无止,不死何俟?相鼠有体,人而无礼。人而无礼,胡不遄[2]死?"

注释

[1]相:省视,细看。
[2]遄(chuán):快,迅速。

原文

《书》曰:"满招损,谦受益。"

《易》曰:"天道亏盈而益谦,地道变盈而流谦,鬼神害盈而福谦,人道恶盈而好谦。谦,尊而光,卑而不可踰[1],君子之终也。"又曰:"地中有山,谦君子以裒[2]多益寡,称物平施[3]。"

注释

[1]踰:通"逾",越过,超过。
[2]裒(póu):减少。
[3]称物平施:根据物品的多少,做到施予均衡。

原文

孔子曰:"某闻之,民之所由生,礼为大。非礼无以节事天地之神明也,非礼无以辨君臣上下长幼之位也,非礼无以别男女父子兄弟之亲、婚姻疏数[1]之交也。君子以此之为尊敬然。然后以其所能教百姓,不废其会节。"

注释

[1]疏数(cù):稀疏和稠密,此处指关系亲疏。

原文

子云:"觞酒豆肉[1],让而受恶,民犹犯齿;衽席[2]之上,让而座下,民犹犯贵;朝廷之位,让而就贱,民犹犯君。"

注释

[1]觞酒豆肉:泛指饮食。觞:古代盛酒器。豆:古代盛食器。
[2]衽席:泛指卧席。

原文

子云:"夫礼,防[1]民所淫,章民之别,使民无嫌,以为民纪者也。故男女无媒不交,无币不相见,恐男女之无别也。"

注释

[1]防:《礼记》原文为"坊",防范,防止。

原文

子云:"好德如好色,诸侯不下渔色[1],故君子远色也,以为民纪。"

注释

[1]渔色:猎取美色。渔:用不正当的手段谋取。

原文

子曰:"君子怀德,小人怀土[1];君子怀刑,小人怀惠[2]。"

注释

[1]土:故土,乡土。
[2]惠:小恩小惠,私利。

原文

子贡曰:"君子亦有恶乎?"子曰:"有恶。恶称人之恶者,恶居下流而讪上者,恶勇而无礼者,恶果敢而窒[1]者。"

注释

[1]窒(zhì):阻塞不通。形容人顽固不化。

原文

子曰:"如有周公之才之美,使骄[1]且吝[2],其余不足观也已。"

注释

[1]骄:骄傲。
[2]吝:吝啬。

原文

范氏曰:"凡言语急遽[1]而应对忙迫无伦次者,心躁故也。不但观德,亦可观寿。惟时时自觉,而时时自反之。至于辞气安舒和缓而不躁,方见学力。"

注释

[1]急遽(jù):急速,仓促。

原文

薛文清[1]曰:"与人言宜和气从容。气忿则不平,色厉则取怨。"格言云:"攻人之恶无太严,要思其堪受,教人以善无过高,当原其可从。"

注释

[1]薛文清:薛瑄,字德温,号敬轩。

原文

《袁氏世范》[1]曰:"居于乡里,车马衣服不可鲜华新异。盖亲友之贫者居多,见我如此,或羞涩不敢相近,我心何安?况一唱百和,尤而效之[2],耗人财物,败人风俗,其罪不更大乎?"

注释

[1]《袁氏世范》:写于南宋淳熙五年(1178),作者袁采,秉性刚正,为官廉明,颇有政绩。一反前人,立意"训俗",表达了"厚人伦而美习俗"的宗旨。

[2]尤而效之:明知其为错误而有意仿效之。

原文

胡文定公[1]曰:"人须是一切世味淡薄方好,不要有富贵象。"

注释

[1]胡文定公:胡安国(1074—1138),字康侯,号青山,谥号文定,建宁崇安(今福建省武夷山市)人,北宋学者。提倡修身为学,主张经世致用,重教化,讲名节,轻利禄,憎邪恶。

原文

疏广[1]曰:"吾岂老悖不念子孙哉?顾自有旧田庐,令子孙勤力其中,足以供衣食,与凡人齐。今复增益之以为盈余,但教子孙怠惰耳。贤而多财则损其志,愚而多财则益其过。且夫富者众人之怨也,吾既无以教化子孙,不欲益其过而生怨。"

注释

[1]疏广(?—前45):字仲翁,号黄老。东海兰陵(今山东省临沂市兰陵县)人,西汉名臣,乐于创办私学,治学严谨,注重学生德学兼优。

原文

柳玭[1]《戒子弟书》曰:"余见名门右族,莫不由祖先忠孝勤俭以成立之,莫不由子孙顽率奢傲以覆坠之。成立之难如升天,覆坠之易如燎毛,言之痛心,尔宜刻骨。"

注释

[1]柳玭(sù):京兆华原(今陕西省铜川市耀州区)人,晚唐官员。

原文

范鲁公质[1]《晓子书》曰:"戒尔勿嗜酒,狂药非佳味;能移谨厚性,化为凶险类;古今倾败者,历历皆可记。戒尔勿多言,多言众所忌;苟不慎枢机,灾厄从此始;是非毁誉间,适足为身累。举世贱清素,奉身好华侈,肥马衣轻裘,扬扬过闾里,虽得市童怜,远为识者鄙。"

注释

[1]范鲁公质:范质(911—964),字文素。后唐长兴四年(933)进士,历经后唐、后晋、后汉、后周四朝。北宋建立后,担任宰相,封鲁国公,所以世人又称范鲁公。

原文

赵次山[1]曰:"人生未老而享既老之福,则终不老。未贵而受既贵之用,则终不贵。"

注释

[1]赵次山:明朝广德郡(今安徽省广德市)太守,号崇贤。

《曲礼》曰:"君子不尽人之欢,不竭[1]人之忠,以全交[2]也。"

注释

[1]竭:尽。
[2]全交:保全、维护友谊或交情。

原文

张文节公[1]为相,自奉清约。或规之,公叹曰:"吾今日之俸,虽举家锦衣玉食,何患不能顾?人之常情,由俭入奢易,由奢入俭难。吾今日之俸,岂能常有?身岂能常存?一旦异于今日,家人习奢已久,不能顿俭,必至失所。岂若吾居位去位、身存身亡,常如一日乎?"

注释

[1]张文节公:即张知白(956—1028),字用晦,沧州清池(今河北省沧州市东南)人。宋真宗时为河阳(今河南省洛阳市)节度判官,宋仁宗初年为宰相,死后谥号文节。

原文

绝妒忌

子曰:"夫仁者,己欲[1]立[2]而立人[3],己欲达而达人[4]。能近取譬,可谓仁之方也已。"

注释

[1]欲:想要。
[2]立:站立。而:表连接。
[3]立人:使人站立,把摔倒的人扶起来。
[4]达:腾达。达人:使人腾达,周济需要帮助的人。

原文

子曰:"好勇疾[1]贫,乱也;人而不仁,疾之已甚[2],乱也。"

注释

[1]疾:恨,憎恨。
[2]已甚:太过分。已:太。

原文

古语云:"进贤受上赏,蔽贤蒙[1]不祥。"

注释

[1]蒙:受。

原文

子产曰:"众怒难[1]犯,专欲[2]难成。"

注释

[1]难:不能,不可。
[2]专欲:个人欲望,独断专行。

原文

范文正公造义庄,延名师,同异姓子弟俱来就学,或风雨泥泞,出米煮饭歟之,子孙仕宦不绝。

原文

程皓性周慎,不谈人短。每于朋侪[1]中见人有所訾[2],未曾应对。候其言毕,徐为辨曰:"此皆众人妄谈,其实不尔。"更说其人美事。天下称盛德长者,必举程公。官刑部郎中。

注释

[1]朋侪(chái):朋友与同辈的人。侪:同辈的人。
[2]訾(zī):通"恣",恣纵,狂放,这里指议论人,说人坏话。

原文

朱少傅平涵公[1]曰:有二士俱业春秋。将入闱之夕,一生忌同经生才高,密取其笔,啮其毫端。明日入试,笔不堪用,大惊。乞诸邻不得,恸哭。欲出,忽暍寐[2]有神拊其背曰:起起第书之。既寤,视笔依然精好,既完,则仍然秃笔也。生出,遇彼生问曰:"试文必佳?"对曰:"但得完篇耳!"其人面发赤。明日,彼生帖出,秃笔者魁选。

注释

[1]朱少傅平涵公:朱国祯(1558—1632),字文宁,浙江吴兴(今浙江省湖州

市)人,明朝首辅。史称其"处逆境时,独能不阿,洁身引退。性直坦率,虽位至辅伯而家业肃然"。

[2]暇寐:这里指神情恍惚之间进入梦境。暇:空闲。寐:睡眠,得空睡一会儿。

原文

金忠[1]于人有片善必称之,虽素与公异者,其人有他善,未尝不称也。里人有数窘辱公者,公为尚书时,其人以吏来京师,惧不为容,公荐用之。或曰:"彼不与公有憾乎。"曰:"顾其才可用,何故以私故掩人之长?"

注释

[1]金忠(1353—1415):鄞县(今浙江省宁波市)人,在市场上占卜为生,得以闻名市里,燕王朱棣想要起兵召金忠问卜。朱棣称帝后,官升工部右侍郎,后为兵部尚书。朱棣在立皇储问题上犹豫不决,金忠多次建议立长子。死后朱高炽追赠其为荣禄大夫、少师,谥忠襄。

原文

今人或因自己偶乏,不能共为,便破[1]人为善,不知人做我做,同归一善。我若欢喜赞叹,便是助彼为善,不关财用事也。又有善从我倡[2]者即乐,从人倡者即不乐,此益大错。总之,起于有我,有我之善,不能成大善矣!若能捐资助人,则人之善即我之善也。

注释

[1]破:使损坏,使分裂。
[2]倡:带头发动,首先提出。

原文

积阴功

《左传》云:"不分孤寡,不恤穷匮,天下之民,以比三凶,谓之饕餮[1]。"

注释

[1]饕(tāo)餮(tiè):古代神话传说中的神兽,它太能吃,结果把自己的身体吃

掉了，只剩有一个大头和一个大嘴。由于吃得太多，最后撑死了。它是贪欲的象征，所以常用来形容贪食或性情贪婪的人。

原文

司马温公[1]曰："积金以遗子孙，子孙未必能守。积书以遗子孙，子孙未必能读。不如积德于冥冥之中，子孙必有受其报者。"

注释

[1]司马温公：司马光（1019—1086），字君实，号迂叟。主持编写了编年体通史《资治通鉴》，内容以叙政治、军事为主，旨在为统治者提供国家治乱兴衰的借鉴。

原文

燕山窦禹钧[1]，年三十无子。梦祖父谓："汝无子又不寿，宜早勤修。"禹钧素长者，由是益力于善。

先有家童盗用二百千，虑事觉，有女年十三，自写券，系女臂，曰："永卖此女与本宅，偿所负钱。"遂远遁。公怜之，即焚券，嘱其妻善抚之。及笄，以钱二百千，择良配嫁之，后仆闻之感泣，诉前罪，公不问。元夕，往延庆寺，烧香得遗金二锭，银三十两。明旦诣寺，候失物者。一人涕泣至，问之，对曰："父犯大辟[2]，遍恳亲知贷与金银，将赎父罪，昨暮酒后，至此失去，父罪不可赎矣！"验实还之。

同宗外姻，有丧不能举者，公出钱葬之，前后凡二十七丧。有女不能嫁者，为出钱嫁，凡二十八人。遇故旧穷困，必择其子弟可委财者，随多寡贷以金帛，俾之与贩，由公成立者数十家。邻里待公举火[3]者不可胜数，公每岁量所入，除伏腊供给外，余皆以济人。

家惟俭素，无金玉之饰，无衣帛之妾。于宅南建书院四十间，聚书数千卷，延致文行之儒为师，四方孤寒志学者听其自至，厚之廪饩[4]。以故由公门显贵者甚众，而其子见闻日益博。后复梦祖父曰："汝应无子寿促，数年来，汝功德浩大，名挂天曹[5]，延寿三纪[6]，五子俱荣显。"复曰："阴阳之理大抵不异，善恶之报，或发于见世、或报于来生，天网恢恢，疏而不漏，此无疑也。"

公愈积阴功，后五子登弟。冯道赠诗曰："燕山窦十郎，教子有义方。灵椿一株老，丹桂五枝芳。"子仪，礼部尚书；俨，礼部侍郎，皆为翰林学士；侃，左补阙;偁,右谏议大夫,参大政;僖,起居郎。公年八十二,欻别朋友,谈笑而卒,八孙皆贵。范文正公书其事于策,以示子孙。

注释

[1]窦禹钧:五代后晋蓟州人,因为蓟州处燕山,故名窦燕山。《三字经》中"窦燕山,有义方,教五子,名俱扬"说的就是窦禹钧教子有方的故事。

[2]大辟:古代五刑之一,初谓五刑中的死刑,隋后泛指一切死刑。

[3]举火:生火做饭,引申为生活。

[4]廪(lǐn)饩(xì):科举时代由公家发给在学生员的膳食津贴。

[5]天曹:道家所称天上的官署,或者仙官。

[6]三纪:一纪为十二年,三纪为三十六年。

原文

范尧夫往姑苏,舟泊丹阳,见故人石曼卿,诉其三丧未葬,不得归。尧夫即以麦五百石助之,又以船济之。归未及言,文正公问曰:"见一二故人否?"尧夫以曼卿对,公曰:"何不以麦助之?"曰:"助之矣,且合船以与之。"公称善曰:"吾有子矣。"

洋县东韩刘氏《志戒》①

原文

戒废读

子弟智愚不一,总之不可不读书。中人以上者,自幼小以及长成时,常教以孝悌仁让礼仪节廉,亲君子,远小人。凡嘉言善行,随便无不语之。若自己不得授教,定请品行端正、讲究勤挚[1]者为师,以主家塾,脩金[2]管待,量力而行,切

---

① 王继胜.汉中家训[M].西安:三秦出版社,2018:54-65.

勿苟简,盖近则易于照管也。至外面来学者,有一种轻淫放荡,残灭伦常之人,若处其中,定必诱人淫赌,污人子弟,彼虽文艺高强,实为败坏之根。为主东者,宜深考而早拒之,不可姑息。

自己无力设塾,子弟从学他乡,尤须择其师长端方、朋侪谨慎者,然后使之就学;否则在家课读,切忌远出。古人云:"宁可一日不读书,不可一日与匪人游。"正为此也。若子弟甚愚,亦可改业,必须念到心地明白。平日将《朱子家训》并《阴骘文》[3],时常看诵,久而不忘,然后可以守身保家也。至嘱。

注释

[1]勤挚:勤快诚恳。

[2]脩金:送给教师的酬金。

[3]《阴骘文》:道教劝善书之一种,作者不详。以通俗的形式劝人行善积阴德,久久必将得到神灵赐福。阴骘:阴德,本为默定的意思,后引申为默默行善,积累阴德。

原文

戒放纵

《礼》云:男女授受不亲,不同席、不共食、不通乞;假女子出门,必拥蔽其面,夜行以烛,无烛则止;道路男子由右、妇人由左。礼始于谨,夫妇为宫室,辨内外,深宫固门,阍寺[1]守之,男不入、女不出。孔子云:夫礼,防民之淫,障民之邪,使民无嫌,以为民纪者也。司马公治家法,妇人无故不窥中门,男仆非有缮修及大故,不入中门;入中门,妇人必避之;不可避,必以袖遮其面。盖男女有别,人之大伦也。

今乡村士农无阍寺之守,无童仆之使,原有不能尽行者。然守道者自有得,行之礼节,防闲[2]不可不严也。如妇人、女子、小房,严禁佣工、伙伴、外面旁亲、少壮人等,万不许少入。若有寒疾,妇人房中只可妇党父叔弟兄看顾,非有故即亲若父翁、近若夫子弟兄,亦不可入女子房中,只有父母兄弟照管,外亲勿临其中。有不便之处,须于亲戚本家中择其五十以上、老成端正可供服役之男子,于内室行走方妥。至于小房门户开敲[3]随时闩闭,毋得偶失。于夫之弟兄邻里居、雇工伙伴、外亲姊妹之夫、姑姨弟兄朋侪、少年人等,万不可谑言戏笑,投赠往来,亦不得多共语言,狎近行坐于手授必谨。夫党妇党之舅氏姑表姨娘姊妹之家,不得留连住宿,不可看夜戏,不得多游邻居。如此之类全在家主,丈夫平日将大礼详细勤讲,戒饬[4]维殷,更细密伺察。若有窥薀入闼[5],戏谑情由,妇女则重蓨楚[6],男儿族亲必斥责远绝,佣工竖子[7]即当时呼出,再不可用。是即辨内外、别男女之大端也。否则浮荡窃作[8],实迹亦露,守气节者定当此等妇女休出,断不可忍惜含容败坏家风也。

乃世有视防闲为迂小,混男女为无嫌,不讲名节,不分内外,遂至丑端交出,伦理澌绝,耻孰甚焉。试思迩室中,随在具天地之正气,妇女淫邪早灭绝其正气,而且污辱祖宗先人,不歆其祀,贻羞子孙,背后人訾言其短,败坏名节,丈夫低头丧气。纵有善积家财之人,奈何元气既泄,天理难容,放纵妇女若此,不久天灾人害,子孙覆亡,家产之消雪,验之当世,十不失一矣。试观古人中有齐襄公以兄而通其妹,身死国危。蔡景侯以父而淫其子妻,为太子所杀。楚斗伯比之通其舅女,后遭越椒之乱,几乎绝嗣。浑良夫以竖子而通其主母,不能免于三死之盟。皆由不讲明男女之节,不严禁内外之防,卒至家破人亡、七零八落。朱子云:伦常乖舛[9]立见消亡,不益信哉?世之为家长、丈夫者,皆宜视其为要务,语语体而行之,时时严以防之,诚兴家之大端矣。

注释

[1]阍(hūn)寺:阍人和寺人,古代宫中、豪贵之家掌管门禁或者守门的官。阍人主门,寺人主巷,此职皆掌禁止者也。

[2]防闲:引申为防备和禁阻。

[3]菣:通"窗",泛指房屋、车船上通气透光的洞口。本读qìn,青蒿。

[4]饬:整顿,整治,使整齐。

[5]窥薀入闼(tà):在帘后窥见。闼:小门。

[6]蓨(tiáo)楚:鞭杖之类刑具,亦指学校责罚学生的小杖。

[7]竖子:童仆小子。也作古时对人的蔑称、贱称。

[8]窃作:暗中兴起。

[9]乖舛:谬误,差错,不顺遂。

原文

戒借贷

凡做生意，自应由小渐大，勤俭周详。切忌在外借贷，切忌另起炉灶，另设炉灶即借贷之根。果有十分底囊[1]，或遇好事，只可外借一二分，随借即还，保无大差。一种好大喜功之人，矜才[2]妄作，嫌旧日资本微少，私行借贷或别立，铺面虽大，坏心术之事，贪图得利，瞒主东为之，炫煌[3]奢侈，自谓得意，其间岂无一二获利之处？但东贴西折，去此顾彼，半在外面折耗，半由伙计长使，所得者少，所失者必多矣。从前资本补助不足，异日出账之家，执其字号图书，不问伙计，专寻主东，荡家费产，十有其九。良由东家忧柔不断，被他语以巧言，动以美利，希图眼热，任其所为，遂至赔垫家财，贫穷立见，目前之人历历可指。故善于守家者，切不可过于贪图，只宜循其故步，勤俭整暇[4]田地所出之利，每年自能扩充。若有此种伙计，不惟见机预防，抑且急宜远去。此话于我家最为的切，后人所宜深戒而痛绝之也。

注释

[1]底囊：家底。
[2]矜才：以才能自负。
[3]炫煌：显耀，闪耀。亦作"炫晃"。
[4]整暇：形容既严谨而又从容不迫。

原文

戒用人

凡伙计及佣工之人，先要知其心术，察其行事，果然真实、勤谨、忠厚、端方，必须推诚相待，高其身俸，恤其疾苦，有善必劝，有过必规。其人即有屑小病痛，亦须略其所短，取其所长，非大过不必轻弃，异日交以资本，使其营运，可以无大忧虑，亦须时常照管。大处考察，庶能了然？若或矜张妄动，还要极力禁止。宁可不见利息，不可贪，贪则多败。至奸险淫纵之人，才辩非不足以营利，然诡诈不测、舞弊必多，稍不明决，便陷于害。此辈宜速远去，切勿姑息养奸，自贻后患。若无十分妥当之人,总以不做生意为要。

戒修房

　　凡主家者,切忌轻易修房。或人口增多,容纳不便,亦须将就。如家财有十分盈余,通盘宽虑,只宜修一二分房屋。其间添设改换,便四五分矣。惟纡徐[1]添凑,乃不累人。当见世之人底囊稍厚,便欲大为营造,始初估计所费之钱绰然有余,及至中道仅得其半,只得揭账[2]累债,努力完结,倏忽之间,卖田废地,家道之坏十有八九。至城内所修之房,费用数倍于乡,尤不可妄生奢念。即置买田地,亦不可希图借贷,无力好斗也。我子孙其力戒之。

注释

　　[1]纡徐:从容不迫。纡:通"舒"。
　　[2]揭账:借贷,借账。

原文

戒奢华

　　守家者,衣服饮食房屋器用不必太俭,总不可奢华。若看世家子弟,膏粱文绣[1]照人,耳目纵而效之,便是覆家之根。古人云:"奢侈之患甚于天灾。"可见虽有丝麻,无弃菅蒯[2];一粥一饭,当思来处不易。况我前人一点血一点汗,饥寒受尽,始有此基业,佟心一生,即思先人之艰苦。淡泊自甘,当丰处丰、当俭处俭。循前人之规模,能为自己增寿、为子孙惜福。盖俭可以助廉,宁以余财赈济穷困,切勿自己任意耗费。昔人言:有福不可享尽,享尽见贫穷,良由奢华之患、狼戾天物[3]者欤?惟视年之丰耗,量入为出,乃无大差也。

注释

　　[1]膏粱文绣:美味可口的饮食饭菜和奇纹花绣的华美衣服。膏粱:肥肉和细粮,指美味佳肴。文绣:刺绣华美的丝织品或衣服。
　　[2]菅蒯(kuǎi):类似于粗布这种粗糙的织品。类似于粗布的粗糙织品。蒯:多年生草本植物,生长在水边或阴湿的地方,茎可编席,亦可造纸。
　　[3]狼戾天物:铺张浪费财物。狼戾:凶狠暴戾,也指散乱堆积。

> 原文

戒暴殄

每岁谷麦来春定于出卖,若卖不过至四五月间,必要再晒一次放下,方得稳当。去年存酒谷廿余石,二三月间未卖,至七月方卖,因收获时无好天气,上仓微湿,又被塌实[1],遂致朽蛊[2],折价大半不说,损坏好谷,殊属作孽。存粮者总以极干为主,切记切记。即此一端亦可以类推,物力艰难、人工辛苦,稍不检点,暴殄[3]之过已得于无心矣,况有心造孽者乎?

> 注释

[1]塌实:粮食入仓时未彻底晾干而一层压一层,致使生虫。

[2]蛊(gǔ):传说中的一种人工培养的毒虫,此处指粮食因保管不善而致生虫,变坏。

[3]暴殄(tiǎn):浪费,糟蹋。

> 原文

戒吝啬

狼无求胜是让也,语言和顺是让也,常恤孤寡是让也。让者,礼之实也,人常能忍能让,正是保家之道。而忍让之急,尤在于财物。人有重赀财[1]薄父母者,大恶不足道矣!其于兄弟叔侄,总以分多润寡为贵,次则本家亲戚亦必出其有余,常周恤[2]之。至于收人账债,及本乡本城创造庙宇、祈雨赛神、搭桥砌路、锹渠修堰一切等项事务,应出财物者,总是随人摊派,慷慨乐施,切勿悭吝[3]、与人争竞。人即于我求多,亦须善于应酬,一则众怒难犯,二则来人俱是亲友族邻,最忌因小事失和气。总之,人即亏我久,久自有占便宜处,予一生大小事务,吃亏几十年,而基业日增,岂非亏者?是福之明验欤!

> 注释

[1]赀财:钱财,财物。赀:通"资"。

[2]周恤:周济,怜恤。

[3]悭(qiān)吝:吝啬。

原文

戒冒险

凡童试[1]院试及乡试,往返之时,值河水大涨,在家在路总要多住几日,候水落底方可行走,即失期[2]不试,亦是功名。(功名)有迟早,万不可随人冒险,贻父母一大尤。故考试在春冬者,可以如期而往;若是夏秋,必须趁晴,先往乡场。定于六月底起身,恐路逢久雨,山水阻隔,使人遭险也。吝惜盘费及失意回家之人,往返间不肯从容,遇水大发,洪涛巨浪,有乘渡船以随波上下者,或嫌路途泥泞,驾偏舟以远行长江者,生死介在反掌[3]。更有深谷大泽,逾一木之桥;急水冲腰,踝以徒涉,尤是行险之至。试思身失而名于何寄?何苦以有待之身,而或因盘费欠缺,丧失骸骨于野外耶?所以考试时多带盘费,追随老练谨慎者结伴同行,一遇不测之地,分给同伴,免参差不齐,以陷覆亡。否则随人俯仰[4],即忤逆不孝之子也。即赴试一端,凡所往之,不宜冒险,可以类推。

注释

[1]童试:童生试,科举时代参加科考的资格考试。童试包括县试、府试、院试三个阶段。院试录取者即可进入所在地、府、州、县学为生员,俗称"秀才",生员分廪生、增生、附生三等。生员经科试合格,即取得参加乡试的资格,称"科举生员"。

[2]失期:超过了限定的日期,误期。

[3]反掌:犹反手,喻事之极易;犹言转瞬,喻时间之短暂;犹反覆,形容变化无常。

[4]随人俯仰:随波逐流,从俗浮沉。

原文

戒偏爱

每见人之兄弟不和,遂至破家者,多由父母情意偏向。彼见爱者必洋洋得意,见憎者郁郁[1]不舒,积久遂成深仇。所谓爱之,实以害之也,慈子者亦不可不戒焉。伊川先生[2]曰:人有三不幸,少年登高科[3],一不幸;习[4]父兄之势为美观[5],二不幸;有高才、能[6]文章,三不幸也。以予思之,犹有不幸者也。凡人降生之时,亲年已到半世是也,以其得子晚,一味娇惯,任其费钱、任其逃学、任其骂人使性、任其说过头话。一旦身衰病危,环顾幼稚,则世事之清浊不分,皮[7]气之乖戾已成,不知将来流落胡底?欲铜诸宗族,则平日之爱憎、厚薄、嫌隙已深,恐或垂涎而计陷之也;欲铜诸亲党,懦弱者必不敢任,强狠者又不信心也。遍数乡里,非无正人君子,学品共尊,能为地方主持公道,能为后生规正过失,又自悔一生不知亲近,全无投赠往来也。思想无路,曷胜[8]慨叹?然则,得晚子者,宜如之何?曰:严自督责,勿稍偏爱,或者可成立而无后难乎!

注释

[1]郁郁:忧闷貌。
[2]伊川先生:北宋理学家程颐别号。
[3]高科:科举及第,获得好名次。
[4]习:当为"席",凭借。
[5]美观:职事不繁、俸禄优厚的官职。观:当为"官"。
[6]能:擅长,善于。
[7]皮:当为"脾"。
[8]曷胜:不胜。

洋县东韩刘氏《嘱子》①

原文

咸丰己未年(1859)孟夏农历四月,先严病亟,延家三堂叔明经待昌、四堂叔待炽及族戚诸尊长,至堂训不孝钺、瀚、熠、镇及孙定功、定荣、定业、定泮等曰:"吾病已,不能起矣,人之修短数[1]也。自揣生平,内无遗憾于家,外无遗累于乡。年过花甲,亦复何求?所深惧者,恐汝等之坠家声[2]耳!"

---

① 王继胜.汉中家训[M].西安:三秦出版社,2018:67-73.

注释

[1]人之修短数：人的寿命长短气数是有限的。修短：长短。

[2]坠家声：败坏家族的名声。

原文

夫家庭之地，仪型[1]最真，取法最易。尔祖之德行，远迩无异词焉。吾事事以尔祖为师，仅能寡过而已，所愿汝等以吾之师尔祖者为师也。尔祖少从学于一山岳公，见岳公与后生手书楹帖有曰："天下无不是底父母，世间最难得者兄弟"，[2]又曰"做个好人身正心安魂梦稳，行些善事天知地鉴鬼神钦"之语，以此奋发立志，为乡国善士。所以庭闱[3]之内色养[4]无违，而匡人之迷、济人之困、拯人之急难，念念出于至诚，念念求为可继。七十年中[5]，衣无纨素[6]，食无珍错[7]，居室坚朴，琐务躬亲。即过吉凶伏腊，款洽宾客，以实不以文，深以时俗之作戏斗靡者为鉴。以其自奉俭约所余者多，是以倾囊修善，毫无迟疑。

注释

[1]仪型：楷模，典范。

[2]天下无不是底父母，世间最难得者兄弟：父母生养子女辛劳，所以天下没有一无是处的父母，而人世间兄弟之情是最宝贵的。语出《幼学琼林·兄弟》。

[3]庭闱：内舍，多指父母居住处。

[4]色养：和颜悦色奉养父母或承顺父母。

[5]七十年中：辉山先祖，生于公元1776年，卒于公元1852年，享年76岁。

[6]纨素：精致洁白的细绢，此处指穿戴豪华、讲究。纨：很细的丝织品。

[7]珍错：山珍海错的省称，泛指珍异食品。

原文

尝曰："我非不欲厚，自奉养也。念人生倘来之物[1]，盈亏无常。而俗之所染，由俭而奢易，由奢而俭难，曾见巨室中祖父[2]，过于暴殄天物[3]，子孙不知稼穑艰难，挥霍一空，谋生无地，且有不忍言者矣。我之好俭，正为子孙惜福也，人之好善，谁不为我？往往见义不为、为义不勇者，正以家资所息靡费者巨，当哀呼之。在前非不抚膺[4]思救，而取诸宫中[5]，则内顾而生啬吝之心，慷他人之慨，又往往不免于众议，我甚歉焉，愿力矫焉。人生贵自适意耳，与其辛苦积之，供异时放荡、子孙之浮费，何如辛苦余之？以我之现在所余者分润。夫大不足之人，何者适意乎？我之好施，正为子孙种福也。"此言也，吾已守之终身，尔等亦当终身守之也。

注释

[1]倘来之物：意外得到的或非本分应得的东西。

[2]巨室：大宅，大屋。

[3]暴殄(tiǎn)天物：原指残害灭绝天生之万物，后指任意糟蹋东西，不知爱惜。殄：灭绝。天物：自然界的鸟兽草木等。

[4]抚膺：抚摩或捶拍胸口，表示惋惜、哀叹、悲愤等。

[5]取诸宫中：取用于自己家中，极言其便利。宫：古代对房屋的通称。

原文

尔祖于学沉潜精邃，为文华实并茂，不难远到。因尔太祖母春秋高[1]，手书《父母》《在父母之年》二章揭于壁，足不轻出里闬[2]。吾之壮时，仰体此意，又尝以胸胃寒疾治，尔祖尤是以绝意仕进也。尔祖于读书、立品之君子最为钦重，遇其应试求名，莫不勉成其美。盖以此等君子多有匡时之才，送入青云，或与他方有益，不仅劝善规过，一己受益已也。尔等记之，自今以往，遇真读书、真立品之人，长者师之、平等者友之、少者亦必折辈交之。

注释

[1]太祖母春秋高：太祖母年纪很大了。太祖母：辉山先祖的母亲。春秋高：年事已高。

[2]里闬：里巷，乡里，也指乡里友人。

原文

人必确有道义之契[1]，而后能绝比匪之伤[2]。高科巍第所不敢望，即此秀才家风，自非敬礼师儒，如之何可以常守也？大凡比匪之伤，其在于昔，但酒、色、赌三者为祸最烈。不料至今又添出吃洋烟[3]一事,士子不自重者,亦每尤而效之。脂膏[4]被灼,壮岁颓唐,抑思身者,祖父之遗体,而戕伐之,是为不孝。身者,人世有用之身,以有用之身,而因宴安鸩毒[5],耗其神,堕其志,疲其筋力,败其猷为[6],是为不智。且也夜作昼,昼作夜,是淫盗之媒也。己之不检,而流毒渐及于下人,流毒渐及于内人。家无理事之人,日有销金之火,又坐穷之道也。吾死之后,尔等如能终不染此,吾方瞑目于地下矣!

注释

[1]道义之契:与道义投合无间。契:相合,相投。

[2]匪匪之伤:和行为不端正的人关系亲密让人可悲伤心。匪:通"非"。

[3]洋烟:鸦片烟,由西洋引入中国,故称洋烟。

[4]脂膏:油脂,这里指辛勤劳动所创造的财富。

[5]宴安鸩毒:贪图安逸享乐如同饮毒酒一样有害、致命,用以警诫人们别懒惰。

[6]猷(yóu)为:建立功业。猷:计谋,谋划。

原文

士农工商,各有正业。子弟中如有天资不能读书者,或令管理庄农生理,各课之以恒职,方不至于放佚[1]。尔祖壮年所以数设生意者,缘族戚子弟每少恒产,岁岁济之漏邑无当也。因量出资本俾伊[2]藉作恒业,至今提携丰厚者已多,而吾家亦未尝不得其益。然而至今以往,尔等用人不可不慎也。尔祖用人必以朴素长厚者为先,盖俭自能养德、厚能载福,作事自必易成,今老成皤皤[3]者俱存。吾每事尚请教焉,况尔等乎?至于语言巧利、天资刻薄、性情游移、外务体面此四等人,尔祖必不用之。尔等亦不可不防之也。

注释

[1]放佚:散失,放纵,不受约束。

[2]俾:使得,使之。伊:彼。

[3]皤皤(pó):头发花白的样子。

原文

谋生之事,名儒不讳言之,盖义利之辨即在此中矣。即如典置田产[1],授佃[2]收租,流通百货,以有易无,即就中取利,本义中应得之利取之何伤于廉?若夫乘人危急,重息相贷,要以美产作抵,又或乘人饥馁[3]作价、贷粮倍价征息,秋收之后合计本息,又照时值收粮,一转移间利已二倍;又或戕杀[4]物命,又或闭粜[5]抬价,又或与公门作缘,假借公事,上下侵吞,遗害地方。此等生计,一时纵获厚植[6],万无久享之理。尔祖垂诫中亦暗及此意,不欲显言之。吾今将死,故为尔等直指之也。

注释

[1]典置田产:典当田地,到期可以赎。
[2]授佃:租借经农民土地以耕作。
[3]饥馁(něi):饥饿。
[4]戕(qiāng)杀:残杀,损伤。戕:杀害,伤害。
[5]闭粜(tiào):故意关闭粮仓不出售以赚高价钱。粜:卖粮食。
[6]厚植:过分地占有钱财。植:通"殖"。

原文

尔祖手录箴言八类、志戒十条,吾敬谨遵行之。吾死之后,当刊布以广其传。尔等存心作事,但能时向此书中自省得失,亦可以无大差跌[1]矣。而今而后,吾知免夫。尔小子其敬之哉!

注释

[1]差跌:失足跌倒,比喻延误,失误。

城固县龚氏[①]

简介

《龚氏家训》为汉中市城固县龚民权所著。本篇原为整一篇,后自行整理时分类为二十则,原文顺序未变。特此说明。

原文

序致

祖训勿忘,孝风常存。为国忠勇,志存报效。为人品正,心有仁爱。奉公守法,爱我中华。

忠孝节义,修身励志。敦厚有礼,轻财重义。尊师重教,耕读传家[1]。乐善好施,勤俭持家。做人正直,与人友善。宽以待人,严于律己,勤奋走正道,不可入下流。门风清正,家运祚[2]长。孝为先,和为贵,学为高,勤为本。兴族立家之本,一为立田,一为读书,所谓"家有藏书郭有田,秀者读而朴者耕"。

注释

[1]耕读传家:既学做人,又学谋生。耕田可以事稼穑,丰五谷,养家糊口,以立性命。读书可以知诗书,达礼义,修身养性,以立高德。

[2]运祚(zuò):犹言国运福祚。

原文

第一则 训子孙

爱子必训之,既重"言传",不忘"身教"。言传,谕理也;身教,表率也。父母一言一行,皆为楷范,潜移默化,日就月将,积渐既久,子孙自觉遵循,习以为惯,家风成也。子孙取名,须按族谱所规字派[1],以免辈分紊乱,避讳先辈字号。

---

① 王继胜.汉中家训[M].西安:三秦出版社,2018:96-100.

乳名勿起污秽难听之名。

注释

[1]字派：名字中用于表示家族辈分的字,俗称派。其意蕴为修身齐家,安民治国,吉祥安康,兴旺发达。字辈是中国传承千年的重要取名形式,也是中国古代一种特别的"礼"制,它一直延续到现代。

原文

第二则　敦孝悌

先圣夫子曰："天地之性人为贵,人之行莫大于孝焉。敬祖祭祖为孝道之行；事死事如事生,事亡事如事存,孝之致也。"先贤荀子曰："祭者,志意思慕之情也,忠信爱敬之至矣,礼节文貌之盛矣。孝子之事亲,居则致其敬,养则致其乐,病则致其忧,丧则致其哀,祭则致其严。"先圣夫子曰："夫孝,天之经也,地之义也,民之行也,今之孝者,是谓能养。至于犬马,皆能有养,不敬,何以别乎？"父母年迈体衰,须尽侍奉之责。在家敬父母,胜似远拜佛而则敬之。先圣夫子曰："父母在,不远游,游必有方。"鸦有反哺之孝,羊知跪乳之恩,早把甘旨[1]勤奉养,夕阳光景时不多,一日三餐勤侍奉,春夏秋冬问吉安。

生死乃自然规律,祭而丰不如养之厚,悔之晚何若谨于前。父母谢世,丧事不可奢华。奢华让人观之以求孝名,非真孝也。棺椁所伐之柏,来年春日补栽,多植也,日后成材,子孙取之不尽。

兄弟乃同胞骨肉,兄悌[2]弟恭,相互扶持,痛痒相关,休戚与共。父母遗产,兄弟不可相争。所谓"好男不吃分家饭,好女不穿嫁妆衣"者也。父母故,弟妹幼,长兄为父,长嫂如母,应尽教养之责,至成家立业是也。兄弟和睦,子侄亲和,世世必不疏薄,家之团结友爱,不为外人所欺。

注释

[1]甘旨：美味的食品。
[2]悌：兄弟姊妹之间的友爱。

> 原文

第三则　慎交友

友交于善,友直、友谅[1]、友多闻,最为难得,得一善友,得一知己,人生之幸大焉。择友须良勿滥,结有德之朋,绝无义之友。鸟随鸾凤飞腾远,人伴贤良品自高。近朱者赤,近墨者黑。朋友相处,有益有损,益者近之,损者远之。物以类聚,人以群分。昔孟母择邻而居,管宁割席绝交,全在于此。与益友相交,如芝兰熏之,不胜馨香之至;与恶友同处,如久居鲍鱼之肆,满身腥臭。

> 注释

[1]谅:信实,诚实。

> 原文

第四则　苦创业

教子要严,习养于善;一习惯,一嗜好,看似小节,往往关乎一生。生性养成,影响长远。持家勤俭,勿求奢华。见贫思济,见危思助,见贤思齐,见难思帮。色赌酒毒,四者为祸。今之毒品,危害甚烈,子孙万不可沾染。倾家荡产淫与赌,守家致富勤与俭。富在勤,穷在惰,成由节俭败由奢。由俭入奢易,由奢入俭难。君子爱财,取之有道。非分之财不取,无义之利别求。祖宗富贵,自诗书苦读而来;家之殷实[1],自勤俭集积所得。耕读治家,创业之要也。

> 注释

[1]殷实:富裕,充实。

> 原文

第五则　严教子

树不修不直,子不教不才,严是爱,宽是害,严教出孝子,放任自遗祸。子宜早教,尘垢未染,性德纯正,正宜也。少壮不努力,老大徒伤悲。尊师重教,益莫大焉。一日为师,终身为父。尊长爱幼,规矩礼节,敏而好学,不耻下问,所谓

"三人行,必有吾师也"。《三字经》《千字文》《弟子规》《名贤集》《孝经》《女儿经》《朱子治家格言》,均德育启蒙,子女必熟读之,铭记于心,终生受益。子女不可溺宠,反观世上忤逆[1]不孝之人,哪个不是溺宠溺爱所致?自己之事,亲作亲为,大人勿替,炼其坚韧自理能力,日后即使遭困受挫,逢灾遇事,总能百折不挠,应对自如,此乃人生正理也。

注释

[1]忤逆:一指冒犯,违抗;二指不孝顺,叛逆。

原文

第六则 肃闺门

养女要训,择配要慎。教之勿贪钱财,勿慕虚名,孝敬长辈,和睦亲邻,相夫教子,昌兴家业。

第七则 谨嫁娶

娶媳嫁女,不论自身富贫寒,勿论他方资厚奁[1]。书香门弟,勤劳敦厚人家,有教养,懂规矩,知书达理,人品端正,贤淑能干,体健为要。择媳选婿,戒以貌取人,勿图眼前荣光。妻贤夫祸少,子孝父心宽。

注释

[1]奁(lián):古代妇女梳妆用的镜匣。

原文

第八则 严内外

家庭不睦、兄弟不和,亲者痛,仇者快。贪馋懒惰,搬弄是非,家门之祸,不是好丈夫、好儿女。家家养男,户户有女,内外一理,无分彼此。婆媳相处,最宜谨慎,母贤媳自尊,媳孝母自慈,人和日日乐,家和万事兴。

第九则 勤耕读

先圣夫子曰:"不义而富且贵,于我如浮云。"穷富无定论,寒门生贵子,白屋出公卿,将相本无种,男儿当自强。人穷志不穷。不思进取,玩物丧志。坐享其成,终致山空。勤奋努力成才,好逸恶劳败家。不可游手好闲,须知有志竟成。勤耕稼,五谷丰;苦学问,知识广。农桑绩纺[1]各尽其力,男耕女织,衣食丰足家兴旺。

注释

[1]绩:把麻搓捻成线或绳。纺:把丝棉、麻、毛等做成纱。

原文

第十则　戒奢华

建宅造屋,遮蔽风雨,不慕其华。着装莫羡华丽,遮体御寒。衣贵洁,不贵华;食勿旨[1],不拣择。充饥养体,勿贪口福恣杀牲禽;勿打阳春鸟,子在巢中等母归。红白大事,不得奢华铺张。每日当饭,欲思稼穑之艰,节俭常有余,奢侈必败损。生活常识,民间验方,知些药性,救急助人,小疾自治。人言:小偏方治大病。

注释

[1]旨:滋味美。

原文

第十一则　尚勤俭

勤,懿行[1]也;俭,美德也。勤而不足乃为俭,耕有余闲且读书。人而不学,则何以成人?读书以明理,明理能做人。秀者读而朴者耕,祖之传统也。尺有所短,寸有所长,子孙者,聪慧愚钝不一,聪慧者,勤学经纬,或报效家国,或技艺才干,安身立命。愚钝朴憨者,以其爱好特长,士农工商,行行出状元。有田不耕仓廪虚,诗书不读子孙愚。

注释

[1]懿行:高尚的行为。

> 原文

第十二则　勿迷信

儒佛之教,各有其要。儒学仁爱,立身正直焉;信佛行善事,因果报应焉。存善心,舍布施[1],助困济贫积德也,福荫后世子孙。择善而从,修身以致远。积善之家,必有余庆。勿信巫术鬼神能消灾,欺民骗财实为质,子孙勿以此迷信而费财。

> 注释

[1]布施:将金钱、实物布散分享给别人。

> 原文

第十三则　守信誉

先圣夫子曰:"人而无信,不知其可也。大车无輗[1],小车无軏[2],其何以行哉?"借人之物,须爱护,如有损,原价偿。借物不逾约,及时还,守时日,此为守信也。

> 注释

[1]輗(ní):大车辕和车辕前横木相接的部分。
[2]軏(yuè):马车辕前横木两端的木销。

> 原文

第十四则　行义事

公益之事,造福一方,修学校,通道路,建桥梁,扶困济贫,赈灾救助,皆须踊跃倡率,实心尽力为之,公益之事常做也。鼓励少年入学深造,钻研科学,报效国家。家门多才俊,荣宗耀祖也。贫富不一,族中贫困之户,同是子孙,岂能视困不济不恤之?他日何以见祖宗于地下?

第十五则　钦德行

礼别尊卑,上和下睦。待他人,慈而宽,厚待之。家族之中,无亲无家年老体衰者,生养之,死葬之。遇天灾歉收或家遭不测,多帮穷困者渡过难关。心存善念,济世助人,不论贫富贵贱,沿讨乞儿,孤寡老者,穷病之家,皆尽其所能给予相助,善也。解人之危,仁慈也。勿乘人之危难而谋利,勿坑蒙拐骗以聚财。积金遗子孙,子孙未必能守;积书遗子孙,子孙未必能读;不如积德行善事,冥冥之中,子孙受其染,心向善,子孙贤,必受其报也。若不与人行善,念尽弥陀总无果。莫贪意外之财,见穷困乡邻,须加温恤[1],莫作守财奴,钱财乃身外之物,生不带来,死不带去,多积德也。勿以善小而不为,勿以恶小而为之。善无小大之别,穷人捐钱一元,富人捐币万千,多寡不同,而仁善之心则一也。

注释

[1]温恤:体贴抚慰。

原文

第十六则　序长幼

先圣夫子曰:"弟子入则孝,出则悌,谨而信,泛爱众,而亲仁,行有余力,则以学文。"为人处世,贵在自强自立,"宝剑锋从磨砺出,梅花香自苦寒来"。立身要高,处世须让,常念人之功,扬人之长,谅人之短。与人言,宜和气从容,勿傲慢无礼,"水满则溢,木强易折""谦受益,满招损"。先圣夫子曰:"民之所由生,礼为大,非礼无以事天地神也,非礼无以辨君臣上下长幼之位也,非礼无以别男女父子兄弟之亲姻疏数之交也,君子以此为尊然。"

第十七则　立忠信

言忠信,行笃敬。爱人者,人恒爱;敬人者,人恒敬。做人要严,修身严,律己严,用权严。唯德可通天地,唯道能行万里。财高不如义高,势尊不如德尊,君子有道德,遇事则知剪裁,有力不遗余力,有责不推其责。芝兰生于深林,不以无人而不芳。君子修其德,不为穷而改节。民无信不立,信誉如生死,宁肯死于饥寒,不可死于无信,信不可失。"义所不在,则言不必信,行不必果",此夫子教人以学文修而存忠信也。

第十八则　知止足

古训言:"天道酬勤,勤能补拙;地道酬实,实能补弱;人道酬德,德能补寡。天道渺茫,地道无尽,人道苍穹。天道阴阳转换,不息不灭;地道盛衰循环,相生相克;人道祸福相依,有得有失。天道亏盈而益谦,地道变盈而流谦,人道恶盈而好谦。"所以不知止足,贪得无厌,是人生最大祸端。故知足止足,常足矣。

第十九则　严律己

先圣夫子曰:"小不忍则乱大谋。"海纳百川,有容乃大,壁立千仞,无欲则刚。处世戒多言,言多必失。先圣夫子曰:"仁者己欲立而立人,己欲达而达人,能近取譬,可谓仁之方也已。"不可妒富、妒能、妒技。人有喜庆,不可生嫉妒心;人有祸患,不可生侥幸心。常怀克己心,法度要谨守。

第二十则　端出仕

先圣夫子曰:"其身正,不令而行;其身不正,虽令不从。"为官心存君国,岂计身家;出仕清正廉洁,勤政为民。操持严明,守正不阿,执法如山,爱民如子。严以驭役,宽以恤民。清而不污,廉而不贪,光明磊落,世所崇敬也。

居官作事回故里,随乡入俗,忌车马役仆成群,衣着华丽,盖乡邻亲友贫者见之如此,或羞涩不敢相近,必停车下马,先施礼敬之,切忌炫耀、见乡邻摆架子,炫官炫富。遇贫穷而作骄态,见富贵而生谄[1]容,贱莫甚,休倚时来势,提防运去时,富贵一时显,气节千载存。

注释

[1]谄:巴结,奉承。

原文

终制

国有贤臣安社稷,家有良子孝父母。积德百年元气厚,读书三代雅人多。

钱财如粪土,仁义值千金;修身如执玉,蓄德胜遗金。创业难,守成不易,不求重金重贵,但愿子孙个个贤。书此当坐隅[1],朝夕视为警。

注释

[1]坐隅(yú):座位的旁边。

西乡县程氏①

简介

本文为清嘉庆十七年(1812)程氏家谱家训。家训从伦理道德、为人处事等方面规劝子孙。篇幅虽短,但皆是金玉良言。

原文

父慈子孝,兄友弟恭。夫妇和,朋友信。见老者敬之,见少者爱之。有德者年虽下于我,我必尊之;不肖[1]者年虽高于我,我必远之;勿矜己之长,勿谈人之短。仇者以义解之,怨者以直报之。人有小过以量容之,人有大过以理责之。勿以善小而不为,勿以恶小而为之。处公无私仇,治家无私法。勿损人利己,勿妒贤嫉能。见非分之财勿取,遇合理之事则从。习诗书崇礼仪,教子孙和乡邻。守我之分,安我之命。人能如此,天必相之,此常行之道,不可一日无也。

注释

[1]不肖:一指不才,不贤;二指品行不好,没出息。

① 王继胜.汉中家训[M].西安:三秦出版社,2018:117.

诗 歌 类

洋县东韩刘氏《劝孝歌》[1]

简介

《劝孝歌》有多个版本,明末清初朱柏庐曾作《劝孝歌》,内容与此文差异较大。清代王中书、清末徐熙也创作有《劝孝歌》,内容大同小异,但不尽相同。此文是稚童初入学时抄录或熟读的诗歌。

光绪辛巳年(1881)闰七月刘瀚书于家塾,供其家子弟书法习作。

原文

劝孝歌

孝为百行原,诗书不胜述。若不尽孝思,何以分人畜。
我今述俚语,为人效忠告。百骸未成人,十月居母腹。
血肉分母身,呼吸同出入。四体既周全,母身如堕狱。
父为母伤悲,妻向夫啼哭。惟恐生产时,身为鬼眷属。
一朝见儿面,母命喜再续。爱护诚求心,昼夜勤抚鞠。
母睡湿床单,儿眠干被褥。儿粪不嫌秽,儿病甘身赎。
儿卧正安稳,母不敢伸缩。如逢好哭儿,吵闹不安宿。
百计取儿欢,心焦不敢触。一周能举步,时刻防跌仆。
饮食味觉甘,省口恣儿欲。乳哺经三年,汗血几千斛。
身乃母养鞠,教乃父成就。母子二人身,俱是父养育,
父虑儿失学,长大成庸碌。年将五六龄,延师教诵读。
抱儿入学堂,拜师勤课熟。束脩不辞贫,供膳苦营逐。

---

[1] 王继胜.汉中家训[M].西安:三秦出版社,2018:241-243.

慧敏忧疲劳,顽钝防抑郁。有过代拼护,有善常称述。
慈爱本天性,真实无妄出。竭诚教且养,年至十五六。
父见婚期至,为访闺中淑。财礼费金钱,衣饰损布粟。
日夜苦尤思,总为儿事役。娶得好妻房,父母心喜慰。
谁知得美妇,待亲反疏忽。不念亲劬[1]劳,反谓天配与。
观亲面似土,爱妻面如玉。妻欲无不从,妻言不敢拂。
美食瞒双亲,偕妻唊私室。亲穿旧衣衫,妻着新罗服。
亲怒睁双眸,妻骂不为辱。二亲或鳏寡,不怜守孤独。
二亲或老病,服事厌重复。吝财不延医,反恐不早卒。
一旦到无常,孤棺殡山谷。从此两脱手,兄弟分田屋。
不念创业难,惟道已之福。享祭不设仪,并不到坟域。
遣人挂张纸,设宴自取乐。堆陷不填土,草木不埽[2]割。
养儿苦万千,总说应当着。乌鸦尚返哺,羔羊犹跪脚。
人为万物灵,何反不如物。更有不孝子,父死无管束。
败尽父所遗,为非坐牢狱。父娶与妻房,嫁与人陪宿。
是名为妖孽,终死填沟渎。奉劝为人子,《孝经》宜早读。
古来行孝人,略举为表率。杨香救父危[3],虎不敢肆毒。
伯俞泣母杖[4],为母衰无力。孟宗哭凋林[5],三冬笋自出。
如何今时人,不效古风俗。何不思此身,形体谁养育?
何不思此身,德性谁式谷[6]。何不思此身,家业谁给足?
亲恩说不尽,聊具粗与俗。闻歌憬然悟,免得伤莪蓼[7]。
勿以不孝头,枉戴人间屋。勿以不孝身,枉穿人间服。
勿以不孝口,枉食人间谷。天地虽广大,难容忤逆族。
及时悔前非,莫待天诛戮。

注释

[1]劬(qú):劳累。

[2]埽(sào):通"扫"。

[3]杨香救父危:《二十四孝》中的第九则故事,讲述了一个孝女的孝行。杨香

14岁时,随父亲去地里干农活,忽然窜出一只大老虎将父亲叼住。杨香忘记了自己还是个小女孩,便用力抓住老虎的脖颈,任凭老虎怎样挣扎,杨香也不放手,最终老虎因无法呼吸而瘫倒在地。杨香以其孝心和勇气救出了父亲,杨香救父的故事广为流传。

[4]伯俞泣母杖:汉代的韩伯俞是一个孝子,母亲对他的教育很严格,每每犯错母亲处罚他时,他都没有怨言。直到一天,伯俞在挨打时哭泣,母亲惊讶不已,问他原因,才知伯俞因为感受不到疼痛而哭泣。因为他知道母亲老了,陪他的时间不多了。

[5]孟宗哭凋林:三国时人孟宗,其父已亡故,其母年老病重,要以鲜竹笋入汤才能得治。然而,时值寒冬,并无鲜竹笋。孟宗独自跑到竹林,抱着毛竹潸然泪下。因他至孝至诚,感动天地,地上竟长出鲜笋,孟宗高兴不已,最终采得鲜笋,救回了母亲。

[6]式谷:赐以福禄,或者以善道教子使之为善,本诗指后者。

[7]莪(é)蓼(liǎo):父母辛勤的养育之情。出自《诗经·小雅》"蓼蓼者莪,匪莪伊蒿。哀哀父母,生我劬劳。"莪:一种像蒿草的植物。蓼:一种水草。

洋县东韩刘氏家训题辞[①]

原文

　　司训汉瀛[1],曾靓[2]名贤;德行实践,伊闽真诠[3];质直好义,孝弟力田[4];洪河[5]润枯,阴骘[6]茂焉。有子肯构[7],学绍家传[8];经明行修[9],裕后[10]承先;荏苒[11]甘载,重展遗编[12];轨物垂范[13],阅历题笺[14]。躬行心得,言之粹然[15];视彼小说[16],薰莸天渊[17];岂但诒善,燕翼谟宣[18];直为斯世,普赠韦弦[19]。所望读者,勿弃筌蹄[20];名教乐地[21],道统仔肩[22];教家教国,率由无愆[23];庶几蹈本[24],共庇绵绵。

敕授修职郎长安县儒学训导前署
洋县教谕岐山后学牛玉树顿首拜题

---

① 王继胜.汉中家训[M].西安:三秦出版社,2018:248-250.

注释

[1]汉瀁:汉中洋县一带。瀁:水名,在洋县境内。

[2]觌(dǔ):通"睹",察看,看见。

[3]伊:彼。闵:通"闵",勉力。真诠:真谛。

[4]孝弟力田:古时选拔官事吏的科目之一,目的是奖励有孝悌德行以及努力耕作的人。

[5]洪河:大河。

[6]阴骘:阴德。

[7]肯构:建造房屋。

[8]绍:连续,继承。

[9]经明行修:通晓经学,品行端正。

[10]裕后:造福后人。

[11]荏苒:时间在不知不觉中渐渐流逝。

[12]遗编:这里指《刘氏家训》。

[13]轨物垂范:做事的规范,世人的榜样。

[14]题笺:文中指记录生平阅历体会点点滴滴。

[15]粹然:纯正的样子。

[16]小说:简短的言论。

[17]薰莸(yóu):善恶、贤愚、好坏。薰:香草。莸:臭草。天渊:形容高天和深渊相隔极远,差别极大。

[18]燕翼谟宣:原指谋及其孙而安抚其子,后泛指为后嗣做好打算。谟:计谋,策略。

[19]韦弦:比喻外界的启迪和教训,用以警戒、规劝。

[20]筌蹄:比喻达到某种目的的工具或手段。筌:捕鱼的竹器。蹄:捕兔器具。

[21]名教乐地:语出《世说新语·德行》。名教:儒家的伦理道德纲常。乐地:快乐的所在。

[22]仔肩:担负的担子,任务。

[23]率由:遵循,指遵循成规。无愆(qiān):无罪过,无过失。

[24]庶几:或许可以,表示希望或推测。蹓(liū)本:蹓藤,这里指简陋的书本。

格言语录类

礼珪敕[1]二妇①

简介

杨礼珪,今陕西省汉中市城固县人,西汉杨元珍之女,陈省之妻。礼珪生有二子,二子之妻均为显贵人家的大家闺秀。礼珪知儿媳身份高贵,娘家声名显赫,仍以言传身教的方式,用婆婆遗传下来的家法对两位儿媳进行思想品德教育,要求她们勤俭节约,要知贫穷人家的苦难。这则语录启示我们勤劳才是增长才干的法宝,要养成勤俭节约的美德。礼珪敕二妇的事迹今仅存文两篇,见《全后汉文》和《华阳国志》。

原文

礼珪敕二妇曰:"吾先姑[2],母师也,常言:'圣贤必劳民者,使之思善。'不劳则逸,逸则不才。吾家不为贫也,所以粗食急务者,使知苦难,备独居时。"

注释

[1]敕:告诫。
[2]先姑:文中指杨礼珪过世的婆婆。

郑子真教后人②

简介

郑子真,名朴,字子真,西汉褒中县(今陕西省汉中市褒城镇以东一带)人。

---

① 常璩.华阳国志·卷十[M].北京:中华书局,1985:165.
② 常璩.华阳国志·卷十[M].北京:中华书局,1985:156-157.

郑子真隐逸民间,耕读不仕,修道静默,世服其清高。有关郑子真的故事较早见于《汉书卷七十二·王贡两龚鲍传第四十二》,其中记载了大将军王凤欲引子真为己所用,重礼聘之,而子真不为利所诱,不为威所屈的事迹。郑子真教后人"忠孝爱敬",同样也启示着我们为人要忠厚,仁爱,对他人敬重,并且要孝顺父母和长辈。

原文

郑子真,褒中人也。元静守道,履至悠之行,乃其人也。教曰:"忠孝爱敬,天下之至行[1]也;神中五征[2],帝王之要道也。"

注释

[1] 至行:卓绝的品行。

[2] 五征:古人以雨、阳、暖、寒、风五者是否适时作为吉凶的征验,称为"五征"。文中指帝王要应时施行政策。

穆姜临终敕[1]诸子①

简介

李穆姜,生卒年不详,南郑(今陕西省汉中市南郑区)人。她是东汉直臣李法(字伯度)的姐姐,安众令程文矩的后妻。《后汉书·列女传》中有关于穆姜教子的记载。《后汉书·列女传》是我国正史中的第一篇女性类传,共记叙了十七位古代女性形象,穆姜是其中之一。穆姜在面对继子的憎恶与诋毁时,仍以慈祥仁爱,温和宽厚的态度来抚养他们,纠之过错,教之正义。这则格言启示我们要始终保持善良,遵守贤明之法,坚持正义,不与世俗混同。

原文

穆姜年八十余卒。临终敕诸子曰:"吾弟伯度,智达[2]士也。所论薄葬[3],

---

① 范晔.后汉书[M].李贤,等注.北京:中华书局,1965:2793-2794.

其义至[4]矣。又临亡遗令,贤圣法也。令汝曹遵承,勿与俗同,增吾之累[5]。"诸子奉行焉。

注释

[1]敕:告诫。

[2]智达:智慧通达。

[3]薄葬:从简办理丧事。

[4]义至:意义深刻。

[5]累:负担。

对联类

汉台区武乡镇小寨村

简介

小寨村位于汉中市汉台区武乡镇,村中的李氏家族相传为老子李聃的后代。李氏家族石碑文《龙凤谱》曰:"老子生而须发皆白,指李为姓,故老子李聃字伯阳,姓李,始祖也,为周期柱下史官。唐高祖追封先代称老子,为太上老君。清朝康熙年间,其后山西太原府李成为汉中府教官,遂迁居于府北小寨村。"李氏家族今有十八代续子。这则对联勉励李氏家族后人,牢记前人的苦难与功德,后世子孙应建功立业,造福社会。

原文

仰维前代时若[1],立德、立功、立言,泽润万世
其在后嗣子孙,有献、有为、有守,芳满千秋

注释

[1]仰维前代时若:追思前代。时:是。若:顺从。语出《尚书·周书·周官》:"仰惟前代时若,训迪厥官。"

铜川家训

散 文 类

千金翼方序(节选)①

[唐]孙思邈

简介

孙思邈(约581—682),唐代著名医学家。京兆华原(今陕西省铜川市耀州区)人。孙思邈年少多病学医,二十岁始行,撷取儒、释、道三家成果,融入中国传统医学中。他追求医术和学术上的尽善尽美,多次拒绝隋、唐朝廷所赠官爵而山居著述,为人治病,在医学领域取得了很大的成就,被后世尊为"药王"。其主要著作有《千金要方》《千金翼方》《摄生枕中方》《福寿沦》《保生铭》等,其中大部分散佚。

本文辑录自孙思邈《千金翼方序》,孙思邈在这篇序言中,首先论述了我国古代医学的历史及其衰微的原因,再次交代其研习医术的原因以及撰著《千金翼方》的初衷。内中有言"贻厥子孙,永为家训",可见孙思邈注重引导后学医治要面向广大黎民百姓,平等施治。

原文

既知生不再于我而处物为灵,可幸蕴灵心颐我性源[1]者哉。由是检阅祕幽[2],搜求今古,撰方一部,号曰《千金》,可以济物摄生[3],可以穷微尽性。犹恐岱山临目[4],必昧秋毫之端;雷霆在耳,或遗玉石之响。所以更撰《方翼》三十卷,共成一家之学。譬輗軏[5]之相济,运转无涯。等羽翼之交飞,抟摇不测。矧夫易道深矣,孔宣系《十翼》之辞[6];元文奥矣,陆绩增元翼之说[7]。或沿斯义,述此方名矣。贻厥[8]子孙,永为家训。虽未能譬言中庶[9]、比润上池[10],亦足以慕远测深稽门扣键[11]者哉。倘经目[12]于君子,庶知予之所志焉。

---

① 董诰,等.全唐文[M].北京:中华书局,1983:1618.

注释

[1] 蕴灵心颐我性源:慰藉我心灵,滋养我本性。颐:保养。

[2] 祕幽:隐蔽幽密的地方。

[3] 济物摄生:治病养生。

[4] 岱山临目:站在泰山上观望。岱山:泰山的别称。

[5] 輗(ní)軏(yuè):车衡与车辕前端衔接的部件,形似销子。輗:用于大车谓之輗。軏:用于小车谓之軏。

[6] 孔宣系《十翼》之辞:孔子解释《易经》《十翼》的文辞。

[7] 陆绩增元翼之说:陆绩撰《太玄经注》以对《十翼》进行阐发。陆绩(187—219),三国吴郡(今江苏省)人,对《周易》进行过注解。

[8] 贻(yí)厥(jué):遗留。

[9] 誉言中庶:言论能与中庶子比肩。中庶:负责诸侯卿大夫庶子的教育管理者。

[10] 比润上池:可与草木上的露水相比,这里指高明医术的价值。上池:未沾及地面的水。

[11] 稽(jī)门扣键:关闭门户。稽:阻滞。键:关闭。

[12] 傥经目:假如过眼浏览。傥:通"倘"。

柳氏家训①

[唐] 柳 玭

简介

《柳氏家训》由唐人柳玭撰。柳玭(?—895),唐末人,京兆华原(今陕西省铜川市耀州区)人,柳公绰之孙,柳公权之侄孙,柳仲郢之子。柳玭以明经补秘书正字,累官右补阙、刑部员外郎。出为岭南节度副使,黄巢之乱逃还。《柳氏家训》记录自柳公绰起,家族前辈的内外轶事。叙述柳氏家法的基本原则,用以告诫家族子

---

① 刘昫.旧唐书·卷一百六十五.清乾隆四年刻本.

弟务必遵循礼法，保持家族的世业，对当时之种种贪渎不良行为也予以批评。柳氏家训的总原则为"孝悌为及""恭默为本""畏怯为务""勤俭为法"。此书可谓柳氏家法、家训的集大成者，被后世许多学者反复称道，在中国古代家训文化史上具有重要地位，被认为是我国古代家庭教育史上一部比较系统且完整的家法，与《颜氏家训》齐名。

原文

家　训

夫门地高者，可畏不可恃[1]。可畏者，立身行己，一事有坠先训，则罪大于他人。虽生可以苟取名位，死何以见祖先于地下？不可恃者，门高则自骄，族盛则人之所嫉。实艺懿行[2]，人未必信，纤瑕微累，十手争指[3]矣。所以承世胄者，修己不得不恳，为学不得不坚。夫人生世，以无能望他人用，以无善望他人爱。用爱无状[4]则曰："我不遇时，时不急贤。"亦由农夫卤莽而种，而怨天泽之不润，虽欲弗馁，其可得乎！

注释

[1]可畏不可恃：允许有畏惧之心，不许有倚仗之心。

[2]实艺懿行：真实的技能和美好的品行。

[3]十手争指：众多之手争相指责。人在指责他人、他事之际，习于用手指点戳。

[4]无状：没有情状发生，这里指没有功绩。

原文

予幼闻先训，讲论家法。立身以孝悌为基，以恭默[1]为本，以畏怯为务，以勤俭为法，以交结为末事，以气义为凶人。肥家[2]以忍顺，保交以简敬。百行备，疑身之未周；三缄密，虑言之或失。广记如不及，求名如傥来[3]。去吝与骄，庶几减过。莅官则洁己省事，而后可以言守法，守法而可以后言养人。直不近祸，廉不沽名。廪禄虽微，不可易黎甿[4]之膏血；榎楚[5]虽用，不可恣褊狭之胸襟。忧与福不偕，洁与富不并。比见[6]门家子孙，其先正直当官，耿介特立[7]，不畏强御[8]。及其衰也,唯好犯上,更无他能。如其先逊顺处己[9],和柔保身,以远悔尤;及其衰也,但有暗劣,莫知所宗。此际几微,非贤不达。

注释

[1]恭默:谦恭不言保持静默,即恭敬有礼且不言人过。
[2]肥家:使家业富庶、兴旺。肥:使富庶。
[3]傥来:倘来。偶然得来,不须专求。傥:通"倘"。
[4]黎甿(méng):黎民。古多用"甿""氓"等指称百姓。
[5]槚(jiǎ)楚:槚木及荆条制成的刑具。槚:郑玄注为"榎也",即楸木。楚:郑玄注:"荆也。"
[6]比见:近来发现。
[7]特:独具。立:立身。形容品行端正、行为独立,不随波逐流。
[8]强御:有强权而暴戾不仁之人。
[9]逊顺处己:以谦逊恭顺的态度约束自己。

原文

夫坏名灾己,辱先丧家,其失尤大者五,宜深志之。其一,自求安逸,靡甘淡泊,苟利于己,不恤人言。其二,不知儒术,不悦古道,懵前经而不耻,论当世而解颐[1],身既寡知,恶人有学。其三,胜己者厌之,佞己者悦之,唯乐戏谭[2],莫思古道,闻人之善嫉之,闻人之恶扬之。浸渍颇僻,销刻[3]德义,簪裾[4]徒在,厮养何殊。其四,崇好慢游,耽嗜曲蘖[5],以衔杯为高致,以勤事为俗流,习之易荒,觉已难悔。其五,急于名宦,匿近[6]权要,一资半级,虽或得之,众怒群猜,鲜有存者。兹五不是,甚于痤疽。痤疽则砭石可瘳[7],五失则巫医莫及。前贤炯戒[8],方册具存。近代覆车,闻见相接。

夫中人已下,修辞力学[9]者,则躁进患失,思展其用;审命知退者,则业荒文芜,一不足采。唯上智则研其虑,博其闻,坚其习,精其业,用之则行,舍之则藏。苟异于斯,岂为君子?

注释

[1]解(jiě)颐:开颜欢笑。颐:面颊,腮。
[2]戏谭:嬉笑言谈。谭:通"谈"。

[3]销刻:衰微败坏。销:融化金属。

[4]簪裾(jū):达贵者的服饰,形容富贵。

[5]耽嗜曲(qū)糵(niè):沉迷于饮酒。耽:沉溺。曲糵:酿酒用的酒曲。

[6]匿(nì)近:亲近。匿:通"昵"。

[7]痤(cuó)疽(jū)则砭(biān)石可瘳(chōu):毒疮可被石针刺破而得以治愈。砭石:治病刺穴用的石针。瘳:病愈。

[8]炯戒:彰明昭著的鉴戒。

[9]修辞力学:修饰文辞,努力求知。

原文

诫子孙①

夫名门右族,莫不由祖考忠孝勤俭以成立之,莫不由子孙顽率奢傲[1]以覆坠之。成立之难如升天,覆坠之易如燎毛。

余家本以学识礼法称于士林,比见诸家于吉凶礼制有疑者,多取正焉。丧乱以来,门祚衰落,基构之重[2],属于后生。夫行道之人,德行文学为根株,正直刚毅为柯叶。有根无叶,或可俟时;有叶无根,膏雨[3]所不能活也。至于孝慈、友悌、忠信、笃行,乃食之醯酱[4],可一日无哉?

注释

[1]顽率奢傲:顽劣、轻浮、骄奢、桀骜。

[2]基构之重:重新建立家业的重任。

[3]膏雨:滋润作物生长的霖雨。

[4]醯(xī)酱:分别指醋和酱,亦指酱醋拌和的调料。

---

① 欧阳修.新唐书.清乾隆四年武英殿校刻本.

诗 歌 类

孝经诗二章①

[西晋]傅　咸

简介

傅咸(239—294),字长虞,泥阳(今陕西省铜川市耀州区)人,西晋文学家。魏晋文学家傅玄之子。受家风影响,居官清廉,执政公正,勤于诗文,笔耕不辍。魏晋时期的傅氏家族注重家风,傅咸受此影响,分别从《孝经》篇章中选取原句,再予以集锦,形成两首《孝经诗》。

第一首劝诫族人:立身行道要从侍奉父母开始。而后在其他方面也合乎孝道,才可以治理百姓。

第二章劝诫族人:用恪守的孝道侍奉君主,对合议之事不争辩,对君主的过失之处加以匡正。能够孝敬顺从到如此地步,神明便可以通达了。

原文

一

立身行道,始于事亲。上下无怨,不恶于人。
孝无终始,不离其身。三者[1]备矣,以临[2]其民。

二

以孝事君,不离令名[3]。进思尽忠[4],义则不争。
匡救其恶,灾害不生,孝悌之至,通于神明。

注释

[1]三者:服饰、言语和德行。
[2]临:治理。
[3]令名:美好的声誉。
[4]进思尽忠:朝见君主时想着竭尽忠心。

---

① 冯惟讷.诗纪.明万历四十一年黄承玄刻本.

格言语录类

令狐楚诫子薄葬①

简介

本文出自《新唐书·令狐楚传》。令狐楚(765—836),令狐德棻后人,字悫士,宜州华原(今陕西省铜川市耀州区)人。唐中后期文学家、诗人、政治家。唐宪宗时中书舍人、知制诰,敬宗时官至尚书仆射,历任诸镇节度使,有文才。

此文辑录自《新唐书》,是令狐楚的遗言。他告诫儿子令狐绪、令狐绹不要争求虚名。

原文

(令狐楚)敕诸子曰:"吾生无益于时,无请谥[1],勿求鼓吹,以布车一乘[2]葬,铭志[3]无择高位。"

注释

[1]谥:朝廷对已故臣子的追封。

[2]乘(shèng):一车四马为一乘。

[3]铭志:铭旌与墓志。铭:写有死者官衔姓名的长幡,竖在灵前。志:放在墓里,刻有死者生平事迹的石刻。

---

① 欧阳修,宋祁.新唐书·卷一百六十六[M].北京:中华书局,1975:5101.

胡耀庭诫子[①]

简介

胡耀庭是胡定伯的父亲。胡定伯(1886—1913),名应文,耀县(今陕西省铜川市耀州区)南街城隍庙巷人。民国元年(1912),胡定伯出任同官县知事,办学校,修城墙,筑河堤,发展生产,使百姓安居乐业。民国三年(1914),归葬于故里药王山麓。所录为其父劝解其语。

原文

中国太穷太弱,全由满清腐败所致,如不变革,就要亡国。我自叹年迈,力不从心,你肯为国效力,我很高兴,但当勇往直前,不要顾及身家性命!

[①]《耀县志》编纂委员会. 耀县志[M]. 北京:中国社会科学出版社,1997:397.

延安家训

散文类

甘泉县下寺湾镇程家纸房村程氏①

简介

延安市甘泉县下寺湾镇程家纸房村程氏家族人口达数百人。祖上陵园石碑，家传族谱记载，近村庙宇碑序，本村家庙宗祠，芳范传人，百里千年传为佳话。此篇家训反映了程氏先祖程颢"德者本也"的思想，既指明人与人之间的相处之道，又强调读书习礼的重要性，展现了程氏家族仁善宽厚、耕读传家的家风。

原文

父慈子孝，兄友弟恭。夫妇和，朋友信[1]。见老者敬之，见少者爱之。有德者年虽下于我，我必尊之；不肖[2]者年虽长于我，我必远之。勿谈人之短，勿矜[3]人之长。仇者以义解之，怨者以直[4]报之。人有小过，以量容之；人有大过，以理责之。勿以善小而不为，勿以恶小而为之。处公无私仇，治家无私法。勿损人利己，勿嫉贤妒能。见不义之财勿取，遇义合之事则从。习诗书，崇礼仪，教子孙，和乡邻。守我之分，安我之命。人能如此，天必从之。此常行之道，不可一日无也。

斯程夫子立家训，后世子孙，当日三省己身，恪守勿违，必天佑道从，万事永昌。

注释

[1]信：诚信

[2]不肖：不孝顺，没有出息。

① 程进宝. 程氏鲁玉堂谱. 2014.

[3]矜:当为"矝"之讹,自大,自夸。

[4]直:公正,正直。

吴起县吴起镇李洼子村李氏①

简介

延安市吴起县李洼子村为李氏家族的一个分支。李氏作为一个历史悠久、人口分布广泛的重要姓氏,其家训经历代传承,内容丰满、说明细致。李氏家训为家族成员制定了明确的立身处世与持家治业的准则,包括敬祖先、孝父母、和兄弟、教子孙、友亲朋、务农业、重勤俭、远酗酒、禁吸毒、端人伦、慎婚配等。从人伦道义、修身处世、孝悌婚恋、励志勉学、勤俭节约等方面教育并引导族人。其中所弘扬的孝、悌、忠、信、礼、义、廉、耻的家风,以及尊祖、敬宗、睦族、爱人的家族制度,正是传统儒家思想的缩影。

原文

敬祖宗

物本乎天,人本乎祖。[1]子孙之身,祖宗之所遗也。尤木有根无根则枯,如水有源无源则涸。子孙永世得享,承国乐利[2]之泽,祖宗积庆[3]之所致也。不敬祖宗则忘本,忘本则枝叶不昌。故岁时祭祀,晨昏香火,必敬必恭,无厌[4]无慢。至于立身修德,无忝[5]所生,此尤敬祖宗之大本大原。凡我族人念之。

敦[6]孝悌

父母之恩,天高地厚,恩情罔极[7]人伦。十月怀胎,三朝乳哺,推干就湿[8],保抱抚摩,忧疾病,闻饥饱,调寒暑,父母受尽万苦千辛,方得子女成人长大。为子女者即幸遇父母有寿,急急孝养,难报天恩。人生时日限也,万一错过,殁后

---

① 李志虎.李洼子李氏宗谱.2015:77-81.

即披麻带孝,三牲五鼎,竟亦何裨[9]?且孝则天佑,不孝则天谴,吲敢拂违,自罹[10]罪罟。凡我族人念之。

睦宗族

宗族者,同宗共祖之人也。虽有亲疏贵贱之别,其始同出于一人之身,故《尧典》曰亲睦九族,周室则大封同姓宗亲之谊,由来重矣。今世俗薄淡间,有挟富贵,而厌贫贱,恃强众,而凌寡弱者,独不思富贵强众,皆祖宗身后之身耶?观于此,而利与害共,休戚相关,一体同视可也。倘有博众以暴寡,藉智以欺愚者,当睦宗族为念。凡我族人戒之。

注释

[1]物本乎天,人本乎祖:万物的根本是天,人的根本是祖先。

[2]乐利:快乐与利益,犹幸福。

[3]积庆:积德。

[4]厥:气闭,昏倒。

[5]忝(tiǎn):辱,羞辱。

[6]敦(dūn):注重。

[7]罔极:没有定准,变化无常。罔:无。

[8]推干就湿:同"推燥居湿",把干的地方让给幼儿,自己睡在湿的地方,形容抚育孩子的辛劳。

[9]裨(bì):弥补,补助。

[10]罹(lí):遭受。

原文

端伦常

尊卑有别,长幼有叙[1],乃定于天人,忤长上乃乱天伦也。须坐则让席,行则让路,口勿乱宣,事不乱专。智不敢先,富不敢加。谦恭逊顺,绝去骄傲放肆之态,方是为伦常之理。先贤云:幼而不事[2]长,贱而不事贵,不肖而不事贤,谓之三不祥。子弟者不肯安分循理,任情倨傲。行不让路,坐不让席,揖不低头,言不逊顺,曾不思尔将来也。做人尊长,尔做窳劣[3]示人,亦将忤尔忤人,实所以自忤。凡我族人念之。

友昆仲

兄弟姊妹,同气连枝。父母左提右携,前襟后裾,飨食[4]传衣,亲爱无间,且一本所生,同胞共乳,除却兄弟姊妹,更有谁亲?且从父母分形而来,子女之身来自父母,若兄弟姊妹相戕,是戕父母矣。念及父母安忍戕兄弟姊妹乎。勿听他人离间撺掇。兄弟姊妹中纵有不是,大家逊让些何妨?若锱锱铢铢计较多寡,彼此相戕,则父母之心不安,死亦不能瞑目。《诗》云:兄弟既翕,和乐且耽。[5]凡我族人念之。

和夫妇

夫妇为人伦之始。夫和其妇,妇敬其夫。夫以修身齐家事为本,妇以人伦道德情操为重,同事耕耨理家创业,夫妇协同,修身、齐家、治国、平天下,休戚与共,百年好和,白头偕老,同建和谐家庭,万事兴矣。凡我族人念之。

注释

[1]叙:通"序",次序。
[2]事:侍奉。
[3]麱(yù)劣:粗劣,恶劣。麱:粗劣,坏。
[4]飨(xiǎng):用酒食招待客人。食:吃。
[5]兄弟既翕(xī),和乐且耽:出自《诗经·小雅·常棣》,意思是兄弟们亲亲热热聚在一起,是那样和谐、欢乐。

原文

教子孙

家之盛衰,不在田地多寡、帛金有无,且看子孙何如耳。古云:未看山前土,先观屋下人。子孙果不肖也,眼前富贵不足恃;子孙果贤也,眼前贫贱不必忧。然人未有生而皆能贤者也,当其幼时不可失教。禁其骄奢,戒其淫逸,出外亲正人。闻正言,则心胸日开,聪明日启,久之义理明白,世务通晓,自能担事,振家声,光大门楣。人非同类,切不可令子弟往来。古语云:蓬生麻中不扶自直,白沙在泥不染自黑。又云:与善人亲,如入芝兰之室,久而不闻其香,与之化矣;与不善人亲,如入鲍鱼之肆[1],久而不闻其臭,亦与之化矣。时时求教于先生长者。故子弟不宜避宾客,若一味回避,偶接正人必至如樵夫牧竖[2],手足无所措,大为人所鄙也。家有一贤子孙,则家门生色,子孙不肖,则家门遗羞,故为父母者,切不可不教子孙。有不如教便当责训。至若女子,亦尚且当教他亲兄弟,务教以节孝廉耻。为女者,兼悉三从四德,纺绩针指、厨爨井臼[3],则长大适人,必成贤妇。如或不教,则儿女不才,有辱门庭。凡我族人念之。

尚勤俭

俭可助贫,勤能补拙。勤俭者,起家之本,传家之宝,立业之基,人生当务也。勤而不俭,则财流于奢,俭而不勤,则财终于困。人世间,见名门世族,以祖考勤俭为成立之本,下代之福,因子孙奢侈而败家之业。盖俭则富贵长保,家计不难振兴。倘男不务耕作,女不事内,好逸恶劳,鲜衣美食,一旦矫惰,习惯俯仰无资,将祖资财一败而空。拖衣漏食,节俭者治家之要义也。饮食莫嫌蔬食,衣服莫嫌布素,房屋莫嫌湫隘[4],婚娶莫竞妆奁,死丧莫竞斋醮[5]。晏客伏腊[6]有时,不可常时群饮,设席数肴成礼,不必杯盘狼藉,多一事不如省一事,费一文不如节一文。当务勤俭。凡我族众念之。

恤孤寡

鳏寡孤独,天下最苦,无告之人也。无家产者,朝不能保暮[7],饥不能谋食,寒不能谋衣;有家产者,鳏寡不能自行,孤儿幼弱不能自主,凡百家事,皆听于人。我族有此种种苦愁,谁诉? 亲房伯叔族众当秉公代为经事,阖族尊长俱宜加意怜悯,竭力扶持,庶穷于天下者不致颠连失所、仃伶无靠矣。凡我族人念之。

注释

[1]鲍鱼之肆:卖咸鱼的店,比喻坏人成堆的地方。鲍:咸鱼。肆:店铺。
[2]牧竖:牧童。
[3]爨(cuàn):炊,烧火做饭。井臼(jiù):汲水舂米,泛指操持家务。
[4]湫(jiǎo)隘(ài):低洼狭窄。
[5]斋醮(jiào):请僧道设斋坛,祈祷神佛。
[6]晏客:宴客。伏腊:古代两种祭祀的名称,伏祭和腊祭之日,或泛指节日。

也借指生活或生活所需的物质资料。

[7]朝不能保暮:早晨保不住晚上会发生变化,即言情况危急或境遇窘迫。

原文

戒唆讼

人之好讼,虽其人之无良,总起於无赖者之教唆。然无赖之徒,专以人之告状,为酒肉之窟,为张威趁钱之门,故或两人本无甚怨,装出剖腹之情,而构成大嫌。本人尚可含容,捏作骑虎之势,而使之先发插名作证,便作主盟。两家索贿,反覆颠倒,弄讼者于掌股之上,搅得邻里撩乱,鸡犬不安。渔[1]讼者之财,破讼者之家。即讼者事后懊悔,亦摆他不去。若而人者,国法之所不容。即逃得国法,亦皇天之所必诛者也。凡我族人念之。

安生理

士农工商者,然视其天赋择业,士者实去读书,农者实去耕耨[2],工者实去造作,商者实去经营。若生而愚鲁,不适读书,家道贫寒,无田可种,又无本钱做买卖,又不会做手艺,便与人佣工,替人苦力,也是生活。只要勤心鬻[3]力,安分守己,此中稳稳当当,便有无限受用。至若妇女,亦要勤纺绩,务针指,操井臼,协同丈夫,共成家业,方是贤妇。凡我族人念之。

勿非为

非为者,或包揽金帛,侵欺花费,终者竟要卖产赔补不足,殃及子孙,甚而危及性命。或摊场赌博,或群聚酣饮,倾败家业,因而陷死妻儿老小。或掇拐掏摸,或抢夺吓骗,或争斗撒泼,或毁廓侵坟,或占人田土,或伪造货币,或横行乡里,或挟制政府,或嘱托赞剌,此皆亡身破家之举,受祸不浅。凡我族人戒之。

注释

[1]渔:谋取。

[2]耕耨(nòu):耕田除草,亦泛指耕种。

[3]鬻(yù):卖。

原文

忌毒染

世人蠢蠢,吸嗜烟毒!日久难收,体魄渐削,形若骷髅,力莫能举,处不能事,名声泯灭。终朝烟雾缭绕,男女混杂,晨错夕颠。典当家财,帛金耗尽,绝嗣戕年。全无利益,自取尤愆[1]。堕其术者,凡我族人绝禁之!

慎嫁娶

男婚女嫁者,人伦之始,联婚不可不慎。男大当婚,女大当嫁,古之常情。执德为首,男女婚姻,不能包办代替,嫁女择佳婿,娶媳求贤女,嫁女勿计厚奁,勿取重聘,勿贻误族女。时下婚嫁,多徇财俗见,或厚赀[2]以耀聘,或竭财以侈妆名。为争门面,则败家产而为。昔者有云:"婚姻几见闻丽华,金佩银饰众口夸。转眼经年人事变,妆奁卖与别人家。"则女之适人,必戒而行;娶妇事翁姑,经事理,执妇道。凡我族人宜知之。

勉诵读

崇师道,习圣贤之书,明君臣妇子之大伦,忠孝仁义之大节。人不读书,大伦大节何由而知?子弟颖悟者少,迟钝者多。必须延贤师,访益友,涵育熏陶,终归有成。为人子弟者,当体父兄之心,交相劝勉,勿恃聪明,勿安愚昧,勿沽名而钓誉[3],勿勤始而怠终,随其性之敏钝,以为读书多寡总要细心体认,着意研习,刻刻不忘于久之,隅坐向难析疑。勿生厌薄,勿可荒嬉,耳提面命敬而听之,自有融会贯通处,亦得以所学训子弟开愚蒙诵读之益大矣。我族子弟勉之。

注释

[1]愆(qiān):罪过,过失。

[2]赀(zī):通"资",财货。

[3]沽名钓誉:使用各种不正当手段以谋取好的名声和荣誉。

> 原文

重交游

志同者为友,道合者为朋。交游以信为先,信者相通,守望相助。既诺勿欺,订交勿苟。然宜谨慎,择善而握。与善者交如入馥香之室久而自香,直谅多闻,尤宜亲厚。善乎平仲,相敬耐久。凡我族人念之。

谨丧祭

丧祭者,慎终追远之大事也。丧尽其礼,祭尽其诚。父母在生之时,尽力供养,逝后要从俭治丧,勿须无财大操大办。丧事从简,也不能俭而不顺民情。当慎谨治丧执事。凡我族人切记之。

远酗酒

酒浆之酿就,非以为祸,冠香丧祭,礼用清酌,洗爵尊斝[1],献酬交错。惟彼贪夫。不知节治。终日醉乡,颠狂失措,耗所损精,形骸脱落。贪杯误事者,不胜数也。凡我族人远之远之。

出异教

邪教惑众蔑国,触逆国法律条,邪说诬民,法所不允。更有甚者无赖之徒,往往假凶祥祸福之事,以售幻诞无稽之谈。实则诱取资财,阳窃向善之名,阴怀不轨之计。一旦发觉惩逮株连,遗患无穷,凡我族人应出其异教,以正家风。

省自身

遵圣训,洁身自律,日当三省,常思己过,莫论他人是非,切不得自甘自戕[2],辱没家族声望,保其永世清白,修身、齐家、治国、平天下、乃人生要意。则家风正耶。享用斯人,永利后世。凡我族人记之。

> 注释

[1]斝(jiǎ):一种酒具,原文为"斞",当误。"斞"为农具。
[2]自戕(qiāng):自杀。

诗 歌 类

甘泉县下寺湾镇程家纸房村程氏[①]

简介

北宋理学家程颢、程颐继承孔孟儒学,创立了以正人心、修道德、明义理为核心的理学。两位大儒以身作则、言传身教,对后世的思想与精神产生了积极的影响。在仕途生涯中,他们心怀济世安民之志向,做了许多利国利民的善事,赢得了百姓的爱戴。程氏家族在弘扬耕读传家的传统家风的同时,也强调言传身教的重要性。程氏家训反映了程颢、程颐思想的内涵,同时也因二人的言传身教而影响深远。

原文

太学鲁玉树芳范,耕读传家本份贤。
言传身教点滴起,斗转星移随人缘。

吴起县吴起镇李洼子村李氏[②]

简介

此篇李氏祖训制定了家族成员持家立身的行为准则,教育子孙应掌握立身之本,注重耕读传家、取之有道的生存之道,遵守道德规范、坚守廉洁操守。此外,李氏祖训指出遵守礼法、团结友爱是家国兴旺强盛之根本,同时从"处于家也,可表可坊"的穷则独善其身,上升至"仕于朝也,为忠为良"的达则兼济天下,劝勉子孙要做家人的榜

---

① 程进宝.程氏鲁玉堂谱.2014.
② 李志虎.李洼子李氏宗谱.2015.

样、国家的栋梁。

原文

明明我祖,汉史流芳,训子及孙,悉本义方,仰绎斯旨[1],更加推详。
曰诸裔孙,听我训章,读书为重,次即农桑,取之有道,工贾何妨。
克勤克俭,毋怠毋荒,孝友睦姻,六行[2]皆臧[3],礼义廉耻,四维毕张[4]。
处于家也,可表[5]可坊[6],仕于朝也,为忠为良,神则佑汝,汝福绵长。
倘背祖训,暴弃疏狂,轻违礼法,乖舛[7]伦常,贻羞[8]宗祖,得罪彼苍[9]。
神则殃汝,汝必不昌,最可憎者,分类相戕,不念同忾,偏伦异乡。
手足干戈,我民忧伤,愿我族姓,怡怡雁行,通以血脉,泯厥畛疆[10]。
汝归和睦,神亦安康,引而亲之,岁岁登堂,同底于善,勉哉勿忘。

注释

[1]仰绎斯旨:尊敬并发展这个主张。
[2]六行:六种善行,即孝、友、睦、姻、任、恤。
[3]臧(zāng):执事顺成为臧,逆之否。
[4]四维毕张:合乎道德规范的行为、廉洁的操守以及正确的荣辱观,无论何时何地都能够彰显。四维:旧时称礼、义、廉、耻为四维。张:展开,推行。
[5]表:旌表。
[6]坊:立牌坊。
[7]乖舛(chuǎn):违背,出格,偏离。
[8]贻(yí)羞:使蒙受羞辱。
[9]彼苍:代指天。
[10]泯厥畛疆:解除隔阂化解仇恨。泯:消灭。

十劝族人①

李志虎

简介

此篇《十劝族人》出自吴起县李洼子村《李洼子李氏宗谱》,通俗易懂、朗朗上

---

① 李志虎.李洼子李氏宗谱.2015.

口,以歌谣的形式教授人与人相处之道以及个人生存之道。对于人际关系,李氏族人认为关爱互助永远是和谐关系的基石;对于个人发展,他们则认为应该掌握安身立命的本领,注重品行的提升,努力做到德才兼备。

原文

一劝族人孝为本,黄金难买父母恩。
孝顺养育孝顺子,忤逆生就忤逆人。
二劝媳妇孝公婆,孝敬公婆益处多。
干活照门看娃婆,勤家育子孝名落。
三劝公婆心莫偏,闺女媳妇理相连。
闺女往来要经常,媳妇辛苦要体谅。
四劝弟兄要互敬,大家都是同胞生。
千万莫听谗言语,互敬互信互帮助。
五劝族人别好强,争强好胜惹祸殃。
心胸坦荡天地宽,能忍能让美名扬。
六劝嫂妹亲近来,姐妹本是一门开。
常在一起聚欢快,亲戚多走乐开怀。
七劝妯娌要相和,和睦妯娌无风波。
田间家务常互助,弟兄子女共照顾。
八劝青年男女生,勤奋好学遵师训。
品学兼优栋梁材,身怀本领家国兴。
九劝年轻一代人,发展经济靠本领。
凭借德才受重用,做官清廉万古名。
十劝男女育龄人,生育问题要慎重。
优生优育要优秀,利国利民利家庭。

格言语录类

甘泉县下寺湾镇程家纸房村程氏[①]

简介

程氏族人秉承祖训,将"积德行善""耕读传家""九思立德"等优秀传统思想传承至今。同时程氏家训又与时俱进,增加了若干符合新时代发展的思想,如"爱国守法""明礼诚信"等。此段家训体现了程氏家族重视后世子孙教育、人际关系的理念。程氏家训潜移默化地影响着仁里程姓族人的思想方式和行为方式,成为其治家良策。

原文

爱国守法,明礼诚信。
积德行善,尊老爱幼。
耕读传家,祖辈遵循。
言行一致,人人奉行。
禁忌邪恶,莫赌禁毒。
邻睦家和,扶危济困。
九思立德,血莫逆流。
与时俱进,顺朝而迎。

[①] 程进宝. 程氏鲁玉堂谱. 2013.

榆林家训

散文类

佳县通秦寨郭氏

简介

通秦寨位于宋政和年间(1111—1118)一军寨遗址(该遗址迄今仍在)下方,向阳、避风、临水、宜居,是风水宝地。郭氏家族自大明正德年间(1506—1521)从山西迁徙至葭州,至清末民初,祖上依托通秦寨之地理优势及商贾氛围,经商治学,家道日兴,逐渐成为当地望族。葭州通秦寨郭氏于清初由黄河西岸"郭家老庄"分出,近一百多年,郭氏家族家风淳厚,家教严格,前有贤达,后有俊秀。

原文

郭氏家训

孝父母

人非甚不肖,未有显然不孝父母者,然或阳修承顺之文,中鲜爱敬之实,此愈于不孝有几。吾所谓孝,内尽其诚,外竭其力,父母在,则委曲养志,父母殁,则哀慕终身。既以自责,兼以望族人尔。

友兄弟

父母者,身之本也。兄弟者,同气连枝人也。兄弟讲友恭,则一家和。一家和,则父母顺,和顺之气满庭帏,家道有不日昌者乎。

亲宗族

九曲之水,发于昆仑,千寻之木,始于拱把。故本支百世,分有亲疏,谊原一体。凡我子孙,休戚相关。不但萃处一方者,岁时婚娶丧葬诸事,礼数宜周,即远在他府者有便亦必时通音问。至于张公艺之九世同居,范文正公之文置义田,又在族人自勉之耳。

训子孙

父兄之教不先,子弟之卒不谨,从来匪类多属失教之人。幸生旧族,产下子孙,无论为士为商,五六岁后即须使之读书,讲明立身大节,将来始不至玷辱祖宗。不然一时姑息,贻患无穷,可不戒哉,可不戒哉。

慎婚姻

男女匹配,人道伊始。凡我族中为男择妇,为女择婿,务期良善人家,父母素有教训者,方与之结姻。切不可误信匪人,致贻羞辱,亦不得妄攀豪贵,反受欺凌。

严承嗣

礼云:不孝有三,无后为大,明嗣续之,重也。不幸无嗣即当继嗣。但继嗣之法,亦应知亲疏,序分必亲。亲分不愿承继,方许另立疏房之贤者。切勿苟于一时,致贻争论于日后。

勤职业

国有四民,各专一业,业之不勤,与无业等。凡我子孙,务宜随分尽力,黾勉厥事,慎勿嬉浪荡,流为匪民。至于失身胥役,发肤不保,辱族玷宗,尤宜永禁。

敦节俭

创者多俭德,守者多奢华。祖宗苦俭约,不知几经积累,家道始克。裕及子孙,承其基业,任意耗费,曾不旋踵。货财立尽,虽曰家运,岂非人事使然。吾见此等人,既深恨之亦怜之,更愿与族人共戒之。

郭氏祖训

一训孝顺父母

人之百行,莫大于孝,家庭中有善事丈母、克供子职者,理合褒嘉,呈请给区,以旌孝行。

二训敬老尊贤

高年、硕望、模范,具为国家,且青优待之典,族姓可无推财富之文?今与子姓约,尚敬礼之,毋或敢忽。

三训和睦亲族

子姓蕃衍,皆祖宗一脉分形之人,忍膜外亲乎?凡我族人尚笃亲亲之谊,方不愧为望族。

四训勤读诗书

报国荣亲,诗书之泽甚大,凡我子姓,有志诵读者。品行文章,著力砥砺,或列广序,或掇巍科,非特祖有光,亦副族人之望。

五训诚实正业

农、工、商贾,各有专业,敦本务实,乃克有成,凡我子姓,宜执其业,实其职者,方为克家令嗣。

诗 歌 类

佳县通秦寨郭氏

原文

尊祖

物本乎天,人本乎祖。本培其根,枝叶盛茂。
水养其源,河海纳吐。比人禽兽,谁不震怒。
惟豺与獭,生知报哺。亦有狐狸,死首邱顾。
何以为人,不念尔祖。时祀匪懈,受天之佑。

敬宗

惟祖有功,惟宗有德。亦有积德,以衍今日。
宗之有祖,惟尔之食。宗之有类,惟尔之锡。
胎孙其谋,子以燕翼。敷时绎思,寝成斯变。
雨露时降,凄惨怵惕。人不敬宗,是谓伐德。

事亲

父兮生我,母兮鞠我。不离于里,不属于毛。
饥寒衣哺,疾痛抑搔。子路负米,虽贫亦多。
温裾一绝,痛恨如何。亦有慈乌,守林夜号。
报德罔极,棘人伊蒿。哀我人斯,三复蓼莪。

睦族

惟吾氏族,人百其身。惟吾氏族,其初一人。
一木而分,一气而陈。陈陈相因,是以百身。
身有其分,亦一其心。大小相恤,礼义相成。
患难相扶,疾病相临,尔族既睦,受天之庆。

米脂县杜氏

简介

米脂杜氏家族为书香世家,始祖杜钦,字继先,廪生,山西省离石县大武镇人。杜钦于1226年米脂建县入籍,执教于县城,乡众敬仰,奉为社学先生。一生注重教书育人,督责后世读书甚严,并立有家规、家训,历经元、明、清、民国至今,已有七百九十年之久,根据时代的发展,家规、家训不断完善。现存《悟珍家规》修订于民国三十一年(1942),2011年根据社会主义精神文明和伦理道德,制订了《家训格言》,以此规范族人言行,希望杜氏后人成为有远大志向和高尚道德情操的建设者,服务于国家。

原文

米脂杜氏,始祖钦公。京兆分支,康公后裔。
祖籍大武,万世永记。建县入籍,历经八百。
前无谱记,失考八公。乾隆十二,建南创谱。
汝恭席珍,良宝自强。历世诸公,延续家乘。
照前谱例,二十八则。追忆先祖,启我后人。
惟愿后世,超我前人。祖宗虽远,祭祀必诚。
为人处世,以德为本。立人之本,报国当先。
为国效力,人生首责。先国后家,本族家风。
不畏外敌,不惜牺牲。宁可玉碎,不为瓦全。
上有父母,永怀孝心。膝下承欢,岂忘爹娘?
兄弟姐妹,一脉亲情。互帮互让,诸事宽容。
钱财易得,骨肉难分。生儿育女,养教并重。
溺爱姑息,必有后患。凡我杜氏,骨肉同胞。
虽居各方,均为一家。对待邻友,一腔真诚。
和睦相处,礼让包容。细微之处,容而不争。
固执己见,难处好友。家戒争讼[1],讼则终凶。

耕读传家,读书为要。子孙虽愚,入学必读。
国课早完,服务国家。人间学问,永无止境。
精读深研,力攀高巅。国家事业,勤恳忠贞。
办事公正,勿图私利。为官清廉,两袖清风。
无私者公,无我者明。不贪不贿,戒赌戒淫。
文明礼貌,一身正气。严以律己,宽以待人。
忠厚善良,诚实守信。不学狡诈,不做奸人。
匿[2]使暗箭,祸延子孙。家门和顺,亦有余庆。
勿贪外财,酒不过量。见人有庆,不可嫉妒。
人遇祸患,不得幸灾。见富不谄[3],遇贫不骄。
善欲人见,不为真善。恶若人知,必有自祸。
不自省者,不见自痛。不耐烦者,一事无成。
温恤[4]穷苦,心系社会。世无顽人,诚心未至。
事无不成,恐志不坚。遇事休急,周虑良策。
救已败者,休策一鞭。即已成者,勿停一桨。
处理急事,情绪和缓。若遇大事,神态平和。
遇事沉着,越宜宽大。遇人难缠,越应宽厚。
遵纪守法,伸张正义。作奸犯法,律理不容。
无事可做,戒一偷字。有事之时,戒一乱字。
勤劳俭节,成家之本。一粥一饭,当思不易。
半丝半缕,恒念艰辛。贪图享乐,败家之根。
遵前家规,族内禁婚。国家法条,近婚不可。
女择佳婿,勿索重聘。子求淑女,不计厚奁[5]。
日日行走,万里不难。天天做事,何畏万事。
干事精勤,乃能闲暇。处事得当,逍遥自在。
合理膳食,心理平衡。适度锻炼,科学健身。
为幼启蒙,尊老敬贤。承我家训,熟记于怀。
以上格言,言简意深。钦公裔孙,恪守遵循。
以此为镜,规矩言行。世代传承,绵延永恒。

注释

[1]讼:争辩是非。
[2]匿:隐秘,不让人知道,暗暗地。
[3]馋:贪恋,嫉妒。
[4]恤:同情,怜悯。
[5]奁(lián):中国古代女子存放梳妆用品的镜箱。

米脂县升平里三甲张氏

简介

米脂升平里三甲张氏,原籍山西临县碾子塬,明代迁徙到米脂升平里羊圈山村,已历四五百年,有近万人,主要分布在子洲县马岔镇、槐树岔、横山高镇、安塞、延安等地。1996年仰众执笔编纂成《米脂升平里张氏家谱》,用《三字歌》总结了米脂升平里三甲张氏的良好家风。

原文

尚[1]俭节,笃[2]耕耘。
忠国家,孝双亲。
尊师长,睦乡邻。
敦[3]礼仪,爱和平。
重友谊,谨言行。
智亦勇,贤亦明。
公亦正,谦亦信。
嬉无益,勤有功。
办益事,当好人。

注释

[1]尚:尊崇,注重。

[2]笃:忠实,专注专一。
[3]敦:重视。

吴堡县张家塌村张氏

简介

张绮(1479—1554)明朝嘉靖年州官,字文锦,别号青峰,陕西吴堡张家塌村人,明嘉靖二年(1523)入太学,1531年任河南大名县通判,1550年任云南昆阳州知州,奉直大夫。张绮讲乡约,教纺织,勤农艺,造学校,为官一生,清正廉洁,勤政为民,深得百姓称赞。十四岁时督学杨公亲自面试,他都能对答如流。在回答人的发展问题时候,他从天地万物之自然发展规律,联想到人的发展,得出结论。督学杨公惊异奇才,当即增补其为庠生(秀才),由于他天资聪明加之勤奋好学十八岁就被晋升为廪生(秀才中的一等),不久就入国子监继续深造。1531年张绮奉命任河南大名通判一职,专管粮饷。这在当时来说的确是个肥差,年年都有数百万的粮饷都要由他接手送达目的地。一次承部下檄文采石料供内用并拨款一万两白银,他经过核算只用了五百两白银就圆满完成了任务,不仅给国家节省了开支,而且堵住了那些贪官污吏的可乘之机,在麦熟运送期间他还严格约束搬运工人不得践踏老百姓的庄稼,深受地方百姓称赞。

嘉靖二十三年(1544),张绮任职期满退职回家时,当地黎民百姓当道挽留,直至惊动了皇帝,多番规劝无效后皇帝也只好尊其意,让其返回原籍。回到家乡张家塌后,他在青峰山修建了房屋,年年月月春种、秋收、读书、写字,远离朝政。即便是地方官员厚礼款待,他都婉言谢绝,独善其身。

原文

一、爱国守法

国有国法,家有家训。国家法令,遵照执行。
热爱祖国,大局为重。遵守公德,崇尚文明。
勤劳致富,勤学好问。相信科学,诚实谦逊。

反对赌博,破除迷信。远离歪风,不信邪门。
村规民约,树立新风。有章可依,有约必行。
安分守己,端正人品。遵纪守法,当好公民。

二、尊祖敬宗

炎黄子孙,龙的传人。为人在世,不能忘本。
传统美德,发扬继承。忠孝传家,尊敬祖宗。
缅怀先贤,启迪后昆[1]。历代家训,牢记在心。
清明时节,祭祖上坟。清除杂草,培土修整。
讲究礼貌,合乎人伦。五服[2]之内,不可联姻。
尊老爱幼,身体力行。家族旺盛,后代兴隆。

三、孝敬父母

父母双亲,恩似海深。养儿育女,历尽艰辛。
孝敬父母,地义天经。衣食住行,经常过问。
身体不适,及时就诊。出门接送,冷暖关心。
父母教诲,牢记在心。亲有过错,婉言谏[3]明。
岳父岳母,婆婆公公。男女双方,孝顺须同。
生活赡养,伺候热情。自作榜样,儿女效行。

四、夫妻和顺

夫妻之间,互爱互敬。荣辱与共,利害难分。
男女平等,莫论卑尊。遇事商量,相互尊重。
如有争吵,心和气平。互相体谅,情感交融。
经济公开,合力同心。共同致富,克俭克勤。
双方父母,共同奉承。两家亲戚,一视同仁。
穷莫易节,富不变心。天长地久,恩爱一生。

五、教育儿女

儿女成长,教育为本。从小培养,百炼成金。
身教垂范[4],言教垂行。诲人不倦,体贴关心。
教育有方,循序渐进。严须有度,爱而不宠。

公开表扬，个别批评。因人施教，讲究分寸。
行为越轨，及时纠正。切莫溺爱，贻误子孙。
德智体美，全面培训。健康成长，后继有人。

六、兄弟姐妹

兄弟姐妹，一母同胞。情同手足，互相关照。
承继家产，不争多少。陪送嫁妆，听从二老。
成家立业，各有所好。贫不妒富，富不肆骄。
对待父母，各尽其孝。切莫吝啬，宽宏厚道。
福禄共享，苦难同消。齐心协力，生活向好。
团结一致，旺族为要[5]。共同发展，和谐永葆。

七、妯娌和睦

妯娌相处，应该和气。凡事谦让，如同姐妹。
建设家园，齐心协力。里外事务，互不推诿。
讲究礼貌，待人贤慧。处理问题，尊重长辈。
意见不同，要有理智。说话做事，认真考虑。
产生矛盾，先查自己。千万不要，搬弄是非。
妯贤娌爱，家庭和气。团结友好，大家牢记。

八、睦邻友好

左邻右舍，挨门对户。天天相见，和睦相处。
亲戚远居，邻里近住。谁有困难，主动帮助。
产生矛盾，互相让步。千万不要，口角争斗。
闲言琐事，不必追究。莫在背后，添油加醋。
小孩吵闹，家长教育。不存偏心，莫要袒护。
生产技术，互相交流。取长补短，共同致富。

注释

[1] 后昆：后代，子孙。
[2] 五服：高祖、曾祖、祖父、父亲、自己、儿子、孙子、曾孙、玄孙。

[3]谏:规劝,劝说。

[4]垂范:示范,范例。

[5]为要:至为重要。

吴堡县张家山镇高家山村王氏

简介

王树声(1884—1945),字鹤皋,清末陕西省吴堡县高家山村人。幼好学,性诚笃,学有恒,通经史,光绪三十一年(1905)清代末科案首文生。民国初,王树声任教于邑中私塾,他关爱学子,热心教育,教绩卓著,桃李遍野。王树声为人和善,自治严谨,扶危济困,补路修桥,里中人咸赞之。尝以"弘扬祖德,承继家风,爱国为民,安身立命"之箴言告诫后代。王氏家训起源陕西省吴堡县张家山镇高家山村,现已流传五世。

原文

高山王氏,龙的传人。忠孝为本,尊敬祖宗。
缅怀先贤,启迪后昆。诚实谦逊,端正人品。
热爱祖国,崇尚文明。劳动兴家,勤学好问。
遵纪守法,当好公民。传统美德,发扬继承。
孝敬父母,儿女本分。衣食住行,经常过问。
父母教诲,牢记在心。亲有过错,婉言谏[1]明。
夫妻之间,互爱互敬。遇事商量,相互尊重。
穷莫易[2]节,富不变心。共同创业,克俭克勤。
养育儿女,教育为本。严须有度,爱而不宠。
若有过错,及时纠正。健康成长,后继有人。
兄弟姐妹,一母所生。情同手足,互相关心。
福禄同享,苦难担承。齐心协力,生活上升。

妯娌之间，互助相亲。共同事务，莫推当争。
处理事端，尊重老人。团结友好，切记在心。
左邻右舍，相向而行。耳边闲话，切莫认真。
谁有困难，相助热情。共同致富，旧貌换新。
王氏子孙，牢记祖训。家风永继，世代兴隆。

注释

[1] 谏：规劝，劝说。

[2] 易：更改，变更。

吴堡县辛家沟镇李常家山村霍氏

简介

霍秀华（1900－1986），陕西省榆林市吴堡县辛家沟镇李常家山村人，陕北红军四支队旗手，李常家山村开山村长，新中国成立后曾任大队长，1959年榆林地区群英会代表。他出身贫苦，勤劳俭朴，正直端正，教子贞明。其妻杨治英（1902—1965），拥红模范，积极支前，快人快语，怜贫睦邻。长子霍生贵和次子霍生武在延安光华印刷厂工作时，厂里失盗，短了一捆钞票。厂里有关人员全部隔离审查。霍生贵担心："弟弟年龄尚小，该不会见了票子爱得支不住，干下有辱祖先的事吧？"霍生武担心："哥哥拖家带口，该不会见财起意吧？"有探家的老乡告诉二老："印刷厂丢了一捆票子，生贵和生武双双隔离审查。"二老异口同声地说："终有水落石出的一天，我们的孩子绝对不会干这事。"后来，案子破了，与他们毫无瓜葛。霍秀华和杨治英的次子霍生武、三子霍生同、四子霍生起和四女霍生兰都参加了工作，一个个克己奉公，无私无畏。次孙霍绍祥勤于笔耕，根据父祖教诲，理话成文，期冀永承。

原文

早起一步日消停[1],勤劳节俭万事兴。
紧走不如牢捎靠[2],花言巧语不如诚。
赌博三道非正道,耕读传家振家风。
人不溜[3]人一般高,自力更生不倒翁。
使官钱,吃冷饭,迟早和你寻不成。
穿不穷,吃不穷,打算不到一世穷。
人是家业亏是福,家有朋友不为穷。
一日无事谢天恩,不贪外财不担惊。
孝为首善忠为本,不忠不孝天不容。
舍得小钱开大路,条条道路通北京。

注释

[1]消停:清闲,闲适。
[2]牢捎靠:形容办事做事情麻利、紧凑,不拖泥带水。
[3]溜:献殷勤。

清涧县惠氏

简介

清涧县惠姓源远流长,北宋先祖就生息在这一代。家谱首创于明洪武三年(1370),由六世孙惠时擅修撰。他在序言中写道:"我惠自宋以前无可考矣!而其居处伊始,前人相传曾住于苏帖,安享太平。忽被大元军起经略此地,将吾家十房之族赶散,不知去向。后元天下已定,访知角于太原入籍,林于米脂入籍,便于延安入籍,余皆不知所之。惟吾祖甫与侄通逃命至大同,避兵潜住,后随军干太子耶律可汗收抚陕西地方,通仍住苏帖,吾祖甫于本县南沟居住。"从此段话可知当时人并不知道清涧县惠姓来自江苏省吴县,只知其始居地是苏帖。明时清涧县划为九里,有苏帖一里、二里,即今子洲县的淮宁河流域。三百多年后,清乾隆年间(1736—1796)进士惠人任过湖南龙阳知县,他在《惠氏五户始祖碑记》中说清涧之惠相传来自江南苏州吴县,新编《清涧县志》采用了此说。从吴县迁来的原因他没有说,也再未发现关于祖源的文字记载。获得"忠义之门"美名的清涧惠氏,明清至近现代一直为当地的名门望族。乾隆年间惠人撰写的《惠氏五户碑记》中称清涧惠氏:"历明至清三四百年间,世有衣冠,自青衿以至科甲,自县尉以至朝贵,自执殳以至元戎,共五百余人,列在家乘,斑斑可考。"

原文

爱国兴家,家国同旺。
孝老敬长,教子向上。
忠信诚恕,仁义礼让。
睦族爱亲,祥和共享。

耕读传家,创新图强。
士农工商,敬业爱岗。
明辨荣耻,四美五讲。
与时俱进,同臻[1]小康。

崇尚科学,远离赌黄。
敬祠重墓,惜谱珍藏。
长幼有序,恪守纲常。
人神共佑,惠氏绵长。

注释

[1] 臻:达到,实现。

清涧县白氏

简介

　　陕北白姓的民族成分比较复杂。中唐白敬立墓志："武安君载有坑赵之功，为相君张禄所忌，赐死于杜邮。其后子孙沦弃，或逐扶苏有长城之役者，多流裔于塞垣。"由此可知，陕北白氏应以武安君为肇始。白氏为清涧县第一巨族，白氏入籍清涧县的有三里十甲说。昔多居白草一、二、三里，今几遍全境，东、中区尤众，且支脉纷繁，异甲互不同宗。自明后六百多年，清涧县白氏是中华白氏全国古今人物最多最盛的市县。科举时代有进士十人，举人三十九，贡生八十五。其中被列为名宦的有白行顺、白惟勤、白宗舜、白慧元等，著名学者有白乃贞、白乃建、白璧、白日可、白足长等。近代清涧县是全国著名的革命老区，是西北革命斗争的发祥地和策源地。"两点一存"的历史定位深刻阐明了清涧县在中共党史上的重要地位和深远影响。在中国共产党的教育培养下，白氏宗亲出来参加革命斗争的人很多，涌现出陕北红军早期创建者白明善、白雪山、白自强、白锡龄等烈士和白如冰、白栋材、白治民、白成铭、白向银、白寿康、白延波、白炳勋等一大批军政干部。这些人对清涧县之文化教育、社会变革、社会生产发展、文明进步贡献巨大、影响深远。

　　清涧县城东，东门湾村（倒吊柳）白兆昌家旧宅大门圕书"世德清风"。清代清涧白氏出过四位翰林，先祖白乃贞曾任顺治年翰林院检讨、国史馆纂修，系三朝元老，诗作载入《四库全书总目》。白氏族人大门现有白乃贞亲撰门联"勉学亲耕真事业，存心积德旧家风"，尽显白氏家族世业诗书、乐善好施、崇廉尚德之优良家风。他们的族人还保存有"钦赐翰林"的门圕。

原文

　　　　　　立身立言，知轻知重。
　　　　　　立业立志，知始知终。
　　　　　　为人为事，知足知耻。
　　　　　　为官为民，知行知止。

格言语录类

横山区石湾白狼城李氏

简介

明正德十三年(1519),正德皇帝北巡,到榆林微服私访,时值初冬,途经白狼城,因河水布满冰凌受阻,李氏先祖李新背其过河因冰凌寒水刺激而病亡。正德皇帝回朝降旨,封其为将军。李新后人李文焕随刘志丹入山西抗日,与鬼子肉搏,荣获战斗英雄称号,在解放战争中牺牲,其父李生疆、兄李文元也为国捐躯,人称"一门三忠烈"。

原文

家风正则民风淳[1],民心向上则国运昌隆[2]。
孝敬父母,尊老爱幼,扶贫帮困,积善养德。
勤学上进,钻研科技,脚踏实地,自强不息。
光明磊落,见义勇为,不卑不亢,敢作敢为。
不淫不赌,不骄不躁,自尊自爱,严于律己。
治[3]穷致富,克[4]勤克俭,发财有道,创业兴家。

注释

[1]淳:质朴,朴实。
[2]隆:盛大,兴盛。
[3]治:治理,解决。
[4]克:做到,保持。

佳县木头峪乡木头峪村苗氏

简介

乾隆初年,苗世基从山西曲峪乔迁木头峪,繁衍生息。到乾隆末年,成了葭州(今陕西省榆林市佳县)地区的望族富户。从嘉庆年到光绪年,木头峪苗氏家族经济发展腾飞,人口以几何级数增长,他们在木头峪大兴土木,仿照山西平遥明代建筑,修造四合院落。四合院古典清雅,有穿廊明柱、伞檐抱厦、左右厢房、砖瓦大门、石板铺院、独角六兽。苗氏家族好多大门上悬挂着牌匾,这些牌匾大多属于功德匾、门匾。整个建筑宽敞恢宏、别具一格,成为木头峪古建筑的主体。整个建筑保存完好,被国务院定为古民居保护村和民俗文化村。

苗氏家族忠孝传家,勤俭持家,名扬葭州。尊崇先祖,孝敬父母,是苗氏家族的家风。载入《葭州志》的孝子中就有苗氏族人。辛亥革命以来,孙中山先生的同窗好友苗晋贤,倡导苗氏家族要弘扬先辈苦读诗书的优良家风,要求族人博览群书。从土地革命、抗日战争、解放战争至今,苗氏家族出了佳县地区第一个女中学生、女大学生、女教授,新中国成立后出了第一个女博士。苗氏先辈为国尽忠、在家贤孝、正直为人、和睦团结之美德,值得后世继承和发扬。

原文

孝敬父母,赡养老人,尊老爱幼,礼貌待人,教育后代,望子成才。

和平处世,团结为本,大事求同,小事不争,一家有喜,户族同庆,一人有难,大家关心。

社会公德,一定遵循,族内后裔,不能通婚,褒善贬恶,信息常通。

发家致富,勤位为本,创业有志,守业有恒,家兴业旺、代代相继。

安居乐业,决不忘本,国家义务,坚决履行,奉公守法,为国为民。

族人居官,以国为重,民为父母,己为仆人,富民一方,两袖清风。

关爱子女,慈严并重,既不溺爱,亦不骄纵,言传身教,玉汝于成[1]。

处事公道,待人真诚,人格第一,道义为本,谦和交友,乐于助人。

与人为好,行好向善,积善聚德,聚德有道,仗义执言,刚正做人。

注释

[1]玉汝于成：成语，像打磨璞玉一样磨炼人的品性，使人成功。

子洲县吴氏

简介

吴氏先祖于明时由洪洞迁居子长吴家寨，正德年间（1506—1521）部分后裔迁米脂吴家山，今属子洲县。吴氏世代遵从"勤俭持家，富不骄横，与人为善，帮贫济困"的祖训，至天奇（？—1863）一世成西川知名财主。道光年某日夜，家丁报库房锁贼，其子怀策吩咐家丁睡，由他守库，天明报官。后叮嘱贼背粮离开。拂晓呼贼逃，追无果。第二年，贼人上门还粮，合家才悉知实情。又四子怀谟曾于道光年间受父兄托，到百里外收地租，知受灾而皆免收。回家后，担心父兄埋怨，谎称路途遇贼寇被抢。第二年，长兄去该村收租时，方知实情。其德行品质，深受乡人称赞，乡人感恩送"德馨第"牌匾。吴氏从明朝末期迁居吴家山至今五百多年间，后裔遵从祖训，形成与人为善，宽宏大量的优良家风。

吴氏后人在传承祖训的基础上，不断完善形成如今"子洲县马蹄沟镇吴家山村（西吴家山）吴氏家风家训"。

原文

孝敬父母，尊老爱幼；

与人为善，和睦相处；

能忍能让，互帮互助；

勤俭持家，耕读为本；

认真做事，踏实为人；

爱国爱家，敢于担当；

勇于拼搏，乐于奉献。

子洲县卧虎湾刘氏

简介

据村民刘振富口述,卧虎湾村始建于清光绪年间(1875—1908),全村共六十二户二百六十六人,皆来自双庙湾村刘姓。由其高祖父刘占升带他的七个儿子始来卧虎湾村定居。随着儿子长大成人,刘占升让长子刘成文主掌家务,次子刘成武媳妇管理财务,三子刘成章外出学文习武,其他儿子都由长子刘成文安排务农。在刘成文合理安排下,众弟兄团结一致,修建了一座陕北建筑规格很高的四合院。正面五孔土窑,四个窑腿上各建一个爽堂儿,院两边各修了四孔土窑,倒坐修了马棚,成为远近闻名的大户人家,直到人口达到五十八位时才分开居住。分开居住后,他们依然保留孝悌家风,遇事请教长辈一起商讨,逢年过节去长辈家拜望,嘘长问短,这种优良家风熏陶着一代又一代的刘氏族人。

原文

家训

尚诗书　崇礼德　勤俭持家

终生孝顺父母,兄弟姐妹同心。
倡行尊老爱幼,仁善厚待乡邻。
做人修德为本,为业勤勉是要。
爱国守法遵纪,敬师崇教尚学。
诚信礼让谦逊,扶危济困恤[1]贫。
接物勿欺勿怠[2],处事不偏不倚。
为官亲民廉政,经商以信取利。
生活力戒奢侈,行为切忌专横。
保持居所整洁,依时祭扫祖茔[3]。
牢记祖宗源渊,传承良好家风。

注释

[1]恤:同情,怜悯。

[2]怠:松懈,懒散。

[3]茔(yíng):坟地,坟墓。

原文

家规

守家规　遵祖训　仁义行事

　　爱国爱家,国强家盛。
　　兴家强国,报效国家。
　　孝敬父母,天经地义。
　　养育之恩,终生须报。
　　敦[1]亲兄妹,手足情深。
　　相互帮扶,利害与共。
　　爱妻教子,夫妻一心。
　　子贤上进,光大家声。
　　睦待族邻,一视为亲。
　　和合友爱,助贫扶弱。
　　谨慎交游,近善远恶。
　　诚信相处,处之以道。
　　勤务正业,拼搏进取。
　　节俭务实,不尚空谈。
　　修身养性,珍爱生命。
　　培养正气,百害不侵。
　　积德行善,仁智处世。
　　热心公益,服务社会。
　　遵纪守法,戒争息讼[2]。
　　远离赌毒,不入邪教。

注释

[1]敦:厚待。

[2]讼:争辩是非。

子洲县马家沟张允中后裔

简介

张允中(1875—1952),清末秀才,一生以传道授业为乐,安于清贫。他经常以清朝流传的《四足歌》教育后辈。他说:"人人爱显地,显地是险地。"显要的地位,既荣耀,也是危险的地位。他自己不慕虚荣,也不喜攀高结贵。一次米脂县令请他做官,他以"不爱高官显宦,不爱千粮万石,不爱金银满贯,不爱牛羊满山,不爱绫罗绸缎"作答,仍然以教书为乐。因此,他获得群众的尊敬,刚过不惑之年,学生就给他在村头立了一块德教碑,这块碑石至今立在子洲马家沟岔村村头。

原文

崇文尚[1]德,知足常乐,
不虚[2]此日,不虚此生。

注释

[1]尚:尊崇,注重。
[2]虚:白白地,徒然。

绥德县韩世忠

简介

韩世忠(1090—1151),字良臣,晚年自号清凉居士,延安府绥德军(今陕西省榆林市绥德县)人,南宋名将,与岳飞、张俊、刘光世合称"中兴四将"。绍兴二十一年(1151),韩世忠逝世,年六十三,追赠太师、通义郡王。宋孝宗时追封蕲王,位列七王之一。淳熙三年(1176),谥号"忠武"。后配飨宋高宗庙廷。

原文

敦[1]孝悌以重人伦,笃宗族以昭雍睦[2]。
和乡党以息争讼[3],重农桑以足衣食。
尚节俭以惜财用,隆学校以端士习[4]。
黜[5]异端以崇正学,讲法律以敬愚顽。
明礼让以厚风俗,务本业以定民志。
训子弟以禁非为,息诬告以全善良。
诫匿逃以免株连,完钱粮以省催科[6]。
聊保甲以弭[7]盗贼,解雠忿[8]以重身命。

注释

[1]敦:重视。
[2]笃:忠实,专注,专一。雍睦:团结,和谐。
[3]讼:争辩是非。
[4]士习:士大夫的风气,读书人的风气。
[5]黜:罢免,废除。
[6]催科:催收租税。
[7]弭:平息,消灭。
[8]雠忿:仇恨,愤恨。

绥德县马如龙后裔

简介

马如龙(1626—1702),字见五,明天聪七年(1627)生于今陕西省榆林市绥德县。清康熙十一年四十五岁时科举入仕,从知州做起,一直升任到太守、知府、按察使,后官至江西巡抚、都察院右副都御史。他为官二十五年,文治武功,爱民清廉,绩能显著,为国为民鞠躬尽瘁,得到了一代明君康熙的赏识赞誉,诰授光禄大夫,并御赐"老成清望""绩著西江"匾额。子孙秉承家风,诸生辈出,科名大兴。

1690年,马如龙升任浙江布政使,上任伊始即以严厉手段扫平了海盗潘三为首的叛乱集团。夏秋之交,浙江绍兴发生水灾,公私财产损失巨大,马如龙先后筹措粮食二万余石发放到百姓手中,帮助群众渡过难关。他还在各州县广建书院,培养各方面人才,严禁溺杀女婴,辖区内外,经济繁荣,文化发达,呈现出一派欣欣向荣的景象。马如龙出身清寒,生活简朴,清廉自守。担任杭州知府时,因平反冤狱与原判官产生隔阂,后来当事人遇祸身亡,家属有事请他出面协助解决,等事情平息后,其家属携千两银子以谢,他不但拒收还大加斥责,一时传为佳话。马如龙从不铺张浪费,不追求享受,他缩衣节食,把省下的俸禄,接济亲友民众。马如龙一生重教兴文,在滦州任上,编有《滦州志》,在杭州知府任上编有《杭州府志》。在江西巡抚任上,建书院培养人才。1693年,马如龙赴白鹿洞书院课士、评卷,并引《苏湖教法》于此,聘请熊飞谓、蔡篱生等名士为书院堂长,使这座古老的书院声名鹊起。

马如龙育有二子,长子马益,进士,历官翰林院检讨,直隶永平府知府;次子马豫,进士,历官翰林院检讨、侍读学士,提督浙江学政,精书画。

原文

族规家训,劝诫嘉言。
谆谆告诫,恳切叮咛。
道理其奥,语言家常。
开解愚昧,规范言行。
深刻领悟,铭刻于心。
终生实践,务实成功。
良苦用心,彰显其辉。
勤苦为学,大器晚成。

一、敬奉祖先

祖宗虽远,相承一脉。
前辈功德,碑记铭刻。
饮水思源,崇尚祖德。
尊祖敬宗,礼祭当先。

二、孝顺父母

孝敬父母,善其衣食。
便其住行,医其疾病。
羊会跪乳,鸦知返哺。
为人之者,应当孝敬。

三、关爱儿女

生儿育女,父母责任。
儿女年幼,严加教训。
爱而不宠,严教勿松。
纨绔子弟,毁于放纵。

四、友爱兄弟

兄弟姐妹,同树同根。
推梨让枣,手足情深。
胆肝相照,荣辱与共。
兄友弟恭,家和事兴。

五、和谐宗族

本族兄弟,同祖同宗。
莫分彼此,莫分疏亲。
团结奋进,家族昌盛。
顶天立地,耀祖光宗。

六、敦睦邻里

街坊邻里,出入相友。
急难相助,余缺相济。
互相照顾,以和为贵。
口角小事,莫记心里。

七、家和事兴

婆媳妯娌,相恤相依。

尊老爱幼,互让互谅。
勤俭持家,待人以礼。
科学理财,居安思危。

八、男婚女嫁

女嫁男婚,须当慎重。
选媳择婿,切莫大意。
近亲不嫁,同宗不婚。
婚姻自主,男女平等。

九、为人处世

接物待人,仁义当先。
良善存心,礼仪持身。
低调做人,高调做事。
严以律己,宽以待人。

十、崇文重教

助学兴教,培育精英。
相信科学,不搞迷信。
教育子女,唯学唯勤。
刻苦攻读,成才成人。

十一、择业学术

士农工商,业精于勤。
积极进取,以求强盛。
富贵传家,不过三代。
耕读传家,永世兴隆。

十二、为官清廉

仕途通畅,清正廉明。
为官一任,造福一方。
克己奉公,为民着想。
高风亮节,人人敬仰。

十三、谨慎社交

认清善悲,辨别忠奸。
良朋多结,恶友勿交。
屏绝邪教,远离传销。
各守本分,谨言慎行。

十四、摒弃恶习

忌烟限酒,有益健康。
禁毒禁赌,遵纪守法。
偷抢诈骗,法理不容。
为恶莫作,为善是珍。

十五、道德规范

爱国守法,明礼诚信。
团结友善,勤俭自强。
敬业奉献,助人为乐。
办事公道,文明礼貌。

十六、善修其身

修身养性,端风正俗。
襟怀坦荡,豁达大度。
与人为善,与世无争。
遵规守训,百世昌盛。

榆阳区李氏

简介

元朝末年,始祖李厚由山西洪洞移民到佳州(今陕西省榆林市佳县)。雍正初年,二世李长寅,字启正,移居麻黄梁镇二墩河,乾隆五十五年落户常乐堡。李彦儒

(三世),字莲子,吏员出身,嘉庆十五年(1810)陕西乡试中武举,十九年(1814)殿试第三名,赐"进士及第",任兵部参官、湖北郧阳营守备。李占元(四世)字风车,乾隆五十九年(1795)中武举,是年奉派湖北平乱有功,官任榆阳常乐堡右营千总。嘉庆三年(1799),陕西巡抚秦承恩赠李占馨"武魁"匾,嘉庆四年(1799)李占馨中武进士,官任四川守备。李锦春(七世),晚清秀才,任教多年,团结乡邻,乐善好施,为榆东之开明绅士,人称"李二先生",授匾"急功好义"。新中国成立后,李氏后人在政、商等界人才辈出,展现出不凡才能。

原文

秉承:精忠报国、诚实守信、孝老爱亲、厚德[1]传家。

家规:祭祖宗、爱家族、和兄弟、崇[2]科学、守正业、教子弟、睦乡邻、慎婚嫁、重族谱[3]。

家训:爱国、爱乡、守法、勤奋、诚信、崇礼、尚[4]善、正身。

注释

[1]厚德:有大德,深厚的恩德。出自《易·坤》:"天行健,君子以自强不息;地势坤,君子以厚德载物。"

[2]崇:尊敬,重视。

[3]族谱:家谱,宗谱。

[4]尚:尊崇,注重。

府谷县折家将

简介

折家将是唐末五代至北宋时期著名的将门家族,世代忠勇,十一代为将。折家将长期与辽和西夏顽强奋战,保卫中原王朝西北边疆,先后出了折从阮、折德扆、折御勋、折御卿等四任永安军节度使,以及十四任府州知州。第十代折彦直官至南宋枢密院士全参事政事。府谷折氏为云中大族,"号代北著姓"。从唐代初年至北宋末年,从五代折从阮开始,历折德扆、折御卿、折继闵、折克行、折可存等,先后十一代为将,长达四、五百年,堪称中国第一将门世家。这些真实存在的宋代名将、历史名人,都是府谷人的骄傲和自豪。折家将"独据府州,控扼西北,中国赖之"。他们抗击契丹、抵御西夏、打击北汉,为稳定中原和当地人民生息繁荣做出了卓越贡献。

折家将为保卫北宋国土,抵御强敌入侵前赴后继,不怕流血牺牲的爱国主义精神、英雄主义精神和从严治家、清廉为民的家规家风是留给后人宝贵的精神财富。中国社科院研究员、中国宋史研究会原会长王曾瑜题:"折氏家族,世代边将。民族融合,堪称典范。维护一统,忠垂青史。"

原文

以武立[1]家,忠勇立世,效[2]忠朝廷,浴血塞外。

注释

[1]立:建立,树立。
[2]效:为他人或集体贡献生命或力量。

清涧县师氏

简介

宋朝时,陕西省清涧县"杨"姓易姓为"师"。据《延安府志》《绥德县志》《清涧县志》记载:"安,原为杨氏,乃汉代关西夫子杨震之后裔,做官至陕北后定居清涧。据传,安原为北宋之老师官,群众尊称杨老师,或简称老师。宋室南迁,金朝统治华北,杨氏另一支随宋室南度,后安之次子伟在金朝官至武功大夫,富延十一将。追赠杨安时,虑其金宋两朝关系,恐有牵连本族另一支,因有老师之尊称而易姓为师,清涧师族自此而始发,繁衍昌盛。"明洪武年间(1368—1398),清涧县师姓重建家谱时,考得师安墓内之墓志仍记为杨安。北门河对面旧有"关中师帅"之石牌楼,即师伟之官志。金朝追封师安为忠训郎后改为昭毅郎。其三子佺承信郎,孙六人有四孙正、雄、民、旌,均授于宣节郎、太尉、校尉等职,均因师伟之军功官职而封。《清涧县志》《师氏族谱》中均载明官职朝代等。据《渭南县志》载:"弘农杨氏震,为官清白,以'四知'著名,为东汉有名的世家大族。后裔除居弘农外,散居众多,有居琅琊者(今山东半岛东南部),有居丹阳者(今陕西宜川一代),居丹阳后裔因官至武功大夫而徙居富延一带而易姓矣。"《清涧县志》《师氏族谱》记载:"清涧师氏是一巨族,人口兴旺,繁衍昌盛,古有'师一千,惠八百'之称。"后逐步又迁于陕北各县,关中韩城、华阴、富平、铜川、眉县、武功及宁夏、甘肃、山西、山东等地。定居清涧者,现涉及十一个乡镇,三十多个村。其后裔更是人才辈出,各领风骚,彪炳千秋,布及全国各地,走上各个阶层,高级官员、文坛星秀、科技人物、企业家数不胜数。出国留学、海外创业者层出不穷。

原文

忠:热爱祖国,遵纪守法,急公[1]奉上,严以律己。

孝:以孝为要,尊宗祀[2]事,孝顺公婆,和睦妯娌。

仁:和谐宗族,友恭兄弟,不欺孤寡,文明乡里。

爱:与人为善,诚信笃志,团结友爱,脚踏实地。

礼:文明礼貌,忠厚公道,待人作事,知书达理。

义:谦虚谨慎,光明磊落,自尊自爱,效忠大义。

耕:食出于耕,小富由勤,艰苦奋斗,建功立业。

读:诗书传家,崇尚科学,贤肖辈出,簪缨[3]络绎。

注释

[1]急公:热心公益。

[2]祀:祭祀。

[3]簪缨:古代达官贵人的冠饰,后指高官显宦。

对 联 类

横山区响水古堡曹家大院

简介

横山区响水古堡曹氏先祖于明宣德年(1426—1435)率兵从豫来陕,八世袭职武官,且重文。十九世曹三德(生卒不祥),字敬宣,响水堡庠生,幼而挺异,博学哮吟,著有《晚香斋》四集。他正直好义,捍卫地方安危五十余载,历任邑令,咨访疾苦。民国十三年(1924),乡请褒奖,奉大总统令,褒给"乐善好施"。曹三德将治家格言分别刻于"丰""盛""公"三个院落的影壁墙中,"润物细无声"般影响后人。当今曹氏族人,亦出类拔萃,成为各行各业的精英。

原文

一

齐家[1]有道惟有厚,处事无奇但率真

二

世事让三分天空地阔,心田培[2]一点父耕子种

三

纳言敏行[3]承祖训,修身节用振家风

注释

[1]齐家:整顿管理家事,语出《礼记·大学》:"欲齐其家者,先修其身。"

[2]培:播撒。

[3]纳:通"讷"。敏行:勉力修身,体现在行动中。出自《论语·里仁》:"君子欲讷于言而敏于行。"

后　　记

历经三年,经过多番打磨,本书终于要付梓了。回想编写过程,内心充满了感恩。

本书能够出版,得益于陕西师范大学学科建设处、陕西文化资源开发协同创新中心对"陕西传统家风家训文献整理及当代价值转化研究"项目的资助,让我们有幸能够系统挖掘陕西丰富的家训文化资源,传递中华民族美德,以期为优秀文化资源转化赋予新能量。

此书能够完成,得益于党怀兴教授的高屋建瓴、宏大视野以及尽心竭力的支持。他从文化传承创新、家风建设现状的视野出发提出选题,指导大纲的编写,安排实地调研,并利用各种渠道搜集资料,通读审阅了全书,对后期的校对工作也给予了指导。李西建教授及其团队成员鼎力相助,深入调研,积极走访,认真编校了榆林等地的家训。主编周雅青、谢佳伟统筹材料的收集、录入,负责统稿、整体校对等工作,深入研读,仔细核正,查漏补缺,以确保全文注释合理、信息准确。副主编任肖敏、张嘉秀在完成榆林家训的基础上通力配合书稿的校对。程彦颖、陈楠、高瑞卿、李乔羽、林贤、倪天睿、阙思琪、王迪、王娟、王耀国、薛丹阳、薛紫炫、姚倩、杨琳、尹琼、翟筱雪、赵冬浣、周仕铃认真参与书稿的编写及校对工作。衷心感谢为《陕西家训集粹》的出版做出贡献的每一位成员,诚挚感谢大家的辛苦付出!

这里要非常感谢陕西省人民代表大会常务委员会教育科学文化卫生工作委员会马赟主任对本书的指导与帮助,他为我们提供了渭南市丰富的民间家训材料,为渭南部分的编写提供了十分重要的帮助。感谢在陕西省图书馆工作的蔺晨师姐,助力我们对民间家谱家训的收集。感谢为我们无私提供素材的朋友们,你们的支持让我们收获了很多温暖。在此,向所有对本书的编写提供过帮助的老师和朋友表达深深的感谢和崇高的敬意。

  本书的编写团队齐心协力，不断克服困难，从经史文集、方志家谱、出土文献、墓志碑刻、民居古建中爬梳材料，认真注释疑难字词，尽可能方便读者阅读。尽管如此，可能还会有一些优秀的家训没有搜集到，希望今后补充。有些家训因种种原因只有简明的内容存世，其余信息不得而知，简介的内容只好略去。同一家族的家训在不同文体下，为避免重复，简介内容只出现在第一次出现的篇目中。编写过程中还发现已出版的间接文献以及民间家训材料中存在讹误，我们本着规范的原则和审慎的态度进行了修正。

  最后，希望本书能不负期待，让读者了解陕西家训文化资源，为当代家庭教育带来些许启示，助推赓续中华优秀传统文化事业的发展，为建设社会主义文化强国贡献一点力量。

周雅青 谢佳伟

2023 年 7 月